普通高等教育
人工智能专业系列教材

语音识别理论与实践

主　编　莫宏伟
副主编　徐立芳

中国水利水电出版社
www.waterpub.com.cn
·北京·

内 容 提 要

本书主要介绍语音识别原理及其相关应用。全书共 9 章，分为五大部分：第一部分（第 1 章）介绍语音识别的发展历史和语音识别领域常用的数据集与工具箱；第二部分（第 2 章）介绍在语音识别领域常用的语音信号基础知识和声学特征的提取；第三部分（第 3 章至第 7 章）详细介绍语音识别的声学模型、语言模型、解码工具，并对语音识别领域的研究热点（端到端语音识别）进行探讨；第四部分（第 8 章）利用语音识别开源工具包 Kaldi 进行语音识别实战，包括 Kaldi 的安装以及如何训练 aishell 语音识别工程；第五部分（第 9 章）结合序列到序列的语音识别模型和序列到序列的问答模型来构建语音交互系统。

本书既可作为计算机科学与技术、电子科学与技术、控制工程与科学、智能科学与技术等专业的本科教材和研究生教材，也可供从事语音识别、人工智能等研究的科研人员参考。

图书在版编目（ＣＩＰ）数据

语音识别理论与实践 / 莫宏伟主编. -- 北京 : 中国水利水电出版社, 2023.10
普通高等教育人工智能专业系列教材
ISBN 978-7-5226-1902-6

Ⅰ. ①语… Ⅱ. ①莫… Ⅲ. ①语音识别－高等学校－教材 Ⅳ. ①TN912.34

中国国家版本馆CIP数据核字(2023)第202988号

策划编辑：石永峰　责任编辑：高辉　加工编辑：刘瑜　封面设计：梁燕

书　名	普通高等教育人工智能专业系列教材 语音识别理论与实践 YUYIN SHIBIE LILUN YU SHIJIAN
作　者	主　编　莫宏伟 副主编　徐立芳
出版发行	中国水利水电出版社 （北京市海淀区玉渊潭南路 1 号 D 座　100038） 网址：www.waterpub.com.cn E-mail：mchannel@263.net（答疑） sales@mwr.gov.cn 电话：（010）68545888（营销中心）、82562819（组稿）
经　售	北京科水图书销售有限公司 电话：（010）68545874、63202643 全国各地新华书店和相关出版物销售网点
排　版	北京万水电子信息有限公司
印　刷	三河市德贤弘印务有限公司
规　格	210mm×285mm　16 开本　11.75 印张　257 千字
版　次	2023 年 10 月第 1 版　2023 年 10 月第 1 次印刷
印　数	0001—2000 册
定　价	42.00 元

前　言

随着科技的发展和社会的进步，人工智能产品已经广泛应用于各个领域，其中语音识别技术得到了广泛应用。语音识别是一种将语音信号转化为可识别的文本形式的技术，其研究领域包括声音特征提取、语音识别、自然语言理解等多个方面。

语音识别技术在现代医疗中也得到了广泛应用。医疗工作者需要对患者的语音信息进行分析，以便对病情进行诊断和治疗。利用语音识别技术，可以快速准确地将语音信息转换为文本，为医护人员提供更高效、更便捷的工作方式。

通过搭建神经网络和利用深度学习算法，人工智能系统可以对大量的语音信号进行训练以获得准确识别语音的能力。医疗工作者可以通过语音识别技术对患者的语音信息进行分析，以获得关键的医疗数据。这种技术可以大大提高医护人员的工作效率和诊疗质量。

在医疗领域，语音识别技术也被用于智能医疗助理、医疗记录、药品管理等方面。医护人员可以通过语音命令快速地完成医疗记录和药品管理等任务，提高医疗工作的效率和准确性。

随着语音技术的不断提升，语音识别在机器人领域也逐渐开始发挥重要作用。将人工智能技术与语音识别技术相结合可以实现智能语音交互，使机器人能够更好地理解人类语言，并且能够进行语音指令的识别、理解和响应。这种技术不仅能够提高机器人的使用体验，还能够降低用户对使用机器人的技术门槛，同时能够在一定程度上减少人类操作机器人的误操作问题。

此外，利用语音识别技术还可以实现自然语言的语音合成，使机器人能够通过语音向用户提供反馈信息。这种技术不仅可以提高机器人的交互能力，而且可以增加机器人与人类之间的情感联系。

本书是在作者近三年围绕用于移动机器人的语音识别技术所开展的相关研究和开发工作基础上编写而成的，首先介绍了语音识别的发展历史和语音识别领域常用数据集与工具箱；其次介绍了在语音识别领域常用的语音信号基础知识和声学特征的提取；随后介绍了语音识别的声学模型、语言模型、解码工具，并对语音识别领域的研究热点（端到端语音识别）进行探讨；最后利用语音识别开源工具包 Kaldi 进行语音识别实战，包括 Kaldi 的安装以及如何训练 aishell 语音识别工程，结合序列到序列的语音识别模型和序列到序列的问答模型来构建可用于移动机器人的语音交互系统。

本书在介绍主要知识和方法后提供了适量的习题，使读者不仅能掌握一些初级的知识和方法，还能进一步掌握语音识别原理及相关技术，加深理解。

本书由莫宏伟任主编，徐立芳任副主编。感谢袁志龙、闫景运、周红亮、郭子颖、温峰、张圣胤、张茜、胡家家等同学在内容编写和图片绘制方面提供的协助。

由于编者水平所限，书中难免存在不妥甚至错误之处，恳请读者批评指正。

编　者

2023 年 5 月

目　录

第1章 绪　　论

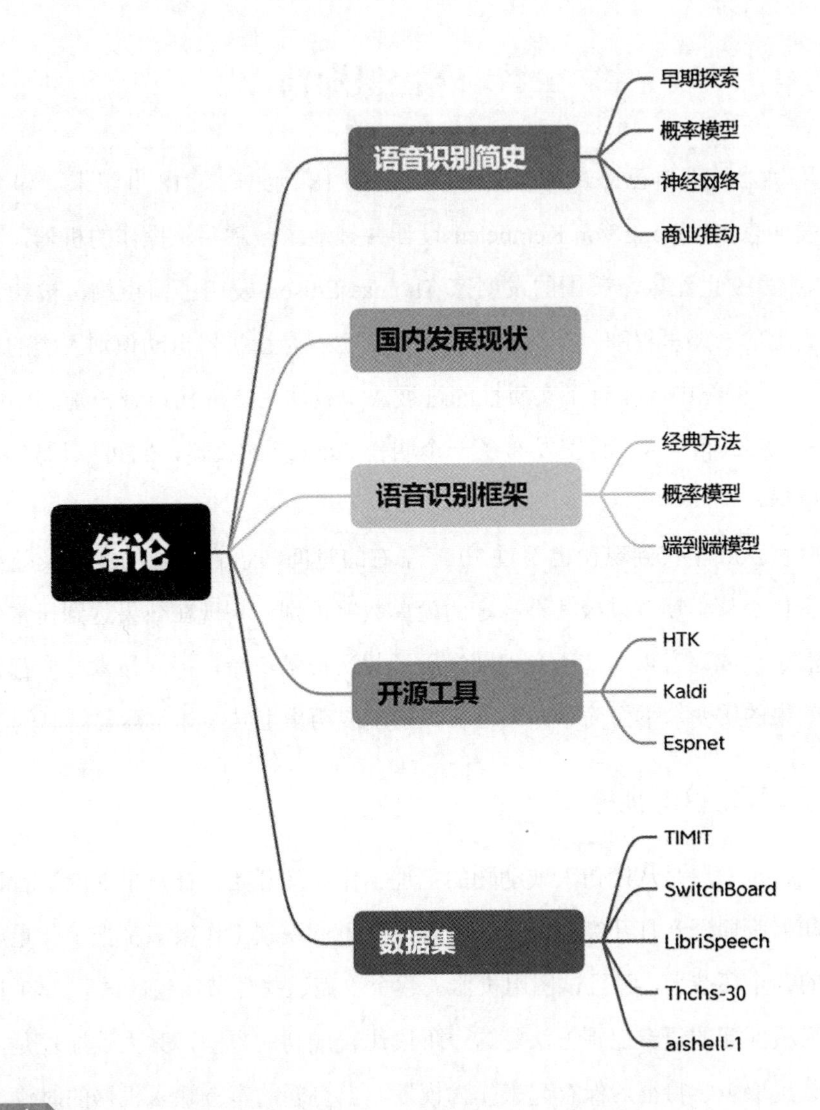

本章导读

本书广泛吸收数字信号处理、统计学、机器学习、人工智能等学科的先进思想和理论，并将其应用到语音识别领域。

语音识别的基础理论包括语音的产生和感知过程、语音信号基础知识、语音特征提取等，关键技术包括高斯混合模型（Gaussian Mixture Model，GMM）、隐马尔可夫模型（Hidden Markov Model，HMM）、深度神经网络（Deep Neural Network，DNN），以及基于这些模型形成的 GMM-HMM、DNN-HMM 和端到端（End-to-End，E2E）系统。语言模型和解码器也非常关键，直接影响语音识别实际应用的效果。

本章要点

- 了解语音识别发展史。
- 了解语音识别的国内发展现状。
- 理解开源工具与数据集。

语音识别简史及发展现状

1.1 语音识别简史

人类用机器处理自己语音的历史可以追溯到18世纪。在18世纪末、19世纪初，奥匈帝国的发明家 Wolfgang von Kempelen 设计并打造了一款手工操作的机器，可以发出简单的声音。在19世纪末，美国的发明家 Thomas Edison 发明了留声机，被认为是人类处理语音历史上的一座里程碑。然而，语音识别，也就是让机器自动识别人类的语音，这个工作其实到20世纪中叶才有了实质性的进展。一般认为，现代语音识别起始的一个重要时间节点是1952年贝尔实验室发布了一个叫作 Audrey 的机器，它可以识别 one、two 等十个英文单词。

从20世纪50年代到现在也不过70年左右的时间，语音识别的技术及效果却有了翻天覆地的变化：从早期效果极其不稳定的简单数字识别，到现在效果达到日常生活实用要求的大词汇量连续语音识别，语音识别经历了数次技术革命，每次技术革命都带来了语音识别系统效果的质变。下面简单介绍语音识别发展历史上几个非常重要的时间节点。

1.1.1 语音识别早期探索

与很多技术发展是从模仿人或动物的生理工作原理开始一样，早期的语音识别探索也试图从人如何听懂语音打开突破口。这个阶段的语音识别工作很多都把工作重心放到人类理解语音的各个环节上，并且试图用机器去逐个攻克这些环节，包括词意、句法、语法等。

基于模板匹配的语音识别方法是这个阶段比较成功的方法，其大致原理是，将训练语料中的音频提取声学特征后保存起来作为模板，当有新的音频输入机器的时候，机器会用同样的方式提取声学特征，并且将其和之前保存的模板特征作比较，若新提取的特征和已经保存的模板特征比较接近，则认为两者输入的词语是同样的，系统输出模板对应的文字。基于模板匹配的方法可以在一些精心控制的场景（如环境比较安静、系统开发者自己测试等）下得到不错的识别效果，但是在环境比较复杂或者说话比较随意的时候，效果往往就不太理想。

1.1.2 概率模型一统江湖

从20世纪70年代开始，一批具有信息论背景的研究人员进入语音识别领域，并且开始将通信工程中常用的概率模型引入语音识别领域。其中的杰出代表是 Frederick Jelinek 博士。他早期在康奈尔大学从事信息论的研究，1972 年在学术休假期间加入了 IBM 华生实验室（IBM T.J. Watson Labs）并领导了语音识别实验室。Frederick Jelinek 博士深厚的信息论背景使他敏锐地觉察到语音识别并不是一个仿生学问题，而是一个完美的统计学问题。他抛弃了早期语音识别工作中词意、句法、语法等一系列对人类理解语音来说非常重要的概念，转而用统计模型对语音识别问题进行建模。他对此的一个经典解释是“飞机飞行并不需要挥动翅膀（Airplanes don’t flap their wings）”。言外之意是，计算机处理人类的语音并不一定需要仿照人类处理语音的方式，句法、语法这些在人类语言学中很重要的概念在语音识别中并不见得是决定因素。

虽然用概率模型来解决语音识别问题的思路从 20 世纪 70 年代开始就被提出来了，但是直到 20 世纪 80 年代，概率模型才逐渐代替老旧的基于模板、语言学等思路的方法，开始走到语音识别舞台的中心。在这个过程中，HMM 在语音识别中的应用厥功至伟。不同于早期的方法，HMM 使用两个随机过程，即状态转移过程和观察量采样过程，将从声音特征到发音单元的转换过程建模成一个概率问题，通过已有的语音数据训练 HMM 的参数。在解码时，利用相应的参数估计从输入声学特征转换成特定发音单元序列的概率，进而得到输出特定文字的概率，从而选取最有可能代表某一段声音的文字。一方面，HMM 的应用大大减少了语音识别系统对专家（如语言学家）的依赖，从而降低了构建语音识别系统的成本；另一方面，区别于基于模板的一些方法，HMM 可以从更多的语音数据中来估计更好的参数，从而使相应的语音识别系统在实际应用中的结果更加稳定。

基于统计模型的语音识别方法，或者更确切地说，基于 HMM 的语音识别方法，极大地提高了语音识别的准确率和稳定性，为语音识别的商业应用打下了坚实的基础。在接下来的 30 多年时间中，基于 HMM 的语音识别方法基本上垄断了语音识别领域，直到 2010 年左右神经网络模型在语音识别建模中兴起。

1.1.3 神经网络异军突起

确切地说，神经网络模型也是概率模型的一种。神经网络在语音识别中的应用其实从 20 世纪 80 年代中后期便已经开始。早期神经网络在语音识别系统中的应用是以与 HMM 配合使用为主，亦即后来所说的“混合模型”。在标准的 HMM 中，从隐含发音状态输出可观察量的时候需要对输出的概率分布进行建模。在经典的基于 HMM 的语音识别系统中，这个过程一般是用 GMM 来建模的。在混合模型中，GMM 被神经网络所代替，由神经网络对输出的概率分布进行建模。其中使用的神经网络可以是前馈神经网络、递归神经网络等各种神经网络。然而，受到计算资源、训练数据、神经网络本身训练方法等各种因素的影响，神经网络一直没有能够代替 GMM 成为主流语音识别系统的一部分。

在 2010 年左右，微软（Microsoft）的研究人员开始重新审视神经网络在语音识别系统中的应用。他们发现，如果以上下文相关的三音子作为神经网络的建模单元，并且用最好的基于 HMM、GMM 的语音识别系统生成的对齐数据作为神经网络的训练数据，适当调节 HMM 的转换概率，在当时的计算资源和训练数据（几百小时）下，所生成的基于 HMM、神经网络模型（NN-HMM）的语音识别系统的效果会远远好于对应的基于 HMM、GMM 的语音识别系统的效果。由于是 HMM 和神经网络模型同时使用，因此这样的系统当时也被称为“混合系统”或“混合模型”。研究人员进而惊喜地发现，随着计算资源和训练数据的增加，混合模型的效果也在不断地变好。对比早期的“大规模”语音识别系统所使用的几百小时的训练数据，现在成熟的商用语音识别系统往往采用上万小时的训练数据，得益于计算资源的丰富及并行化技术的发展，这样规模的训练往往可以在 1 ～ 2 周内完成。神经网络的引入让语音识别系统的效果有了质的提升，让语音识别技术进入千家万户、成为日常生活中的一部分成为了可能。

在 2014 年左右，谷歌（Google）的研究人员进一步发现，当使用特殊的网络结构时，“混合模型”里面的 HMM 其实也可以被替换掉。研究人员使用双向长短时记忆神经网络（bidirectional long short term memory network），附之以一个叫作连接时序分类（Connectionist Temporal Classification，CTC）的目标函数可以直接将音频数据转换成文字，而不需要经过传统的基于 HMM 的语音识别系统中的中间建模单元（如基于上下文的三音子建模单元）。由于这种系统直接将音频转换成文字，因此也被称作“端到端”系统。目前，虽然基于 HMM 的语音识别系统仍然大量存在于商业系统中，但是随着更多神经网络结构被应用到端到端系统中，基于神经网络的端到端语音识别系统的效果也一直在提升，科技巨头如谷歌也逐渐将端到端系统应用到他们的商业系统中。

在 2010 年以前，语音识别行业水平普遍还停留在 80% 的识别准确率以下。在接下来的几年里，机器学习相关模型算法的应用和计算机性能的增强带来了语音识别准确率的大幅提升。到 2015 年，识别准确率就达到了 90% 以上。谷歌公司在 2013 年时识别准确率还仅仅只有 77%，然而到 2017 年 5 月时，基于谷歌深度学习的英语语音识别错误率已经降低到 4.9%，即识别准确率为 95.1%，相较于 2013 年的识别准确率提升了近 20 个百分点。这种水平的识别准确率已经接近正常人类。2016 年 10 月 18 日，微软语音团队在 Switchboard 语音识别测试中打破了自己的最好成绩，将词错误率降低至 5.9%。次年，微软语音团队研究人员通过改进语音识别系统中基于神经网络的声学模型和语言模型，在之前的基础上引入了 CNN-BLSTM（Convolutional Neural Network Combined with Bidirectional Long Short-Term Memory，带有双向 LSTM 的卷积神经网络）模型，用于提升语音建模的效果。2017 年 8 月 20 日，微软语音团队再次将这一纪录刷新，在 Switchboard 测试中将词错误率从 5.9% 降低到 5.1%，即识别准确率达到 94.9%，与谷歌一起成为了行业新的标杆。

1.1.4 商业应用推波助澜

技术的发展和商业的应用往往是相辅相成的。一方面，技术本身的进步可以使商业应用成为可能或者增加商业应用的价值；另一方面，商业的应用可以为技术的发展提供更多的资源，从而推动技术的进步。语音识别技术从最初的探索到目前进入千家万户的经历完美地阐述了这个过程。

得益于20世纪70年代概率模型的发展以及20世纪80年代HMM的大规模应用，在20世纪80年代末90年代初，语音识别技术在一些可控的场景（如安静的朗读场景）下已经初步跨入商用门槛。1990年，Dragon Systems公司发布了第一款语音识别商用软件Dragon Dictate。Dragon Dictate使用了新兴的HMM，但是受限于计算机的算力，Dragon Dictate并不能自动对输入的语音分词，因此用户在说出每个单词后都必须停顿，然后让Dragon Dictate转写。尽管如此，Dragon Dictate的售价依然高达9000美元。1997年，Dragon Systems公司推出了Dragon Dictate的后续版本Dragon NaturallySpeaking。这个版本已经可以支持连续语音输入，1分钟可以处理大约100个单词，但是为了得到更好的效果，需要用户提供大约45分钟的语音数据对模型调优。Dragon NaturallySpeaking的售价也由其前任的9000美元下降到大约700美元。值得一提的是，经过一系列的合并与收购操作之后，Dragon NaturallySpeaking产品及其品牌最终被在语音识别领域大名鼎鼎的Nuance Communications公司获得，其后续版本至今仍在销售。

经过20世纪90年代的商业验证，语音识别技术在21世纪初持续发展，识别准确率也稳步攀升。语音识别技术逐渐进入当时主流的操作系统，如Windows Vista、Mac OS X等，作为键盘和鼠标输入的备选方案。然而，在20世纪第一个10年中的绝大部分时间里，语音识别技术的用户使用率都非常低，究其原因，还是因为不够准确、不够简单，使用成本相对于键盘和鼠标的使用成本更高。这个局面直到2008年末才有所改观。2008年11月，谷歌在苹果手机上发布了一个语音搜索的应用，让用户可以用语音输入搜索指令，然后在谷歌自己的搜索平台上进行搜索。区别于Dragon NaturallySpeaking等商业语音识别系统在本地机器上处理语音数据，谷歌的语音搜索应用选择将音频数据传输到谷歌的服务器进行处理，依托谷歌强大的算力可以使用非常复杂的语音识别系统，从而大大提升了语音识别的准确率。同时，由于苹果手机上屏幕键盘比较小，输入不方便，语音输入的用户体验大大超过了键盘输入的用户体验，语音识别的用户使用率开始节节攀升。

智能手机似乎是为语音识别量身定制的一个应用场景。2010年，语音助手Siri作为一个独立的应用出现在苹果手机上，苹果公司迅速收购了这个独立的应用，并于2011年在苹果手机iPhone 4S上正式发布了默认的语音助手Siri。Siri的发布在语音识别技术的应用上具有里程碑的意义：成千上万的用户开始知道并且逐渐使用语音识别技术。值得一提的是，语音识别开源软件Kaldi于2009年在约翰霍普金斯大学开始开发，与谷歌语音搜索应用、苹果语音助手 Siri 的发布处于同一个时期。

谷歌语音搜索应用和苹果语音助手 Siri 的发布，一方面引导了用户，让用户在日常生活中逐渐接受了语音识别技术；另一方面，也为语音识别技术的发展积累了海量的用户数据。同一时期，神经网络被再度考虑应用到语音识别技术中。神经网络的训练需要强大的计算能力和海量的用户数据，科技公司如谷歌、苹果、微软在公司发展早期所积累的计算能力，以及他们通过语音搜索、语音助手等应用所积累的海量用户数据，为神经网络在语音识别中的应用打下了坚实的基础。这些新的数据和新的模型被反馈回语音识别技术中，进一步推动了语音识别技术的发展。

2014 年，亚马逊（Amazon）发布了一个带有语音助手的智能音箱 Echo，将语音识别技术从近场语音识别推向了远场语音识别。不同于谷歌的语音搜索应用和苹果的语音助手 Siri，亚马逊的智能音箱 Echo 并不需要用户贴近麦克风说话。用户在家里任何位置说话，智能音箱 Echo 都可以正确地处理语音并响应。亚马逊的智能音箱 Echo 将语音交互的体验又推上了一个台阶。继亚马逊之后，国外科技巨头如谷歌、苹果，国内科技巨头如百度、阿里巴巴、小米，都纷纷推出了带语音助手的智能音箱，语音识别技术开始进入百花齐放、百家争鸣的时代。语音识别技术也由最初只能在可控场景下勉勉强强地工作，发展到现在可以在真实的场景下非常稳定地工作。

1.2 国内发展现状

中国国内最早的语音识别研究开始于 1958 年，中国科学院声学研究所（以下简称中国科学院声学所）研究出一种电子管电路，该电子管电路可以识别 10 个元音。1973 年，中国科学院声学所成为国内首个开始研究计算机语音识别的机构。受限于当时的研究条件，我国的语音识别研究在这个阶段一直进展缓慢。

改革开放以后，随着计算机应用技术和信号处理技术在我国的普及，越来越多的国内单位和机构具备了语音研究的成熟条件。而就在此时，外国的语音识别研究取得了较大的突破性进展，语音识别技术成为科技浪潮的前沿，得到了迅猛的发展，这推动了包括中国科学院声学所、中国科学院自动化所（全称为中国科学院自动化研究所）、清华大学、中国科技大学、哈尔滨工业大学、上海交通大学、西北工业大学、厦门大学等许多国内科研机构和高等院校投身到语音识别的相关研究当中。大多数的研究者将研究重点聚焦在语音识别基础理论研究和模型、算法的研究改进上。

1986 年 3 月，我国的 863 计划正式启动。863 计划即国家高技术研究发展计划，是我国的一项高科技发展计划。作为计算机系统和智能科学领域的一个重要分支，语音识别在该计划中被列为一个专项研究课题。随后，我国展开了系统性的针对语音识别技术的研究。因此，对于我国国内的语音识别行业来说，863 计划是一个里程碑，它标志着我国的语音识别技术进入了一个崭新的发展阶段。但是由于研究起步晚、基础薄弱、硬件条件和计算能力有限，因此我国的语音识别研究在整个20世纪80年代都没有取得显著的学术成果，也没有开发出具有优良性能的识别系统。

20世纪90年代，我国的语音识别研究持续发展，开始逐渐地紧追国际领先水平。在863计划、国家科技攻关计划、国家自然科学基金的支持下，我国在中文语音识别技术方面取得了一系列研究成果。

21世纪初，包括科大讯飞、中科信利、捷通华声等一批致力于语音应用的公司陆续在我国成立。语音识别龙头企业科大讯飞早在2010年就推出了业界首个中文语音输入法，引领了移动互联网的语音应用。2010年以后，百度、腾讯、阿里巴巴等国内各大互联网公司相继组建语音研发团队，推出了各自的语音识别服务和产品。在此之后，国内语音识别的研究水平在之前建立的坚实基础上取得了显著的进步。如今，基于云端深度学习算法和大数据的在线语音识别系统的识别准确率可以达到95%以上，科大讯飞、百度、阿里巴巴都提供了达到商业标准的语音识别服务，如语音输入法、语音搜索等应用，语音云用户达到了亿级规模。

人工智能和物联网的迅猛发展使人机交互方式发生重大变革，语音交互产品也越来越多。国内消费者接受语音产品有一个过程，最开始的认知大部分是从苹果语音助手Siri开始的。亚马逊的智能音箱Echo刚开始推出的两三年，国内的智能音箱市场还不温不火，不为消费者所接受，因此销量非常有限。但自2017年以来，智能家居逐渐普及，智能音箱市场开始火热，为抢占语音入口，阿里巴巴、百度、小米、华为等公司纷纷推出了自己的智能音箱。据Canalys报告，2019年第1季度中国智能音箱市场出货量全球占比51%，首次超过美国，成为全球最大的智能音箱市场。奥维云网（AVC）数据显示，2019年上半年中国智能音箱市场销量为1556万台，同比增长233%。

随着语音市场的扩大，国内涌现出一批具有强大竞争力的语音公司和研究团队，包括云知声、思必驰、出门问问、声智科技、北科瑞声、天聪智能等。他们推出的语音产品和解决方案主要针对特定场景，如车载导航、智能家居、医院的病历输入、智能客服、会议系统、证券柜台业务等，因为采用深度定制，识别效果和产品体验更佳，在市场上获得了不错的反响。针对智能硬件的离线识别，云知声和思必驰等公司还研发出专门的语音芯片，进一步降低功耗，提高产品的性价比。

在国内语音应用突飞猛进的同时，各大公司和研究团队纷纷在国际学术会议和期刊上发表研究成果。2015年，张仕良等人提出了前馈型序列记忆网络（Feed-forward Sequential Memory Network，FSMN），在DNN的隐藏层旁增加了一个“记忆模块”，这个记忆模块用来存储对判断当前语音帧有用的语音信号的历史信息和未来信息，并且只需等待有限长度的未来语音帧。随后，科大讯飞进一步提出了深度全序列卷积神经网络（Deep Fully Convolutional Neural Network，DFCNN）。2018年，阿里巴巴改良并开源了语音识别模型

DFSMN（Deep FSMN）。2018 年，中国科学院自动化所率先把 Transformer 应用到语音识别任务，并进一步拓展到中文语音识别。

不管是在研究成果还是在产品性能体验上，国内的语音行业整体水平已经达到甚至超越了国际尖端水平。2016 年 10 月，时任百度首席科学家的吴恩达在对微软的语音识别技术与人类水平持平的消息表示祝贺的同时声称，百度的汉语语音识别在 2015 年就已经超越了人类的平均水平，也就是说百度比微软提前一年实现了这一成绩。2016 年 11 月，搜狗、百度和科大讯飞三家公司相继召开了三场发布会，分别向外界展示了他们各自在语音识别等方面的最新进展。这三家公司几乎不约而同地宣布各自的中文语音识别准确率达到了 97%，这充分说明大数据和 DNN 的成功应用使国内的语音识别技术取得了质的突破。

尽管如此，当前语音识别系统依然面临着不少应用挑战，其中包括以下主要问题：

（1）鲁棒性。目前语音识别准确率超过人类水平主要还是在受限的场景下（如在安静的环境下），而一旦加入干扰信号，尤其是环境噪声和人声干扰，系统性能往往会明显下降。因此，如何在复杂场景（包括非平稳噪声、混响、远场）下，提高语音识别的鲁棒性，研发“能用 ⇒ 好用”的语音识别产品，提升用户体验，仍然是要重点解决的问题。

（2）口语化。每个说话人的口音、语速和发声习惯都是不一样的，尤其是一些地区的口音，这会导致识别准确率急剧下降。还有电话场景和会议场景的语音识别，其中包含很多口语化表达（如闲聊式的对话），在这种情况下的识别效果也很不理想。因此语音识别系统需要提升自适应能力，以便更好地匹配个性化、口语化表达，排除这些因素对识别结果的影响，达到准确稳定的识别效果。

（3）低资源。特定场景、方言识别还存在低资源问题。手机 APP 采集的是 16kHz 宽带语音，有大量的数据可以训练，因此识别效果很好，但特定场景（如银行 / 证券柜台）很多采用专门设备采集语音，保存的采样格式压缩比很高，跟一般的 16kHz 或 8kHz 语音不同，而相关的训练数据又很缺乏，因此识别效果会变得很差。低资源问题同样存在于方言识别中，中国有七大方言区，包括官话方言（又称北方方言）、吴语、湘语、赣语、客家话、粤语、闽语（闽南语），还有晋语等分支，要搜集各地数据（包括文本语料）相当困难。因此如何从高资源的声学模型和语言模型迁移到低资源的场景，降低数据搜集的代价，是很值得研究的方向。

（4）语种混杂（code-switch）。在日常交流中，还可能存在语种混杂现象，如中英混杂（尤其是城市白领）、普通话与方言混杂，但商业机构在这方面的投入还不多，对于中英混杂语音一般仅能识别简单的英文词汇（如“你家 Wi-Fi 密码是多少”），因此如何有效提升多语种识别的准确率也是当前语音识别技术面临的挑战之一。

1.3 语音识别框架

1.3.1 经典方法

为了让没有接触过语音识别的读者可以对语音识别原理有一个快速的认识，本节将尽可能使用通俗的语言简短直观地介绍经典语音识别方法。我们知道声音实际上是一种波。语音识别任务所面对的就是经过若干信号处理之后的样点序列，也称为波形（waveform）。图 1.1 是一个波形的示例。

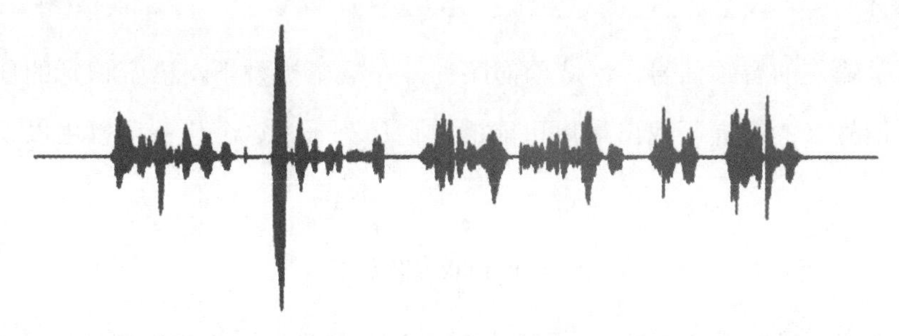

图 1.1 语音信号的波形

语音识别的第一步是特征提取。特征提取是将输入的样点序列转换成特征向量序列，一个特征向量用于表示一个音频片段，称为一帧（frame）。一帧包含若干样点，在语音识别中，常用 25ms 作为帧长（erame length）。为了捕捉语音信号的连续变化，避免帧之间的特征突变，每隔 10ms 取一帧，即帧移（frame shift）为 10ms，如图 1.2 所示。

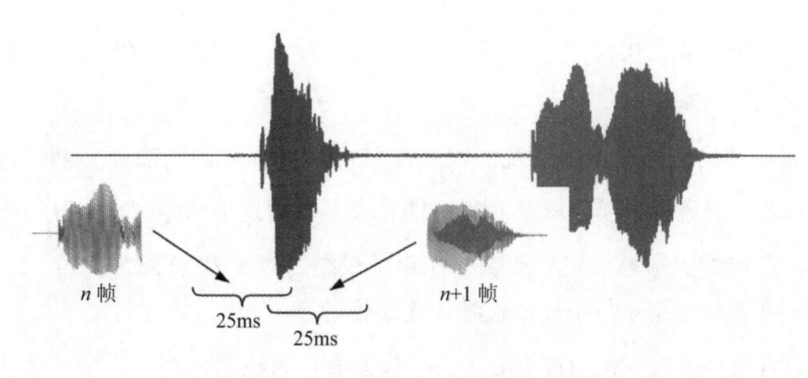

图 1.2 语音信号的分帧

采样是声波数字化的方法，而分帧是信号特征化的前提，分帧遵循的前提是，语音信号是一个缓慢变化的过程，这是由人类发声器官决定的，因此在 25ms 内，认为信号的特性是平稳的，这个前提称为短时平稳假设。正是有了这个假设，就可以将语音信号转换为缓慢变化的特征向量序列，进而可以通过时序建模的方法来描述。

在现代语音识别系统中，以 HMM 为基础的概率模型占据了绝对的主导地位。语音识别开源软件 Kaldi 也是围绕着以 HMM 为基础的概率模型来设计的。为了进行语音识别，所有常见的发音组合可以表示成一个巨大的有向图，这可以用 HMM 进行建模。语音的每一帧都对应一个 HMM 状态。若读者熟悉经典 HMM 理论，则知道可以从 HMM 中搜索累计概率最大的路径，其搜索算法为 Viterbi（维特比）算法。HMM 中累计概率最大的路径所代表的发音内容就是语音识别的结果。这个搜索过程在语音识别中也叫作解码。路径的累积概率通过概率模型获取。下一节将介绍概率模型，包括声学模型和语言模型。

1.3.2　概率模型

虽然本书会尽量避免公式的使用，但是对于经典的语音识别概率模型，公式描述会胜过很多文字描述。因此，在本书中会使用一些公式。读者不必担心，这些公式都非常简单易懂。

假设 Y 是输入的音频信号，w 是单词序列，在概率模型下，语音识别的任务其实是在给定音频信号 Y 的前提下找出最后可能的单词序列 w，这个任务可以由以下公式来简单概括：

$$\hat{w} = \arg\max_{w}\{P(w|Y)\} \tag{1-1}$$

这个公式所得到的 $\hat{w}$ 便是语音识别系统基于概率模型所给出的解码结果。上述公式描述起来非常简单易懂，但是执行起来却相当困难，主要原因是概率分布 $P(w|Y)$ 比较难以用可解的模型来表达。幸运的是，我们可以利用贝叶斯定理对上述公式进行变换，公式变换如下：

$$\hat{w} = \arg\max_{w}\{P(w|Y)\} = \arg\max_{w}\left\{\frac{P(Y|w)P(w)}{P(Y)}\right\} = \arg\max_{w}\{P(Y|w)P(w)\} \tag{1-2}$$

在上述变换中，我们用到了一个事实：因为 Y 已知，所以概率 $P(Y)$ 是一个常量，在求极值的过程中可以被忽略。

从上述公式可见，语音识别系统的概率模型可以被拆分为两部分：$P(Y|w)$ 和 $P(w)$，我们需要分别对它们进行建模。概率 $P(Y|w)$ 的含义是，给定单词序列 w，得到特定音频信号 Y 的概率，在语音识别系统中一般被称作声学模型。概率 $P(w)$ 的含义是，给定单词序列 w 的概率，在语音识别系统中一般被称作语言模型。

至此，语音识别的概率模型被拆分为声学模型和语言模型两部分，接下来分别对两部分建模进行介绍。

在介绍声学模型之前，首先简单介绍一下特征提取。在实际操作中，由于原始音频信号往往包含一些不必要的冗余信息，因此需要对原始音频信号进行特征提取，使提取出来的特征向量更容易描述语音特性，从而提升建模效率。一般来说，会每隔 10ms 从一个 25ms 的语音信号窗口中提取一个特征向量，因此实际应用中我们输入概率模型的 Y 是一系列特征向量的序列。常用的语音识别特征有梅尔频率倒谱系数（Mel-Frequency Cepstral

Coefficient，MFCC）、感知线性预测（Perceptual Linear Prediction，PLP）等。

对于声学特性来说，单词是一个比较大的建模单元，因此声学模型 $P(Y|w)$ 中的单词序列 w 会被进一步拆分成一个音素序列。假设 Q 是单词序列 w 对应的发音单元序列，这里简化为音素序列，那么声学模型 $P(Y|w)$ 可以被进一步转写为

$$P(Y|w)=\sum_{Q}P(Y|Q)P(Q|w) \tag{1-3}$$

其中，公式中的求和是对和单词序列 w 所对应的所有可能的音素序列 Q 集合计算边缘分布概率。这样，声学模型就被拆分成了两部分：$P(Y|Q)$ 和 $P(Q|w)$。

第二部分 $P(Q|w)$ 是一个相对容易计算的概率分布。假设单词序列 $w=w_1,w_2,\cdots,w_L$，亦即单词序列 w 由单词 $w_1,w_2,\cdots,w_L$ 共 L 个单词组成，再假设每个单词 w_l 所对应的可能发音是 $q^{(w_l)}$，那么第二部分 $P(Q|w)$ 可以进行如下拆分：

$$P(Q|w)=\prod_{l=1}^{L}P(q^{(w_l)}|w_l) \tag{1-4}$$

其中，概率分布 $P(q^{(w_l)}\mid w_l)$ 的含义是单词 w_l 的发音为 $q^{(w_l)}$ 的概率。词典中同一个单词可能有多个发音，但是在人类语言中多音词的不同发音往往不会有很多，因此第二部分 $P(Q|w)$ 可以非常容易地从发音词典中计算出来。

第一部分 $P(Y|Q)$ 是声学模型的核心所在，一般会用 HMM 来进行建模。简单来理解，对于音素序列 Q 中的每一个音素都会构建一个音素级 HMM 单元，根据音素序列 Q 会把这些 HMM 单元拼接成一个句子级别的 HMM，而特征序列 Y 便是 HMM 的可观察输出。在实际的语音识别系统中，HMM 的应用会比这个简单描述复杂得多，例如实际系统中我们会以上下文相关的三音子单元作为最小的 HMM 单元。关于声学模型的训练，将在本书第 3 章详细介绍。

类似地，可以将语言模型 $P(w)$ 进行拆分和建模。假设单词序列 $w=w_1,w_2,\cdots,w_L$ 由 L 个单词组成，语言模型 $P(w)$ 可以进行如下概率转换：

$$P(w)=\prod_{l=1}^{L}P(w_l|w_{l-1},\cdots,w_1) \tag{1-5}$$

其中，概率分布 $P(w_l\mid w_{l-1},\cdots,w_1)$ 的具体含义是，已知单词序列 $w_1,w_2,\cdots,w_{l-1}$，下一个单词为 w 的概率。在实践中会发现，一个已经出现的单词，对于后续出现的单词的影响会随着距离的增大而越来越小，因此，我们一般会把单词序列的历史限制在 N-1，对应的语言模型也叫作 N 元语法模型，用概率表示如下：

$$P(w)=\prod_{l=1}^{L}P(w_l|w_{l-1},w_{l-2},\cdots,w_{l-N+1}) \tag{1-6}$$

在实践中，一般使用 N=3 或 N=4。概率分布 $P(w_l\mid w_{l-1},w_{l-2},\cdots,w_{l-N+1})$ 的含义是，已知单词序列 $w_{l-N+1},\cdots,w_{l-1}$，下一个单词为 w_l 的概率。为了统计这个概率分布，需要收集

大量的文本作为训练语料，在这些文本中统计一元词组、二元词组直到 N 元词组的个数，然后根据出现的个数统计每个 N 元词组的概率。由于训练语料往往是有限的，为了避免稀疏概率或零概率的问题，在实际操作中往往需要采用平滑、回退等技巧。语言模型的训练和使用将在本书第 4 章详细介绍。

1.3.3 深度神经网络—隐马尔可夫（DNN-HMM）模型

2006 年，变革到来。Hinton 在全世界最权威的学术期刊 *Science* 上发表了论文，第一次提出了“深度置信网络”的概念。深度置信网络与传统训练方式的不同之处在于它有一个被称为“预训练”（pre-training）的过程，其作用是让神经网络的权重取到一个近似最优解的值，之后使用反向传播（Back Propagation，BP）算法或其他算法进行“微调”（fine-tuning），使整个网络得到训练优化。Hinton 给这种多层神经网络的相关学习方法赋予了一个全新的名词——“深度学习”（Deep Learning，DL）。深度学习不仅使深层的神经网络训练变得更加容易，缩短了网络的训练时间，而且还大幅提升了模型的性能。以这篇划时代的论文的发表为转折点，从此，全世界再次掀起了对神经网络的研究热潮，揭开了属于深度学习的时代序幕。

在 2009 年，Hinton 和他的学生 Mohamed 将 DNN 应用于声学建模，他们的尝试在 TIMIT 音素识别任务上取得了成功。然而 TIMIT 数据集包含的词汇量较小，在面对连续语音识别任务时还往往达不到人们期望的识别词和句子的正确率。2012 年，微软研究院的俞栋和邓力等人将深度学习与 HMM 相结合，提出了上下文相关的深度神经网络（Context Dependent Deep Neural Network，CD-DNN）与 HMM 融合的声学模型（CD-DNN-HMM），在大词汇量的连续语音识别任务上取得了显著的进步，相比于传统的 GMM-HMM 系统获得超过 20% 的相对性能提升。这是深度学习在语音识别上具有重大意义的成果。从此，自动语音识别（Automatic Speech Recognition，ASR）的准确率得到了快速提升，深度学习彻底打破了 GMM-HMM 的传统框架对于语音识别技术多年的垄断，使人工智能获得了突破性的进展。由 Daniel Povey 领衔开发并于 2011 年发布的 Kaldi 是 DNN-HMM 系统的基石，在工业界得到了广泛应用。大多数主流的语音识别解码器基于加权有限状态转换器（Weighted Finite State Transducer，WFST），把发音词典、声学模型和语言模型编译成静态解码网络，这样可大大加快解码速度，为语音识别的实时应用奠定基础。

1.3.4 端到端语音识别

近几年，随着机器学习算法的持续发展，各种神经网络模型结构层出不穷。循环神经网络（Recurrent Neural Network，RNN）可以更有效、更充分地利用语音中的上下文信息，卷积神经网络（Convolutional Neural Network，CNN）可以通过共享权重来降低计算的复杂度，并且卷积神经网络被证明在挖掘语音局部信息的能力上更为突出。引入了长短时记忆网络（Long Short Term Memory，LSTM）的循环神经网络能够通过遗忘门和输出门忘记部分信息来解决梯度消失的问题。由 LSTM 也衍生出了许多变体，较为常用的是门控循环单元（Gated Recurrent Unit，GRU），在训练数据很大的情况下 GRU 相比 LSTM 参数更少，因此更容易收敛，从而能节省很多时间。LSTM 及其变体使识别效果再次得到提升，尤其是在近场的语音识别任务上达到了可以满足人们日常生活的标准。另外，时延神经网络（Time Delay Neural Network，TDNN）也获得了不错的识别效果，它可以适应语音的动态时域变化，能够学习到特征之间的时序依赖。

深度学习技术在近十几年中一直保持着飞速发展的状态，它也推动语音识别技术不断取得突破。尤其是最近几年，基于端到端的语音识别方案逐渐成了行业中的关注重点，CTC 算法就是其中一个较为经典的算法。在 LSTM-CTC 的框架中，最后一层往往会连接一个 CTC 模型，用它来替换 HMM。CTC 的作用是将 Softmax 层的输出向量直接输出成序列标签，这样就实现了输入语音和输出结果的直接映射，也实现了对整个语音的序列建模，而不仅仅是针对状态的静态分类。2012 年，Graves 等人又提出了循环神经网络变换器（RNN Transducer），它是 CTC 的一个扩展，能够整合声学模型与语言模型，同时进行优化。自 2015 年以来，谷歌、亚马逊、百度等公司陆续开始了对 CTC 模型的研发和使用，并且都获得了不错的性能提升。

2014 年，基于注意力机制（Attention）的端到端技术在机器翻译领域得到了广泛应用并取得了较好的实验结果，之后很快被大规模商用。于是，Jan Chorowski 在 2015 年将 Attention 的应用扩展到了语音识别领域，结果大放异彩。在最近的两年里，有一种称为序列到序列（Sequence to Sequence，Seq2Seq）的基于 Attention 的语音识别模型在学术界引起了极大的关注，相关的研究取得了较大的进展。在加拿大召开的国际智能语音领域的顶级会议 ICASSP 2018 上，谷歌公司发表的研究成果显示，在英语语音识别任务上，基于 Attention 的 Seg2Seq 模型表现强劲，它的识别结果已经超越了其他语音识别模型。但 Attention 模型的对齐关系没有先后顺序的限制，完全靠数据驱动得到，对齐的盲目性会导致训练和解码时间过长。而 CTC 的前向后向算法可以引导输出序列与输入序列按时间顺序对齐。因此 CTC 和 Attention 模型各有优势，可把两者结合起来构建 Hybrid CTC/Attention 模型，并采用多任务学习，以取得更好的效果。

2017 年，谷歌和多伦多大学提出一种称为 Transformer 的全新架构，这种架构在 Decoder（解码）层和 Encoder（编码）层中均采用 Attention 机制。特别是在 Encoder 层，将传统的 RNN 完全用 Attention 替代，从而在机器翻译任务上取得了更优的结果，引起了极大关注。随后，研究人员把 Transformer 应用到端到端语音识别系统中，也取得了非常明显的改进效果。

另外，生成式对抗网络（Generative Adversarial Network，GAN）是近年来无监督学习

方面最具前景的一种新颖的深度学习模型，Ian J.Goodfellow 等人于 2014 年 10 月发表论文“Generative Adversarial Nets”，文中提出了一个通过对抗过程估计生成模型框架的全新方法。通过对抗学习，GAN 可用于提升语音识别的噪声鲁棒性。GAN 在无监督学习方面展现出了较大的研究潜质和较好的应用前景。

从一个更高的角度来看待语音识别的研究历程，从 HMM 到 GMM，到 DNN，再到 CTC 和 Attention，这个演进过程的主线是如何利用一个网络模型实现对声学模型层面更精准的刻画。换言之，就是不断尝试更好的建模方式以取代基于统计的建模方式。

1.4 开源工具与数据集

1.4.1 深度学习框架

深度学习发展至今，已经出现了许多经典好用的深度学习框架，利用框架可以快速实现自己的深度学习应用程序。

本节结合实际应用情况，介绍当前流行的几大深度学习开源框架，让读者在了解深度学习理论知识的同时，能将其应用到实际中去。

1. Caffe 框架

Caffe 的全称是 Convolutional Architecture for Fast Feature Embedding（快速特征植入的卷积结构）。它是一个清晰、高效、开源的深度学习计算 CNN 相关算法的框架，由加州大学伯克利的贾扬清博士开发，是应用广泛的深度学习框架之一。

Caffe 的核心语言是 C++，它支持命令行、Python、Matlab 接口。它提供了一个完整的工具包，用来训练、测试、微调和部署模型。其典型的功能计算方式如下：首先按照每一个大功能（可视化、损失函数、非线性激励、数据层）将功能分类并针对部分功能实现相应的父类，再将具体的功能实现成子类，或者直接继承父类，然后将不同的层组合起来就成了结构。利用 GPU 的 CUDA 并行计算，Caffe 可以高效地处理大规模的数据。例如在 NVIDIA K40 或 Titan GPU 上，它可以每天处理超过 4000 亿张图像数据，满足商业部署的需求。同时，相同的模型可以在 CPU 或 GPU 模式下运行，适用于不同的硬件设备。

Caffe 的特点如下：

（1）模块化。Caffe 从一开始就设计得尽可能模块化，允许对新数据格式、网络层和损失函数进行扩展。可以使用 Caffe 提供的各层类型来定义自己的模型。

（2）表示和实现分离。Caffe 的模型定义是用 Protocol Buffer 语言写进配置文件的，为任意有向无环图的形式，且支持网络架构。Caffe 会根据网络的需要来正确占用内存，通过一个函数调用实现 CPU 和 GPU 之间的无缝切换。

（3）速度快。Caffe 利用了 OpenBlast、cuBALS 等计算机库，支持 GPU 加速。

（4）易上手。Caffe 的代码组织性良好，可读性强，并且 Caffe 自带很多例子，初学者可以通过例子快速了解 Caffe 模型的训练过程。

目前，Caffe 的应用实践主要有数据整理、设计网络结构、训练结果、基于现有训练模型使用其直接识别，同时也可以应用于视觉、语音识别、机器人、神经科学和天文学等领域。自从公布以来，Caffe 已经应用在伯克利分校等高校的大量研究项目中，伯克利大学成员 EECS 还与一些行业伙伴合作，如 Facebook 和 Adobe，通过使用 Caffe 获得了先进成果。

2. TensorFlow 框架

TensorFlow 是大规模机器学习的异构分布式系统，最初是由 Google Brain 小组（该小组隶属于 Google's Machine Intelligence 研究机构）的研究员和工程师开发出来的，开发目的是用于进行机器学习和 DNN 的研究。但该系统的通用性足以使其广泛用于其他计算领域，如语音识别、计算机视觉、机器人、信息检索、自然语言理解、地理信息抽取等方面。

TensorFlow 是一个表达机器学习算法的接口，可以使用计算图来对各种网络架构进行实现。图 1.3 描述的是传统神经网络，x 为输入数据，w、b 为输入层与第一个隐藏层之间的权重和偏置，均为可训练参数，其中 x、w 经过矩阵相乘运算（MatMul），然后与 b 进行相加运算（Add），最后经过修正线性单元的激活函数（ReLU）实现了输入层到第一个隐藏层间的前向传播。省略部分与上述操作类似，组合起来实现整个神经网络的前向传播计算。最后的节点 C 表示损失函数，用来评估神经网络预测值与真实值之间的误差。如此完成了整个神经网络模型的描述，然后利用 TensorFlow 中自动求导的优化器即可对网络进行训练。

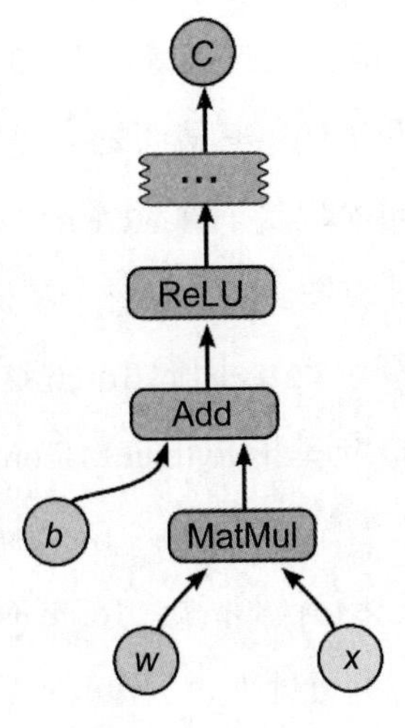

图 1.3 计算图实例

TensorFlow 系统中的主要构件称为 client 端，通过会话（session）接口与 master 端进行通信，其中 master 端至少包含一个 worker 进程，每个 worker 进程负责访问硬件设备（包括 CPU 和 GPU），并在其中运行计算图的节点操作。TensorFlow 实现了本地和分布式两种接口机制。图 1.4（a）所示为本地实现机制，其中 client 端、master 端和 worker 进程均运行在同一个机器中；图 1.4（b）所示为分布式实现机制，它与本地实现的代码基本相同，但是 client 端、master 端和 worker 进程一般运行在不同的机器中，所包含的不同任务由一个集群调度系统进行管理。

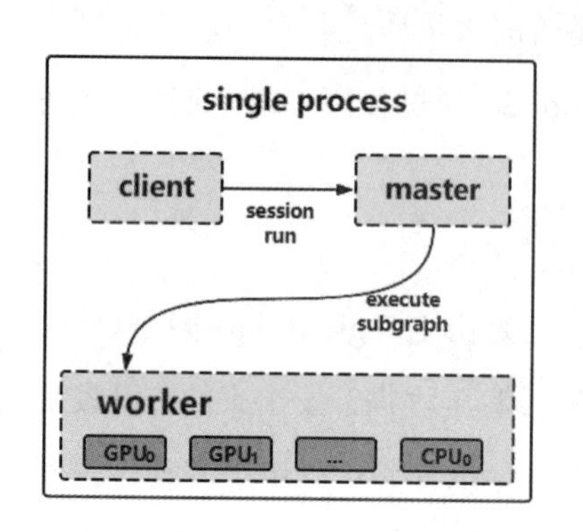

（a）本地实现机制

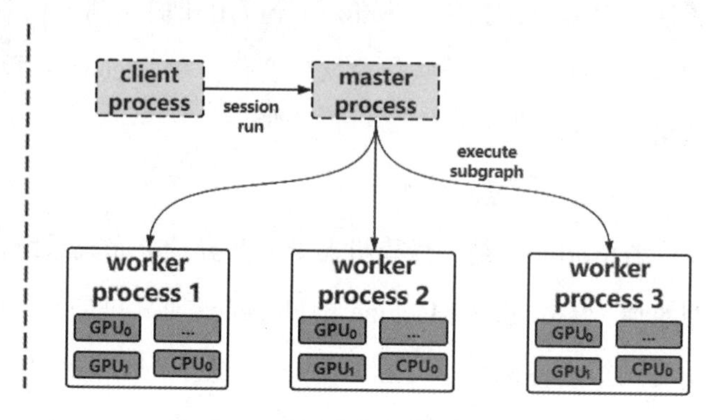

（b）分布式实现机制

图 1.4 本地和分布式系统架构示意图

这种灵活的架构有如下优点：

（1）可以让使用者多样化地将计算部署在台式机、服务器或移动设备的一个或多个 CPU 上，而且无须重写代码。

（2）可被任一基于梯度的机器学习算法借鉴。

（3）具有灵活的 Python 接口。

（4）可映射到不同的硬件平台。

（5）支持分布式训练。

3. Torch

Torch 诞生已有十余年之久，但真正起势得益于 2015 年 Facebook 人工智能研究院开源了大量 Torch 的深度学习模块和扩展，其核心是流行的神经网络。Torch 使用简单的优化库，同时具有最大的灵活性，可实现复杂神经网络的拓扑结构，可以通过 CPU 和 GPU 等有效方式建立神经网络和并行计算图。它的另一个特殊之处是采用了不太流行的编程语言 Lua（该语言曾被用来开发视频游戏），因此 Torch 这个深度学习框架在市场上的应用很少。但 Torch 的幕后团队在 2017 年基于 Python 对 Torch 的技术架构进行了全面的重构，于是诞生了当下非常流行的动态图框架 PyTorch。Torch 的目标是让用户通过极其简单的过程、最大的灵活性和速度建立自己的科学算法。Torch 有一个大型生态社区驱动库包，包括计算机视觉软件包、信号处理、并行处理、图像、视频、音频和网络等，并广泛应用在许多学校的实验室，以及谷歌、英伟达（NVIDIA）、超威半导体（AMD）、英特尔（Intel）等许多公司。

Torch 具有以下主要特点：

（1）有很多实现索引、切片、移调的程序。

（2）有快速、高效的 GPU 支持。

（3）可嵌入、移植到 iOS、Android 和 FPGA 的后台。

4. CNTK

CNTK（Computational Network Toolkit）是微软出品的深度学习工具包，可以很容易地设计和测试计算网络，如深度神经网络。该工具包通过一个有向图将神经网络描述为一系列计算步骤。在有向图中，叶节点表示输入值或网络参数，其他节点表示该节点输入之上的矩阵运算。计算网络的目标是采取特征数据，通过简单的计算网络转换数据，然后产生一个或多个输出。输出通常是由某种输入特征决定的。计算网络可以采取多种形式，如前馈、递归、卷积，并包括计算和非线性的各种形式。对网络的参数进行优化，从而对一组给定数据和优化准则产生“最佳”的可能结果。

CNTK 有以下主要特点：

（1）CNTK 是训练和测试多种神经网络的通用解决方案。

（2）用户使用一个简单的文本配置文件指定一个网络。配置文件指定了网络类型、在何处找到输入数据，以及如何优化参数。在配置文件中，所有这些设计的参数是固定的。

（3）CNTK 可以高效地在一个 GPU 上执行各种网络计算，这些计算对向量化运算非常友好，并可以很容易地扩展到多个 GPU。CNTK 与 CUDA 编程环境兼容，可以支持在多块 GPU 上进行并行计算。

（4）为了更有效地展现必要的优化，CNTK 自动计算所需要的导数，网络由许多 简单的元素组成，并且它可以跟踪细节，以保证优化正确完成。

（5）CNTK 可以通过添加少量的 C++ 代码来实现必要的模块扩展，同样也非常容易添加新的数据读取器、非线性激活函数和损失函数。

若建立一个非标准神经网络，如可变参数 DNN，传统方法需要设计网络、推导出优化网络导数、执行算法，然后运行实验，这些步骤易出错并且耗时。而很多情况下，CNTK 只需要编写一个简单的配置文件。

5. MXNet

MXNet 出自 CXXNet、Minerva、Purine 等项目的开发者之手，是一款兼具效率和灵活性的深度学习框架。它允许使用者将符号编程和命令式编程相结合，从而最大限度地提高效率和生产力。其核心是动态依赖调度程序，该程序可以动态自动进行并行化符号和命令操作。其中部署的图形优化层使符号操作更快、内存利用率更高。这个库便携、轻量，而且能够扩展到多个 GPU 和多台机器上。

MXNet 有以下主要特点：

（1）其设计说明可以被重新应用到其他深度学习项目中。

（2）可灵活配置任意计算图。

（3）整合了各种编程方法的优势，最大限度地提高了灵活性和效率。

（4）具有轻量、高效的内存，并支持便携式的智能设备，如手机等。

（5）多 GPU 扩展和分布式的自动并行化设置。

（6）对云计算友好，直接兼容 S3、HDFS 和 Azure。

6. Theano

Theano 是用一位希腊数学家的名字命名的，由加拿大魁北克蒙特利尔大学的 LISA 团队（现为 MILA）开发。Theano 是一个 Python 库，其最著名的衍生项目包括 Blocks 和 Keras。Theano 是 Python 深度学习中的一个关键基础库，是 Python 的核心。使用者可以直接用它来创建深度学习模型或包装库，大大简化了程序。Theano 也是一个数学表达式的编译器，它允许使用者有效地定义、优化和评估涉及多维数组的数学表达式，同时支持 GPUs 和高效符号分化操作。

Theano 具有以下特点：

（1）与 NumPy 紧密相关：在 Theano 的编译功能中使用了 Numpy.ndarray。

（2）透明地使用 GPU：执行数据密集型计算比 CPU 快了 140 多倍（针对 Float32）。

（3）高效符号分化：Theano 将函数的导数分为一个或多个不同的输入。

（4）速度和稳定性的优化：即使输入的 x 非常小，也可以得到 $\log(1+x)$ 的正确结果。

（5）广泛的单元测试和自我验证：多种错误类型的检测和判定。

自 2007 年起，Theano 一直致力于大型密集型科学计算研究，但它目前也被广泛应用在课堂上，如蒙特利尔大学的深度学习 / 机器学习课程。

7. Deeplearning4j

Deeplearning4j 由创业公司思凯迈（Skymind）于 2014 年 6 月发布，不仅是首个商用级别的 深度学习开源库，也是一个面向生产环境和商业应用的高成熟度深度学习开源库。Deeplearning4j 是一个 Java 库，并且广泛支持深度学习算法的计算框架，可与 Hadoop 和 Spark 集成，即插即用，方便开发者在 APP 中快速集成深度学习功能。Deeplearning4j 实现了受限玻尔兹曼机、深度置信网络、深度自编码器、降噪自编码器、循环张量神经网络，以及 word2vec、doc2vec 和 GloVe 等算法。在谷歌 Word2vec 上，它是唯一一个开源的且使用 Java 实现的项目。其可应用于对金融领域的欺诈检测、异常检测、语音搜索和图像识别等，已被埃森哲（Accenture）、雪佛兰（Chevrolet）、IBM 等企业所使用。Deeplearning4j 可结合其他机器学习平台，如 RapidMiner 和 Prediction.io 等。

Deeplearning4j 有以下主要特点：

（1）依赖于广泛使用的编程语言 Java。

（2）集合了 CUDA 内核，支持 CPU 和分布式 GPU。

（3）可专门用于处理大型文本集合。

（4）具有 Canova，可向量化各种文件形式和数据类型。

1.4.2 开源工具

HTK（HMM Toolkit）是一个专门用于建立和处理 HMM 的实验工具包，由剑桥大学的 Steve Young 等人开发，非常适合 GMM-HMM 系统的搭建。2015 年 DNN-HMM 推出，该新版本主要由剑桥大学张超博士开发。

Kaldi 是一个开源的语音识别工具箱，它是基于 C++ 编写的，可以在 Windows 和 UNIX 平台上编译，主要由约翰•霍普金斯大学 Daniel Povey 博士在维护。Kaldi 适合 DNN-HMM 系统（包括 Chain 模型）的搭建，支持 TDNN/TDNN-F 等模型。它基于有限状态转换器（FST）进行训练和解码，可用于 x-vector 等声纹识别系统的搭建。

Espnet 是一个端到端语音处理工具集，侧重于端到端语音识别和语音合成。Espnet 是使用 Python 开发的，它将 Chainer 和 Pytorch 作为主要的深度学习引擎，并遵循 Kaldi 风格的数据处理方式，为语音识别和其他语音处理实验提供完整的设置，支持 CTC、Attention 等模型。

1.4.3 数据集

（1）TIMIT：经典的英文语音识别库，其中包含来自美国 8 个主要口音地区 630 人的语音，每人 10 句，并包括词和音素级的标准。

（2）SwitchBoard：对话式电话语音库，采样率为 8kHz，包含来自美国各个地区 543 人的 2400 条通话录音，研究人员用这个数据集进行语音识别测试已有 20 多年的历史。

（3）LibriSpeech：免费的英文语音识别数据集，总共 1000 小时，采样率为 16kHz，包含朗读式语音和对应的文本。

（4）Thchs-30：清华大学提供的一个中文示例，配套完整的发音词典，其数据集有 30 小时，采样率为 16kHz。

（5）AISHELL-1：希尔贝壳开源的 178 小时中文普通话数据，采样率为 16kHz，包含 400 位来自中国不同口音地区的发音人的语音，语料内容涵盖财经、科技、体育、娱乐、时事新闻等。

语音识别数据集还有很多，包括 16kHz 和 8kHz 的数据。海天瑞声、数据堂等公司提供大量的商用数据集，可用于工业产品的开发。

本章小结

语音识别技术已经发展成为一项成熟的技术，并在各行各业中得到广泛的应用。在国内，语音识别技术的发展也呈现出快速增长的趋势，受到政府、金融、电信等领域的青睐。同时，语音识别系统的框架以及一些开源工具和数据集也不断涌现，为语音识别技术的发展和研究提供了支持和平台。虽然目前语音识别技术仍存在一些挑战和不足，如噪声干扰、多样化语音、口音差异等问题，但随着技术的不断提升和人工智能的发展，语音识别技术将会不断迎来新的突破，为人们带来更多的便利和创新。

课后习题

一、选择题

1．以下（　　）属于概率模型的语音识别模型。

A．GMM-HMM　B．CTC　C．Transformer

2．以下（　　）属于语音识别的开源工具包。

A．HTK　B．Kaldi　C．Espnet

3．国内做语音识别技术研究的公司包括（　　）。

A．百度　B．阿里巴巴　C．小米

4．在语音识别技术发展历史中，（　　）等技术被应用于语音识别领域。

A．动态规划　B．HMM

C．深度神经网络　D．序列到序列模型

5．中国第一个可以识别 10 个元音的电子管电路是由（　　）的研究人员研发的。

A．北京大学　B．中国科学院　C．东北大学

二、判断题

1．Kaldi 工具包是基于 Python 编写的，可以在 Windows 和 UNIX 平台上编译。（　　）

2．AISHELL-1 数据集是中文语料数据集。（　　）

3．1958 年，中国科学院声学所研究出一种电子管电路，该电子管电路可以识别 10 个元音，因此说国内语音识别的研究早于国外。（　　）

4．基于模板匹配的方法可以在一些精心控制的场景下得到不错的识别效果，但是在环境比较复杂或者说话比较随意的时候，效果往往就不太理想。（　　）

5．国外科技巨头如谷歌、苹果，国内科技巨头如百度、阿里巴巴、小米，都纷纷推出了带语音助手的智能音箱。（　　）

第 2 章　语音基础知识

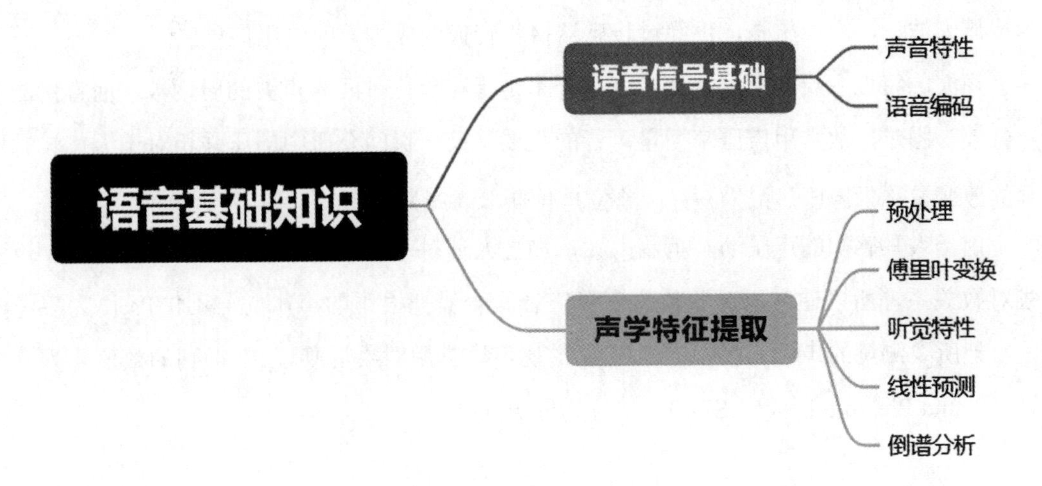

本章导读

本章首先介绍语音信号的基础知识、语音信号的基本特性（包括采集频率、量化位数）和语音的几种编码方式（包括 PCM、MP3、WAV、FLAC 编码）；然后介绍语音领域常用的声学特征提取方法，如梅尔频率倒谱系数。

本章要点

- 了解语音信号基础知识。
- 掌握声学特征提取方法。

2.1　语音信号基础

声波通过空气传播，被麦克风接收，再被转换成模拟的语音信号，如图 2.1 所示。这些信号经过采样变成离散的时间信号，再进一步经过量化被保存为数字信号，即波形文件。

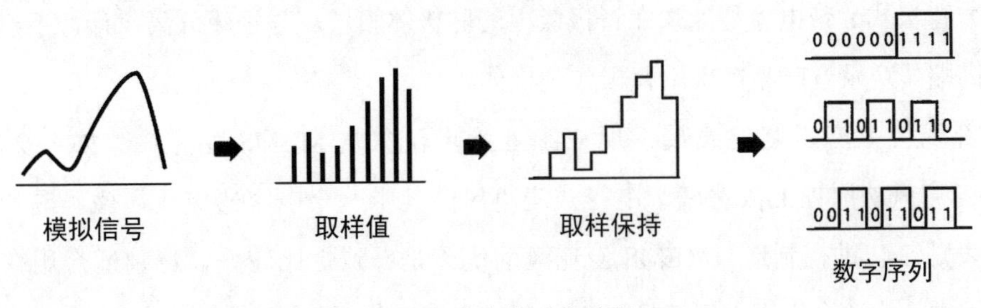

图 2.1　声音的采集过程

本章根据图 2.1 所示的声音采集过程分别对声波的特性、声音的采集装置（即麦克风）、声音的采样和量化加以介绍，最后介绍语音的编码。

2.1.1 声波的特性

声波在空气中是一种纵波，它的振动方向和传播方向是一致的。声音在空气中的振动形成压力波动，产生压强，再经过传感器接收转换变成时变的电压信号。

声波的特性主要包括频率和声强。频率是指在单位时间内声波的周期数，而直接测量声强较为困难，故常用声压来衡量声音的强弱。某一瞬间介质中的压强相对于无声波时压强的改变量称为声压，记为 $p(t)$，单位是帕斯卡（Pa）。

由于人耳感知的声压动态范围太大，加之人耳对声音大小的感觉近似地与声压、声强成对数关系，所以通常用对数值来度量声音。一般把很小的声压 $p_0=2\times10^{-5}$Pa 作为参考声压，把所要测量的声压 p 与参考声压 p_0 的比值取常用对数后乘以 20 得到的数值称为声压级（Sound Pressure Level，SPL），单位为分贝（dB）。

$$\mathrm{SPL} = 20\log\left(\frac{p}{p_0}\right)\mathrm{dB} \tag{2-1}$$

国家标准规定，住宅区的噪声大小，白天不能超过 50dB，夜间应低于 45dB。注意，衡量声音信噪比（Signal to Noise Ratio，SNR）的单位也是分贝，其数值越高，表示声音越干净，噪声比例越小。

2.1.2 声音的采集装置

麦克风包括动圈式和电容式两种。其中动圈式麦克风精度、灵敏度较低，体积大，其突出特点是输出阻抗小，所以接较长的电缆也不会降低其灵敏度，且温度和湿度的变化对其灵敏度无大的影响，适用于语音广播、扩声系统。电容式麦克风音质好，灵敏度较高，但常需要电源，适用于舞台、录音室等。

驻极体麦克风是电容式的一种，无须外加电源，其体积小，使用较广泛。驻极体麦克风包含以下两种类型：

（1）振膜式：带电体是驻极体振膜本身，话筒拾声的音质效果相对差些，多用在对音质效果要求不高的场合，如普通电话机、玩具等。

（2）背极式：带电体是涂敷在背极板上的驻极体膜层，与振膜分离设计，手机、语音识别等高端传声录音产品多采用背极式驻极体。

随着现代生产工艺的发展，现在工业上广泛采用 MEMS 麦克风，如图 2.2 所示。MEMS 麦克风从原理上依然属于电容式麦克风，其中一个电容器集成在微硅晶片上，可以采用表贴工艺进行制造。MEMS 麦克风的优点是一致性比较好，特别适合用在中高端手机应用中，也适合用于进行远场语音交互的麦克风阵列。

图 2.2　MEMS 麦克风

下面对麦克风的主要几个性能指标进行介绍。

1. 指向性

麦克风对不同方向声音的灵敏度称为麦克风的指向性。指向性用麦克风正面 0° 方向和背面 180° 方向上的灵敏度的差值来表示，差值大于 15dB 者称为强方向性麦克风。

（1）全指向性麦克风从各个方向拾取声音的性能一致。当说话的人要来回走动时采用此类麦克风较为合适，但在环境噪声大的条件下不宜采用。

（2）心形指向麦克风的灵敏度在水平方向呈心脏形，正面灵敏度最大，侧面稍小，背面最小。这种麦克风在多种扩音系统中都有优秀的表现。

（3）单指向性麦克风又称为超心形指向性麦克风，它的指向性比心形指向麦克风更尖锐，正面灵敏度极高，其他方向灵敏度急剧衰减，特别适用于高噪声的环境。

2. 频率响应

频率响应（简称频响）表示麦克风拾音的频率范围，以及在此范围内对声音各频率的灵敏度。一般来说，频率范围越宽、频响曲线越平直越好。

3. 灵敏度

灵敏度用在单位声压激励下输出电压与输入声压的比值来衡量，单位为 mV/Pa。实际衡量采用相对值，以分贝表示，并规定 1V/Pa 为 0dB。因为话筒输出一般为毫伏级，所以其灵敏度的分贝值始终为负值。

4. 输出阻抗

目前常见的麦克风有高阻抗与低阻抗之分。高阻抗一般在 2kΩ 或 3kΩ 以上，低阻抗一般在 1kΩ 以下。高阻抗麦克风灵敏度高；低阻抗麦克风适合长距离采集传输，连接线即使拉得长一些，也不会改变其特性，音质几乎没有变化，也很少受外界信号干扰。

5. 麦克风阵列

对于远距离识别（又称远场识别），用一个麦克风采集语音是不够的，无法判断方位和语音增强，需要采用麦克风阵列。麦克风阵列采用两个或两个以上的麦克风，如亚马逊 Echo 音箱采用了 6+1 麦克风阵列，如图 2.3 所示。

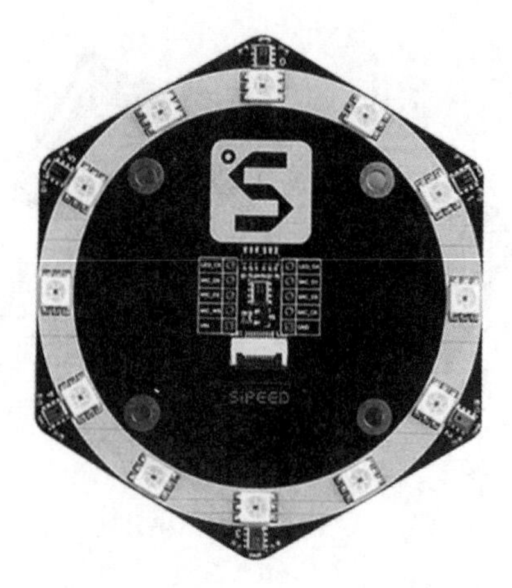

图 2.3 麦克风阵列（6+1 圆阵）

麦克风阵列有线形、圆形等多种排列方式，主要实现以下功能：语音增强、声源定位、去混响、声源信号提取（分离）。

麦克风阵列最后将两个或两个以上麦克风的信号耦合为一个信号，即在多个麦克风的正前方形成一个接收区域来削减麦克风侧向的收音效果，最大限度地将环境背景声音过滤掉，抑制噪声，并增强正前方传来的声音，从而保留需要的语音信号。麦克风阵列通过波束形成实现空间指向性，这可有效地抑制主瓣以外的声音干扰，包括旁边其他人声。

2.1.3 声音的采样

声音的采样过程是把模拟信号转换为离散信号的过程。采样的标准是能够重现声音，与原始语音尽量保持一致。采样频率表示每秒采样点数，单位是赫兹（Hz）。如图 2.4 所示，原始的信号波形经过采样后变成离散的数字信号。

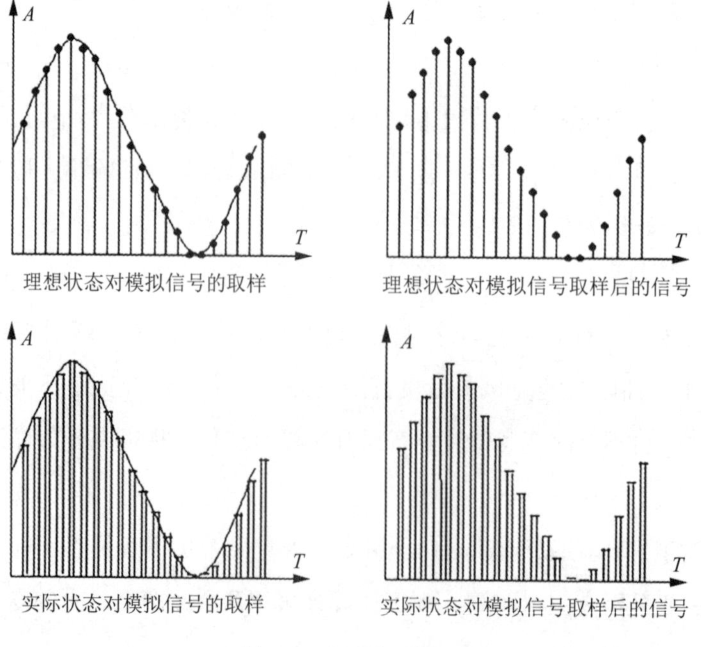

图 2.4 声音的采样

声音的采样需要满足采样定理：当采样频率大于信号最高频率的两倍时，采样信号能够完整保留原始信号中的信息。该采样定理又称奈奎斯特定理。若采样频率低于信号最高频率的两倍，则采样信号会产生折叠失真。

人耳能听到的频率是 20Hz ～ 20kHz，发声的基音频率在 70Hz ～ 450Hz，而经过口腔、鼻腔产生的谐波（周期性信号）频率一般在 4kHz 以内，但也有部分在 4kHz ～ 8kHz。

一般来说，电话与嵌入式设备的存储空间或带宽有限，采样频率较低，为 8kHz；手机与个人计算机（Personal Computer，PC）的采样频率则是 16kHz，是现在主流的采样频率；而 CD 的采样频率则达到了无损的程度，为 44.1kHz。采样频率越高，采集的间隔就越短，对应的音频损失也就越小。

2.1.4 声音的量化

声音被采样后，模拟的电压信号变成离散的采样值。声音的量化过程是指将每个采样值在幅度上再进行离散化处理，变成整型数值。如表 2.1 所示，电压范围在 0.5V ～ 0.7V 的采样点被量化成十进制数 3，用两位二进制数编码为 11；0.3V ～ 0.5V 被量化成十进制数 2；0.1V ～ 0.3V 被量化为 1，−0.1V ～ 0.1V 被量化为 0。总共 4 个量化值，只用两位二进制数表示，取值范围为 0 ～ 2^2−1。

表 2.1 声音的量化（两位）

电压范围 /V	量化（十进制数）	编码（二进制数）
0.5 ～ 0.7	3	11
0.3 ～ 0.5	2	10
0.1 ～ 0.3	1	01
−0.1 ～ 0.1	0	00

如图 2.5 所示，阶梯状波形为量化后的波形，可以看出与原始的正弦状波形差别很大。量化位数代表每次取样的信息量，量化会引入失真，并且量化失真是一种不可逆失真。量化位数可以是 4 位、8 位、16 位、32 位，量化位数越多，失真越少，但占用存储空间越多，一般采用 16 位量化。

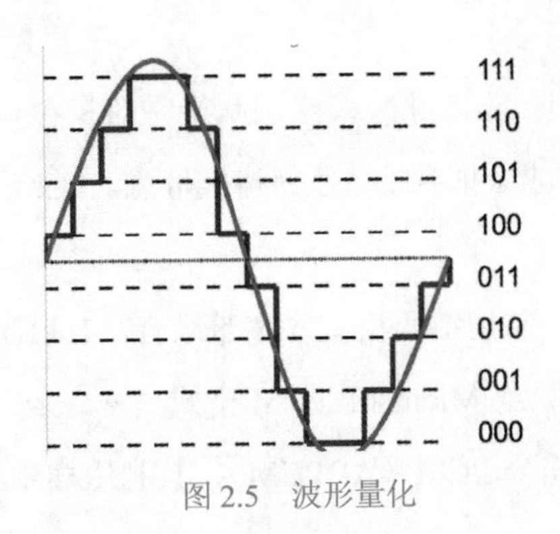

图 2.5 波形量化

如图 2.6 所示，量化方法包括均匀量化和非均匀量化，其中均匀量化采用相等的量化间隔，而非均匀量化针对大的输入信号采用大的量化间隔，小的输入信号采用小的量化间隔，这样可在精度损失不大的情况下用较少的位数来表示信号，以减少存储空间。

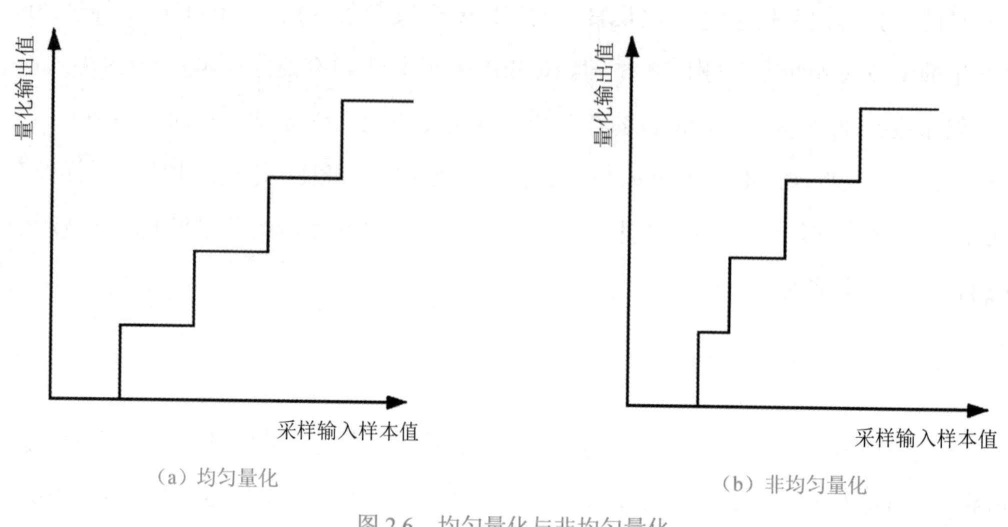

图 2.6 均匀量化与非均匀量化

将声音的采样频率和量化位数相乘得到比特率，其代表了每个音频样本每秒量化的比特位数。例如，一段音频的采样频率是 16kHz，量化位数是 16 位，那么该音频的比特率是 16×16=256kb/s。

2.1.5 语音的编码

语音编码最早被应用于通信领域。1975 年 1 月美国实现了使用 LPC 声码器的分组语音电话会议；1988 年美国公布了一个 4.8 kb/s 的码激励线性预测编码（CELP）语音编码标准算法；进入 20 世纪 90 年代后，随着 Internet 的兴起和语音编码技术的发展，IP 分组语音通信技术获得了突破性的进展，如在网络游戏中，语音聊天就采用 IP 电话技术。20 世纪 90 年代中期还出现了很多被广泛使用的语音编码国际标准，如数码率为 5.3/6.4 kb/s 的 G.723.1、数码率为 8 kb/s 的 G.729 等。

在语音的存储过程中也需要编码，常用的音频编码格式包括 PCM、MP3、A-law（A 律）等。

1. PCM 编码

PCM（Pulse Code Modulation，脉冲编码调制）是对模拟信号进行采样、量化、编码的过程。它只保存编码后的数据，并不保存任何格式信息。PCM 编码的最大优点是音质好，最大缺点是占用存储空间多。

PCM 编码是 PC 麦克风的常用编码格式（宽带录音，16kHz，16bits），可保存为 PCM raw data（.raw 文件，无头部）或 Microsoft PCM 格式（.wav 文件）。

还有一种编码是自适应差分 PCM（ADPCM），其利用样本与样本之间的高度相关性，通过已知数据预测下一个数据，然后计算出预测值与实际值之间的差值，再根据不同差值调整比例因子，进行自适应编码，达到较高的压缩比。ADPCM 编码被保存为 Microsoft ADPCM 格式（.wav 文件）。

2. MP3 编码

MP3 编码对音频信号采用的是有损压缩方式，压缩率高达 10:1 ～ 12:1。MP3 编码模拟人耳听觉机制，采取“感知编码技术”，使压缩后的文件回放时能够达到比较接近原始音频数据的声音效果。

3. A 律编码

A 律编码是 ITU-T（国际电信联盟电信标准局）定义的关于脉冲编码的一种压缩 / 解压缩算法，是固话录音（300Hz ～ 3300Hz）常用的格式（窄带录音，8kHz，8bits）。欧洲和中国大陆地区采用 A 律压缩算法，北美和日本则采用 μ 律算法进行脉冲编码。

A 律编码按式（2-2）确定输入信号值与量化输出值的关系：

$$F_A(x)=\begin{cases}\operatorname{sgn}(x)\dfrac{A|x|}{1+\ln(A)} & 0\leqslant|x|\leqslant\dfrac{1}{A}\\ \operatorname{sgn}(x)\dfrac{1+\ln(A|x|)}{1+\ln(A)} & \dfrac{1}{A}<x\leqslant 1\end{cases} \tag{2-2}$$

其中，x 为输入信号值，$-1\leqslant x\leqslant 1$；$\operatorname{sgn}(x)$ 为 x 的符号；A 为确定压缩量的参数，反映最大量化间隔和最小量化间隔之比。

μ 律按式（2-3）确定输入信号值与量化输出值的关系：

$$F_\mu(x)=\operatorname{sgn}(x)\frac{1+\ln(\mu|x|)}{1+\ln(\mu)} \tag{2-3}$$

其中，μ 为确定压缩量的参数，反映最大量化间隔和最小量化间隔之比，取值范围为 $100\leqslant\mu\leqslant 500$。

其他常见编码格式还有以下几种：

（1）AMR（Adaptive Multi-Rate）：每秒钟的 AMR 音频大小可控制在 1KB 左右，常用于彩信、微信语音，但失真比较厉害。

（2）WMA（Windows Media Audio）：为抗衡 MP3，微软公司推出的一种新的音频格式，在压缩比和音质方面都超过了 MP3。

（3）AAC（Advanced Audio Coding）：相对于 MP3，AAC 格式的音质更佳，文件更小。

（4）M4A：MPEG-4 音频标准的文件扩展名，最常用的 .m4a 文件使用 AAC 格式。

（5）FLAC（Free Lossless Audio Code，自由音频压缩编码）：2012 年以来被很多软硬件产品支持，其特点是无损压缩，不会破坏任何音频信息。

（6）Speex：一种音频编解码的开源库。如表 2.2 所示，它的比特率和压缩率变化范围较大，常用于网络状况复杂多变的移动终端应用。

表 2.2 Speex 编解码算法

编码算法	比特率 / (kb/s)	压缩率 /%
Speex	2.15 ～ 24.6	5.08 ～ 45.71
Speex-wb	3.95 ～ 42.2	5.98 ～ 58.18

基于 PCM 编码的 WAV 格式常作为不同编码互相转换时的一种中介格式，以便于后续处理，如图 2.7 所示。

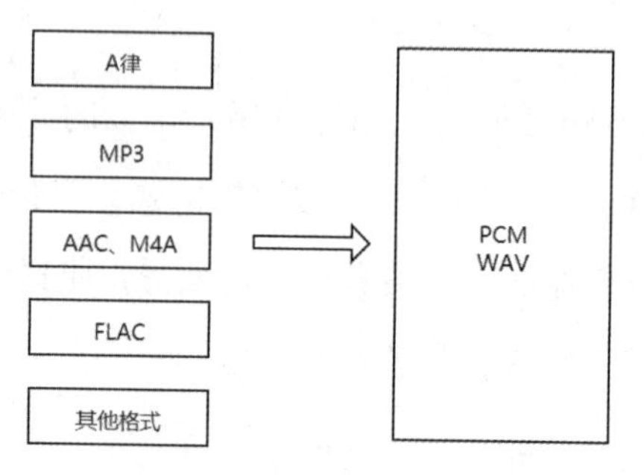

图 2.7 音频格式的转换

要实现更多音频格式的转换，可使用 FFmpeg 工具。FFmpeg 是一个强大的专门用于处理音视频的开源库，可实现不同批量数据的快速转换，包括转换成指定采样频率的 WAV 格式。

在音频信息处理中，经常需要读取转换不同格式的音频数据，但前面介绍的音频格式多数不公开源码，因此详解它们不太可能，这里只介绍 WAV 格式的技术构成。计算机中最常见的声音存储格式就是基于 PCM 的 WAV 格式，其文件扩展名是 .wav。

在 Windows 环境中，一种查看比特率的简便方法是选中 WAV 文件，右击并选择“属性”选项，在弹出的对话框中可以查看属性，如图 2.8 所示。

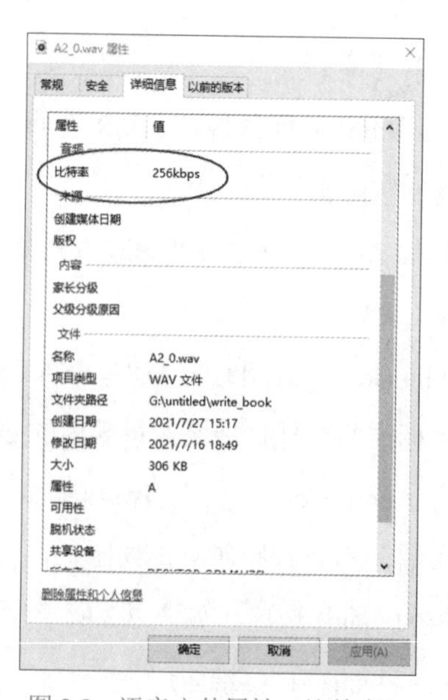

图 2.8 语音文件属性（比特率）

2.2 声学特征提取

声学特征提取

原始语音是不定长的时序信号，不适合直接作为传统机器学习算法的输入，一般需要转换成特定的特征向量表示，这个过程称为语音特征提取。虽然随着深度神经网络技术的发展，原始的语音信号也可直接作为网络输入，但由于其在时域上具有较大的冗余度，对深度神经网络的资源提出了较高的要求，因此，语音特征提取仍是语音信号处理技术的关键环节之一。

2.2.1 预处理

首先对原始语音时域信号进行预处理，主要包括预加重、分帧和加窗。

1. 预加重

语音经发声者的口唇辐射发出，受到唇端辐射抑制，高频能量明显降低。一般而言，当语音信号的频率提升两倍时，其功率谱的幅度下降大约 6dB，即语音信号的高频部分受到的抑制影响较大。在进行语音信号的分析和处理时，可采用预加重（pre-emphasis）的方法补偿语音信号高频部分的振幅。假设输入语音信号第 n 个采样点为 $x[n]$，则预加重公式为

$$x'[n] = x[n] - ax[n-1] \tag{2-4}$$

其中，a 为预加重系数，可取 1 或比 1 稍小的数值，一般取 a=0.97。

2. 分帧

从整体上观察，语音信号是一个非平稳信号，但考虑到发浊音时声带有规律振动，因此可认为语音信号具有短时平稳特性，一般认为 10ms ～ 30ms 的语音信号片段是一个准稳态过程。短时分析采用分帧方式，一般帧长为 25ms。假设采样频率是 16kHz，帧长是 25ms，则一帧有 16000×0.025=400 个采样点，如图 2.9 所示。

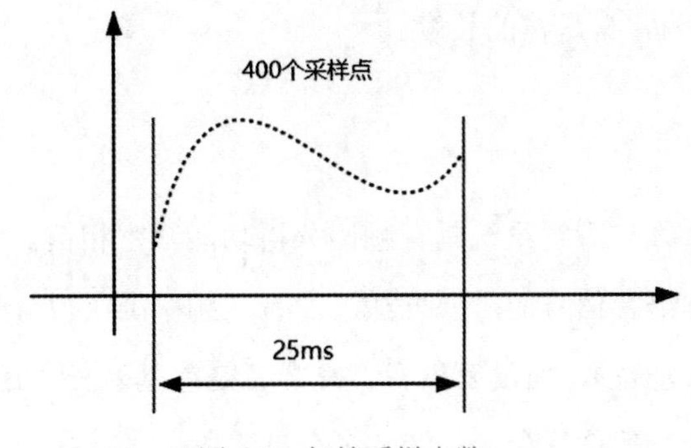

图 2.9 每帧采样点数

相邻两帧之间的基音可能发生变化，如正好在两个音节之间或声母向韵母过渡等，帧移为 10ms。为了确保声学特征参数的平滑性，一般采用重叠取帧的方式，即相邻帧之间

存在重叠部分（帧移一般为 10ms，重叠 50% ～ 60%）。

3. 加窗

为减少频谱泄漏，对每帧的信号进行加窗处理。常用的窗函数有汉明窗、汉宁窗、布莱克曼窗等。

汉明窗的窗函数为

$$w_{\mathrm{ham}}[n]=0.54-0.46\cos\left(\frac{2\pi n}{N}-1\right) \tag{2-5}$$

其时域波形与频谱函数如图 2.10 所示。

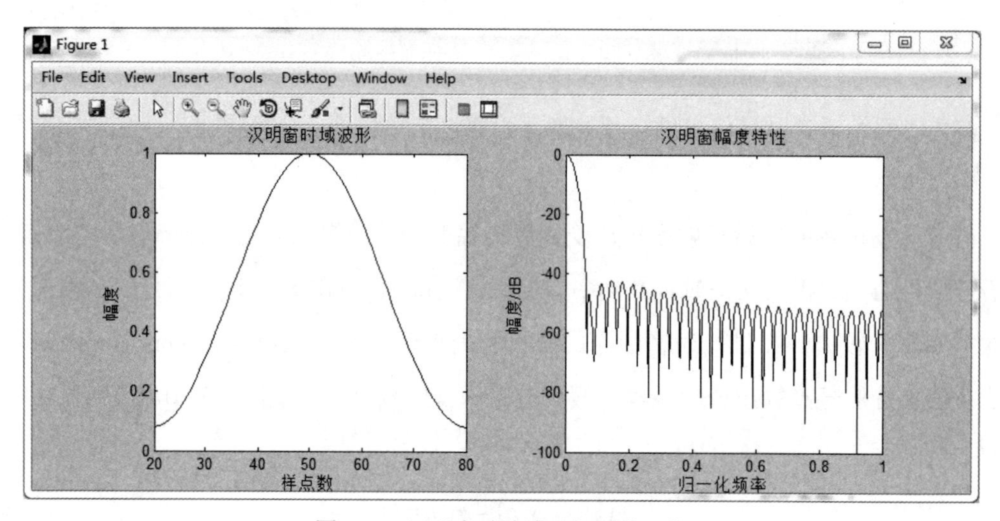

图 2.10 汉明窗时域波形与频谱函数

汉宁窗的窗函数为

$$w_{\mathrm{han}}[n]=0.5\left[1-\cos\left(\frac{2\pi n}{N}-1\right)\right] \tag{2-6}$$

布莱克曼窗的窗函数为

$$w_{\mathrm{bm}}[n]=0.42-0.5\cos\left(\frac{2\pi n}{N}\right)+0.08\cos\left(\frac{4\pi n}{N}\right) \tag{2-7}$$

其中，$0\leqslant n\leqslant N-1$，$N$ 是窗的长度。

2.2.2 傅里叶变换

人类语音的感知过程与听觉系统具有频谱分析功能紧密相关。因此，对语音信号进行频谱分析是认识和处理语音信号的重要方法。声音从频率上可以分为纯音和复合音。纯音只含一种频率的声音（基音），而没有倍音。复合音是除基音外，还包含多种倍音的声音。大部分声音（包括语音）都是复合音，涉及多个频率段。

每个频率的信号可以用正弦波表示，采用正弦函数建模。基于欧拉公式，可将正弦函数对应到统一的指数形式。

$$e^{jwn}=\cos(wn)+j\sin(wn) \tag{2-8}$$

正弦函数具有正交性，即任意两个不同频率的正弦波的乘积，在两者的公共周期内的积分等于零。正交性用复指数运算表示如下：

$$\int_{-\infty}^{+\infty} e^{j\alpha t}e^{-j\beta t}dt=0 \quad \alpha\neq\beta \tag{2-9}$$

基于正弦函数的正交性，通过相关处理可从语音信号分离出对应不同频率的正弦信号。

对于离散采样的语音信号，可采用离散傅里叶变换（Discrete Fourier Transform，DFT）。DFT 的第 k 个点计算如下：

$$X[k]=\sum_{n=0}^{N-1}x[n]e^{-\frac{j2\pi kn}{K}} \quad k=0,1,\cdots,K-1 \tag{2-10}$$

其中，$x[n]$ 是时域第 n 个采样值，$X[k]$ 是第 k 个傅里叶频谱值，N 是采样点序列的点数，K 是频谱系数的点数，且 $K\leqslant N$。

DFT 系数通常是复数形式，因为

$$e^{-\frac{j2\pi kn}{K}}=\cos\left(\frac{2\pi kn}{N}\right)-j\sin\left(\frac{2\pi kn}{N}\right) \tag{2-11}$$

则

$$X[k]=X_{\text{real}}[k]-jX_{\text{imag}}[k] \tag{2-12}$$

其中

$$X_{\text{real}}[k]=\sum_{n=0}^{N-1}x[n]\cos\left(\frac{2\pi kn}{N}\right) \tag{2-13}$$

$$X_{\text{real}}[k]=\sum_{n=0}^{N-1}x[n]\sin\left(\frac{2\pi kn}{N}\right) \tag{2-14}$$

2.2.3 听觉特性

人类感知声音受频率和声强的影响。客观上，用频率表示声音的音调，频率低的声音听起来感觉音调低，而频率高的声音听起来感觉音调高。但是，音调和频率不成正比关系。音调的单位是赫兹（Hz），而梅尔频率是一种对物理频率进行主观感知重标定的尺度，用来模拟人耳对不同频率声音的感知，1mel 相当于 1kHz 音调感知程度的 1/1000。

$$\text{mel}(f)=2595\lg\left(1+\frac{f}{700}\right) \tag{2-15}$$

人类对不同频率的语音有不同的感知能力：语音频率为 1kHz 以下，感知能力与频率成线性关系；语音频率为 1kHz 以上，感知能力与频率成对数关系。

可见，人耳对低频信号比对高频信号更敏感。研究者根据一系列心理声学实验得到了类似于耳蜗作用的一个滤波器组，用来模拟人耳对不同频段声音的感知能力，提出了由多个三角滤波器组成的梅尔滤波器组。每个滤波器带宽不等，线性频率小于 1000Hz 的部分为线性间隔，而线性频率大于 1000Hz 的部分为对数间隔，如图 2.11 所示。

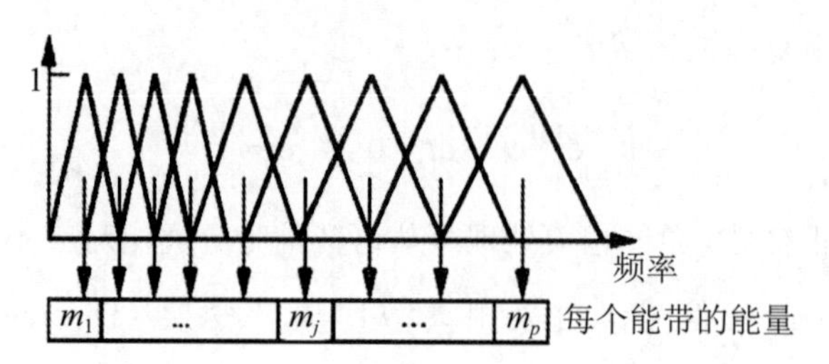

图 2.11 梅尔滤波器组

梅尔滤波器组的第 m 个滤波器函数 $H_m(k)$ 定义如下：

$$H_m(k)=\begin{cases}0 & k<k_{b_{m-1}}\\ \dfrac{k-k_{b_{m-1}}}{k_{b_m}-k_{b_{m-1}}} & k_{b_{m-1}}\leqslant k\leqslant k_{b_m}\\ \dfrac{k_{b_{m+1}}-k}{k_{b_{m+1}}-k_{b_m}} & k_{b_m}\leqslant k\leqslant k_{b_{m+1}}\\ 0 & k>k_{b_{m+1}}\end{cases} \tag{2-16}$$

其中，$1\leqslant m\leqslant M$，M 是滤波器个数，k_{b_m} 是滤波器的临界频率，k 表示 K 点 DFT 变换的频谱系数序号。k_{b_m} 可由式（2-17）计算得到：

$$k_{b_m}=\frac{K}{F_s}f_{\text{mel}}^{-1}\left(f_{\text{mel}}(f_{\text{low}})+\frac{m(f_{\text{mel}}(f_{\text{high}})-f_{\text{mel}}(f_{\text{low}}))}{M+1}\right) \tag{2-17}$$

其中，$f_{\text{mel}}()$ 表示频率到梅尔频率的转换，见式（2-15）的定义，K 是 DFT 变换的点数，F_s 是采样频率，f_{high} 和 f_{low} 是滤波器的上下截止频率。函数 $f_{\text{mel}}^{-1}()$ 定义如下：

$$f_{\text{mel}}^{-1}(f_{\text{mel}})=700\left(10^{\frac{f_{\text{mel}}}{2595}}-1\right) \tag{2-18}$$

2.2.4 线性预测

语音信号的产生模型主要包括发声源（source）和滤波器（filter）。人在发声时，肺部空气受到挤压形成气流，气流通过声门（声带）振动产生声门源激励 $e[n]$。对于浊音，激励 $e[n]$ 是以基音周期重复的单位冲激；对于清音，$e[n]$ 是平稳白噪声。该激励信号 $e[n]$ 经过声道（咽喉、口腔、鼻腔等）的共振与调制，特别是，口腔中舌头的灵活变化能够改变声道的容积，从而改变发音，形成不同频段的声音。气流、声门可以等效为一个激励源，声道等效为一个时变滤波器，语音信号 $x[n]$ 可以被看成激励信号 $e[n]$ 与时变滤波器的单位取样响应 $v[n]$ 的卷积：

$$x[n]=e[n]*v[n] \tag{2-19}$$

根据语音信号的产生模型，语音信号 $x[n]$ 可以等价为以 $e[n]$ 为激励的一个全极点（AR

模型）或一个零极点（ARMA 模型）滤波器的响应。如果有一个 p 阶全极点系统模拟激励产生语音的过程，设这个 AR 模型的传递函数为

$$V(z)=\frac{X(z)}{E(z)}=\frac{G}{1-\sum_{i=1}^{p}a_i z^{-i}}=\frac{G}{A(z)} \tag{2-20}$$

其中，$V(z)$ 表示输出信号（语音信号）的 z 变换，即输出信号的频域表示；$X(z)$ 表示语音信号的 z 变换，即语音信号的频域表示；$E(z)$ 表示激励信号的 z 变换，即激励信号的频域表示；G 为增益（Gain），表示整个系统的放大因子；a_i 为 AR 模型的系数，代表自回归模型中的极点（Poles），其中 i 是系数的索引；p 为 AR 模型的阶数，指定了自回归模型中的极点和系数的数量；$A(z)$ 是 AR 模型的分母多项式，代表自回归滤波器的极点；z^{-i} 是 Z 平移操作，表示 Z 变换中的时延。在 AR 模型中，i 表示滞后的时间步数。

由此，语音信号 $x[n]$ 与激励信号 $e[n]$ 之间的关系如下：

$$x[n]=G\cdot e[n]+\sum_{i=1}^{p}a_i x[n-1] \tag{2-21}$$

可见，语音信号的采样点之间有相关性，可用过去若干个语音采样点值的线性组合来预测未来的采样点值。通过使线性预测的采样点的值在最小均方误差约束下逼近实际语音采样点值，可以求取一组唯一的预测系数 $\{a_i\}$，简称为线性预测编码（Linear Prediction Coding，LPC）系数。

2.2.5 倒谱分析

已知语音信号 $x[n]$，要求出式（2-19）中参与卷积的各个信号分量，也就是解卷积处理。除线性预测技术以外，还可以采用倒谱分析实现解卷积操作。倒谱分析，又称为同态滤波，主要采用时频变换，得到对数功率谱，再进行逆变换，分析出倒谱域的倒谱系数。

同态滤波处理过程如下：

（1）傅里叶变换。将时域的卷积信号转换为频域的乘积信号：

$$DFT(x[n])=X[z]=E[z]V[z] \tag{2-22}$$

（2）对数运算。将乘积信号转变为加性信号：

$$\log X[z]=\log E[z]+\log V[z]=\hat{E}[z]+\hat{V}[z]=\hat{X}[z] \tag{2-23}$$

（3）傅里叶反变换。得到时域的语音信号倒谱：

$$DFT^{-1}(\hat{X}[z])=Z^{-1}(\hat{E}[z]+\hat{V}[z])=\hat{e}[n]+\hat{v}[n]\approx\hat{x}[n] \tag{2-24}$$

在实际应用中，考虑到离散余弦变换（Discrete Cosine Transform，DCT）具有最优的去相关性能，能够将信号能量集中到极少数的变换系数上，特别是能够将大多数的自然信号（包括声音和图像）的能量都集中在 DCT 后的低频信号。而语音信号的频谱可以被看

成由低频的包络和高频的细节调制形成。因此，一般采用 DCT 反变换代替傅里叶反变换，直接获取低频倒谱系数。对于包络信息，也就是声道特征，式（2-22）可以改写为

$$\hat{c}[m]=\sum_{k=1}^{N}\log X[k]\cos\frac{\pi(k-0.5)m}{N}\qquad m=1,2,\cdots,M \tag{2-25}$$

其中，$X[k]$ 是 DFT 变换系数，N 是 DFT 系数的个数，M 是 DCT 变换的个数。

此时，$\hat{x}[n]$ 是复倒谱信号。可采用逆运算流程恢复出语音信号。但由于 DCT 变换的不可逆性，从倒谱信号 $\hat{c}[m]$ 不可还原出语音信号 $x[n]$。

2.2.6 声学特征

语音信号包含丰富的信息，如音素、韵律、语种、语音内容、说话人身份、情感等。一般基于发声机制或人耳感知机制提取得到语音信号频谱空间的向量表示，即声学特征。

常用的声学特征有梅尔频率倒谱系数（MFCC）、感知线性预测系数（PLP）、滤波器组（Filter-bank，Fbank）、语谱图和常数 Q 倒谱系数（Constant-Q Cepstral Coefficient，CQCC）等。其中，语谱图、Fbank、MFCC 和 PLP 系数都采用短时傅里叶变换（Short Time Fourier Transform，STFT），具有规律的线性分辨率。语谱图可由对功率谱取对数得到，而 Fbank 特征需要经过模拟人耳听觉机制的梅尔滤波器组将属于每个滤波器的功率谱的平方求和后再取对数得到。MFCC 特征可在 Fbank 的基础上做离散余弦变换得到。PLP 特征的提取较为复杂，采取线性预测方式实现语音信号的解卷积处理，得到对应的声学特征参数，其抗噪性能比较优越。基于 CQT 变换的倒谱系数 CQCC 是最早针对音乐处理提出的，具有几何级的分辨率。

1. 语谱图

语谱图通过二维尺度展示不同频段的语音信号强度随时间的变化情况。语音信号经过 STFT 后得到的频谱无对策谱，取正频率轴的频谱曲线，并且将每一帧的频谱值按时间顺序拼接起来。语谱图的横坐标为时间，纵坐标为频率，用颜色深浅表示频谱值的大小，即颜色深的频谱值大，颜色浅的频谱值小，如图 2.12 所示。

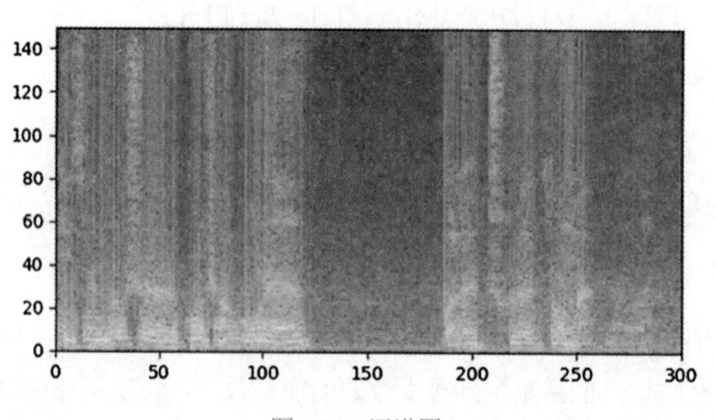

图 2.12 语谱图

2. Fbank

Fbank 特征提取流程如下：

（1）将信号进行预加重、分帧、加窗处理，然后进行 STFT 得到其频谱。

（2）求频谱平方，即能量谱，将每个滤波频带内的能量进行叠加，第 k 个滤波器输出功率谱为 $X[k]$。

（3）将每个滤波器的输出取对数，得到相应频带的对数功率谱，如图 2.13 所示。

$$Y_{\text{Fbank}}[k] = \log X[k] \tag{2-26}$$

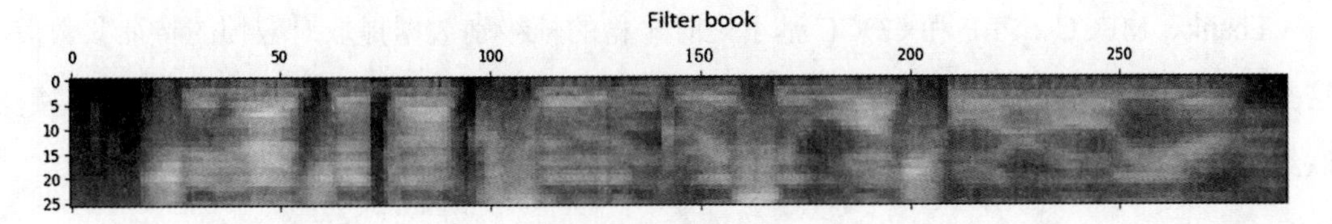

图 2.13　Fbank 谱图

Fbank 特征本质上是对数功率谱，包括低频和高频信息，但是相比于语谱图特征，Fbank 经过梅尔滤波器组处理，其被依据人耳听觉感知特性进行压缩，抑制一部分听觉无法感知的冗余信息。

3. MFCC

MFCC 特征的计算过程如下：

（1）将信号进行预加重、分帧、加窗处理，然后进行 STFT 得到其频谱。

（2）求频谱平方，即能量谱，将每个滤波频带内的能量进行叠加，第 k 个滤波器输出功率谱为 $X[k]$。

（3）将每个滤波器的输出取对数，得到相应频带的对数功率谱，并进行反离散余弦变换，得到 L 个 MFCC 特征值。

$$C_n = \sum_{k=1}^{M} \log X[k] \cos\left(\frac{\pi(k-0.5)n}{M}\right) \qquad n = 1, 2, \cdots, L \tag{2-27}$$

（4）由式（2-27）计算得到 MFCC 特征值，可将其作为静态特征，再对这种静态特征做一阶和二阶差分，得到相应的动态特征。

MFCC 特征图谱如图 2.14 所示。

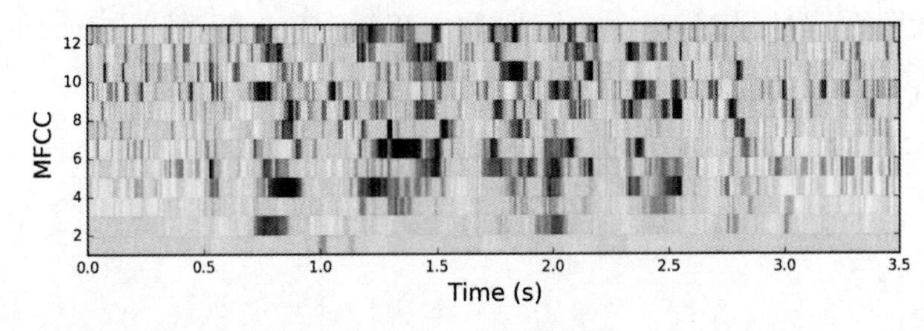

图 2.14　MFCC 特征图谱

本章小结

本章详细介绍了语音特征提取的基本原理和常用的声学特征提取方法。其中，语谱图、Fbank、MFCC 和 PLP 都采用 STFT，具有规律的线性分辨率，而 CQCC 则具有几何级的分辨率。Fbank 和 MFCC 都采用梅尔滤波器组，而 PLP 则利用 Bark 滤波器组模拟人耳听觉特性。因此，通过不同提取方法得到的声学特征所表征的语音特点是不同的，Fbank 保留更多原始特征，MFCC 去相关性较好，而 PLP 抗噪性更强。

Fbank、MFCC、PLP 和 CQCC 基于短时平稳的帧级别数据提取对应帧的特征参数值，这些特征相当于静态特征。但是，如果考虑帧与帧之间的信息协同效应，可采用动态特征联结上下文信息，增强基于概率统计模型的上下文效果。

课后习题

一、选择题

1．常见的语音编码方式包括（　　）。

A．MP3　　B．PCM　　C．zip　　D．FLAC

2．以下属于声学特征的有（　　）。

A．MFCC 系数　　B．PLP 系数　　C．语谱图

3．以下属于麦克风性能指标的是（　　）。

A．指向性　　B．频率响应　　C．灵敏度　　D．输出阻抗

4．在声音的存储过程中，一般采用的量化位数为（　　）。

A．4 位　　B．8 位　　C．16 位　　D．32 位

二、判断题

1．相对于高频信号，人耳对低频信号更敏感。（　　）

2．傅里叶变换可以实现时域信息到频域信息的转换。（　　）

3．语谱图的横坐标为时间，纵坐标为频率，用颜色深浅表示频谱值的大小，即颜色深的频谱值大，颜色浅的频谱值小。（　　）

第3章 声学模型

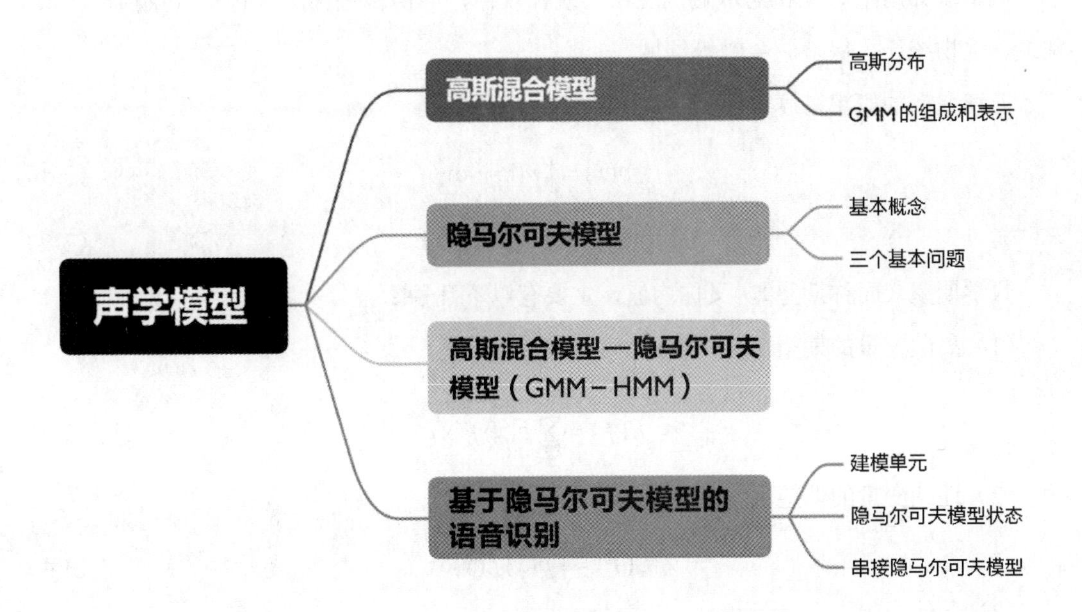

本章导读

自然界中的很多信号都符合高斯分布，复杂的数据分布难以用一个高斯函数来表示，更多的是采用多个高斯函数组合来表示，从而形成高斯混合模型（GMM）。

在语音识别中，隐马尔可夫模型（HMM）的每个状态都可对应多帧观察值，这些观察值是特征序列，多样化而且不限取值范围，因此观察值概率的分布不是离散的，而是连续的，所以也适合用 GMM 来建模。

本章首先介绍语音信号建模所涉及的概率统计和高斯分布基础知识，然后重点介绍 GMM-HMM。GMM-HMM 从 20 世纪 80 年代起一直是统计语音识别的经典模型，至今仍发挥着重要作用。

本章要点

- 理解 GMM。
- 理解 HMM。
- 掌握 GMM-HMM。

3.1 高斯混合模型

3.1.1 概率统计

概率统计用来研究和揭示随机现象的统计规律，应用范围很广，包括气象预报、水文预报、生物统计、保险、金融等领域。

连续变量的概率密度表示为

$$p(x) = \int p(x,y)\mathrm{d}y \tag{3-1}$$

$$p(x,y) = p(y|x)p(x) \tag{3-2}$$

数学期望（简称期望），又称均值，主要有以下几种：

（1）离散变量的期望：

$$E(f) = \sum_{x}^{\infty} p(x)f(x) \tag{3-3}$$

（2）连续变量的期望：

$$E(f) = \int p(x)f(x)\mathrm{d}x \tag{3-4}$$

（3）条件期望：

$$E_x(f|y) = \sum_{x}^{\infty} p(x|y)f(x) \tag{3-5}$$

协方差包括以下几种：

（1）变量 x 的方差：

$$\mathrm{var}(x) = E(x^2) - E^2(x) \tag{3-6}$$

（2）变量 x 和 y 的协方差：

$$\mathrm{cov}(x,y) = E_{(x,y)}\{[x - E(x)][y - E(y)]\} = E_{(x,y)}(xy) - E(x)E(y) \tag{3-7}$$

（3）两个矢量 x 和 y 的协方差：

$$\mathrm{cov}(x,y) = E_{(x,y)}\{[x - E(x)][y^{\mathrm{T}} - E(y^{\mathrm{T}})]\} = E_{(x,y)}(xy^{\mathrm{T}}) - E(x)E(y^{\mathrm{T}}) \tag{3-8}$$

概率统计需要用数学分布来表示，如伯努利分布，它是一种离散分布，有两种可能的结果：1 表示成功，出现的概率为 p（其中，$0<p<1$）；0 表示失败，出现的概率为 $q=1-p$。

$$P_n = \begin{cases} 1-p & n=0 \\ p & n=1 \end{cases} \tag{3-9}$$

二项分布即重复 n 次独立的伯努利试验。当试验次数 n 为 1 时，二项分布就是伯努利分布。

$$P(X=x)=f(x\mid n,p)=\binom{n}{x}p^x(1-p)^{n-x} \tag{3-10}$$

我们可用二项分布来描述多次硬币投掷试验的正 / 反结果。其他数学分布还包括高斯分布、几何分布、泊松分布、伽马分布等。

3.1.2 高斯分布

自然界中的很多信号都满足高斯分布，又称正态分布，其概率密度函数表示如下：

$$N(x\mid\mu,\sigma^2)=\frac{1}{(2\pi\sigma^2)^{\frac{1}{2}}}\exp\left[-\frac{1}{2\sigma^2}(x-\mu)^2\right] \tag{3-11}$$

其中，μ 是期望，σ^2 是方差。函数对应的高斯分布如图 3.1 所示。

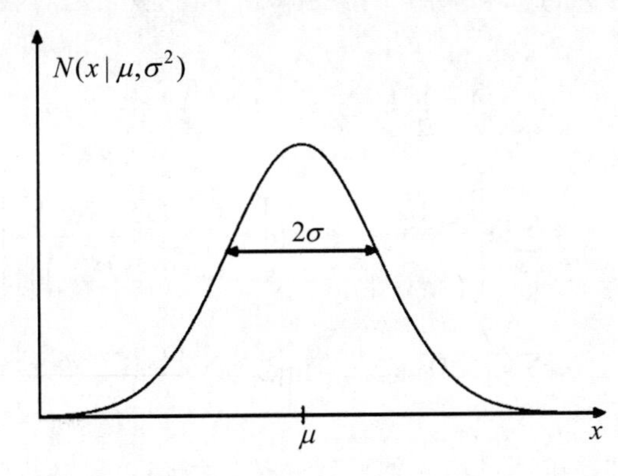

图 3.1　函数对应的高斯分布

高斯分布有对应的期望和方差，其数学计算过程如下：

（1）期望。

$$\begin{aligned}E(x)&=\int_{-\infty}^{\infty}N(x\mid\mu,\sigma^2)x\mathrm{d}x=\mu\\E(x^2)&=\int_{-\infty}^{\infty}N(x\mid\mu,\sigma^2)x^2\mathrm{d}x=\mu^2+\sigma^2\end{aligned} \tag{3-12}$$

（2）方差。

$$\mathrm{var}(x)=E(x^2)-E^2(x)=\sigma^2 \tag{3-13}$$

针对二维向量 (x_1,x_2)，其联合概率密度计算如下：

$$\begin{aligned}p(x_1,x_2)&=p(x_1)p(x_2)=N(x_1\mid\mu_1,\sigma_1^2)N(x_2\mid\mu_2,\sigma_2^2)\\&=\frac{1}{(2\pi\sigma_1^2)^{\frac{1}{2}}}\exp\left[-\frac{1}{2\sigma_1^2}(x_1-\mu_1)^2\right]\times\frac{1}{(2\pi\sigma_2^2)^{\frac{1}{2}}}\exp\left[-\frac{1}{2\sigma_2^2}(x_2-\mu_2)^2\right]\\&=\frac{1}{2\pi(\sigma_1^2\sigma_2^2)^{\frac{1}{2}}}\exp\left\{-\frac{1}{2}\left[\frac{(x_1-\mu_1)^2}{\sigma_1^2}+\frac{(x_2-\mu_2)^2}{\sigma_2^2}\right]\right\}\end{aligned} \tag{3-14}$$

进一步扩展，D 维变量 $x=\{x_1,x_2,\cdots,x_D\}$ 的高斯分布表示如下：

$$
\begin{aligned}
N(x\mid\mu,\sigma^2) &= \frac{1}{(2\pi)^{\frac{D}{2}}}\frac{1}{|\Sigma|^{\frac{1}{2}}}\exp\left[-\frac{1}{2}(x-\mu)\sum^{-1}(x-\mu)^{\mathrm{T}}\right] \\
&= \frac{1}{(2\pi)^{\frac{D}{2}}}\frac{1}{\left(\prod_{d=1}^{D}\sigma_d^2\right)^{\frac{1}{2}}}\exp\left[-\frac{1}{2}\sum_{d=1}^{D}\frac{(x_d-\mu_d)^2}{\sigma_d^2}\right]
\end{aligned} \tag{3-15}
$$

其中，μ 是一个 D 维变量，表示分布的均值，Σ 是 $D\times D$ 协方差矩阵，$|\Sigma|$ 是 Σ 的行列式。

如图 3.1 所示，给定 N 个样本的观察值序列 $x=\{x_1,x_2,\cdots,x_N\}$，可计算所有样本的联合概率：

$$
p(x\mid\mu,\sigma^2)=\prod_{n=1}^{N}N(x_n\mid\mu,\sigma^2) \tag{3-16}
$$

为简化计算，便于计算机处理（防止精度溢出），一般采用对数概率（似然率）：

$$
\begin{aligned}
\ln p(x\mid\mu,\sigma^2) &= \sum_{n=1}^{N}\ln(N(x_n\mid\mu,\sigma^2)) \\
&= \sum_{n=1}^{N}\ln\left(\frac{1}{(2\pi)^{\frac{D}{2}}}\frac{1}{|\Sigma|^{\frac{1}{2}}}\exp\left[-\frac{1}{2}\sum_{d=1}^{D}\frac{(x_{nd}-\mu_d)^2}{\sigma_d^2}\right]\right) \\
&= \sum_{n=1}^{N}\frac{1}{2}\left(-D\ln(2\pi)-\ln|\Sigma|-\sum_{d=1}^{D}\frac{(x_{nd}-\mu_d)^2}{\sigma_d^2}\right)
\end{aligned} \tag{3-17}
$$

高斯函数的期望和方差可通过最大似然算法估计得到。用对数概率 $\ln p(x\mid\mu,\sigma^2)$ 对参数求偏导：

$$
\begin{cases}
\dfrac{\partial\ln p(x\mid\mu,\sigma^2)}{\partial\mu}=\dfrac{1}{\sigma^2}\sum_{n=1}^{N}(x_n-\mu)=0 \\
\dfrac{\partial\ln p(x\mid\mu,\sigma^2)}{\partial\sigma^2}=-\dfrac{N}{2\sigma^2}+\dfrac{1}{2\sigma^4}\sum_{n=1}^{N}(x_n-\mu)^2=0
\end{cases} \tag{3-18}
$$

因此可得到期望和方差的最大似然估计公式：

$$
\begin{aligned}
\mu_{\mathrm{ML}} &= \frac{1}{N}\sum_{n=1}^{N}x_n \\
\sigma_{\mathrm{ML}}^2 &= \frac{1}{N}\sum_{n=1}^{N}(x_n-\mu_{\mathrm{ML}})^2
\end{aligned} \tag{3-19}
$$

为方便起见，σ^2 也可写为 Σ。

3.1.3 GMM 的组成和表示

复杂的数据分布难以用一个高斯函数来表示，更多的是采用多个高斯函数组合表示，从而形成 GMM。

图 3.2 所示为由 3 个高斯分布组成的 GMM，每个高斯分布对应一个模型，其中

图 3.2（a）左侧部分表示模型 1，中间部分表示模型 2，右侧部分表示模型 3，图 3.2（b）是对应的立体分布。

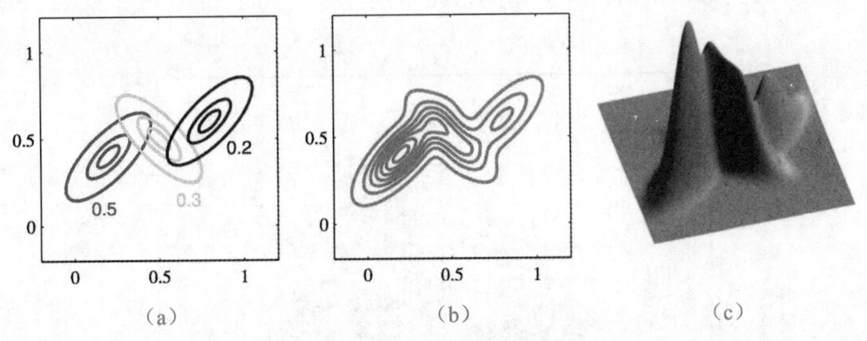

图 3.2 由 3 个高斯分布组成的 GMM

K 阶 GMM 使用 K 个单高斯分布的线性组合来描述。令 $\lambda=\{\mu,\Sigma\}$，则 K 阶 GMM 的概率密度函数如下：

$$p(x\lambda)=\sum_{k=1}^{K}p(x,k\lambda)=\sum_{k=1}^{K}p(k)p(xk,\lambda)=\sum_{k=1}^{K}c_kN\left(x\mid\mu_k,\sum_k\right) \tag{3-20}$$

其中，c_k 是第 k 个高斯分布的权重，$\sum_{k=1}^{K}c_k=1$ 表示所有高斯分布的权重和为 1。第 k 个高斯函数表示如下：

$$N(x\mid\mu_k,\sum_k)=\frac{1}{(2\pi)^{\frac{D}{2}}\left|\sum_k\right|^{\frac{1}{2}}}\exp\left\{-\frac{(x-\mu_k)^T\sum_k^{-1}(x-\mu_k)}{2}\right\} \tag{3-21}$$

因此，GMM 包含 3 种参数，分别为混合权重 c_k、期望 μ_k 和方差 $\sum_k$，需要训练这些参数。训练主要分为两步：一是初始化，即构造初始模型；二是重估计，即通过 EM 算法（期望最大化算法）精细化初始模型。

1. 初始化

训练 GMM 的参数需要大量的数据（特征向量），这些数据一般没有分类标签，即不清楚属于哪个高斯分布，这给 GMM 的参数初始化带来困难。有多种方法来构造初始模型，所有的聚类算法均可用于此，常用的有 K-means、LBG 算法等。其中，K-means 算法过程如下：

（1）初始化：把训练数据（特征向量）平均分配为 K 组，计算每组的高斯函数期望 μ_k。

（2）最近邻分类：针对每个特征向量 $\boldsymbol{x}_n$，通过计算欧式距离寻找与之最靠近的第 k 个高斯分布，并把该特征向量分配给这个高斯分布。

（3）更新中心点：通过求平均值更新每个分布的中心点，得到对应高斯函数的期望。

（4）迭代：重复步骤（2）和（3），直到整体的平均距离低于预设的阈值。

图 3.3 给出了 K-means 算法的聚类效果，它把数据集分为 3 类。通过 K-means 算法聚类后，根据聚类的结果计算期望、各维方差和混合权重，其中每个高斯分布的混合权重由分配到该高斯分布的数据量对所有数据的占比得到。

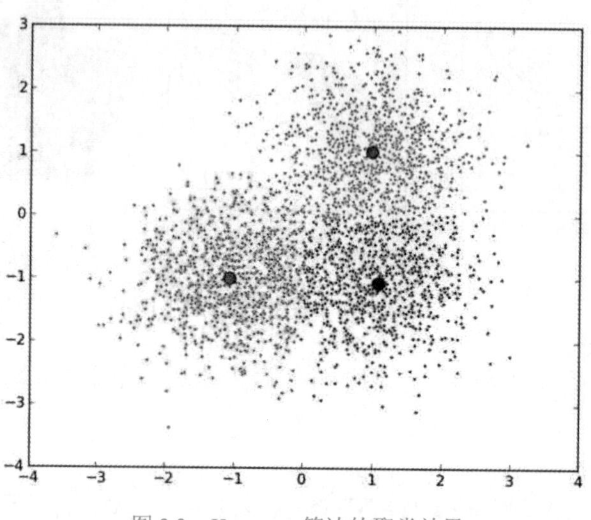

图 3.3　K-means 算法的聚类效果

2. 重估计

为得到 GMM 的期望最大化（Expectation Maximum，EM）重估计公式，根据混合权重 c_k 限制，加入拉格朗日算子：

$$\ln p(x|c,\mu,\Sigma)+\lambda\left(\sum_{k=1}^{K}c_k-1\right)=\sum_{n=1}^{N}\ln\left[\sum_{k=1}^{K}c_k N\left(x_n|\mu_k,\sum_{k}\right)\right]+\lambda\left(\sum_{k=1}^{K}c_k-1\right) \quad (3\text{-}22)$$

分别对 μ_k、$\sum_{k}$、c_k 求最大似然（Maximum Likelihood，ML）函数。

对 μ_k 求偏导并令导数为 0，得到

$$-\sum_{n=1}^{N}\frac{c_k N\left(x_n|\mu_k,\sum_{k}\right)}{\sum_{k=1}^{K}c_k N\left(x_n|\mu_k,\sum_{k}\right)}\sum_{k}(x_n-\mu_k)=0 \quad (3\text{-}23)$$

两边同时除以 $\sum_{k}$，重新整理得到

$$\mu_k=\frac{\sum_{n=1}^{N}\gamma(n,k)x_n}{\sum_{n=1}^{N}\gamma(n,k)} \quad (3\text{-}24)$$

其中

$$\gamma(n,k)=\frac{c_k N\left(x_n|\mu_k,\sum_{k}\right)}{\sum_{k=1}^{K}c_k N\left(x_n|\mu_k,\sum_{k}\right)} \quad (3\text{-}25)$$

同样对$\sum_k$求偏导并令导数为0，得到

$$\sum_k = \frac{\sum_{n=1}^{N}\gamma(n,k)(x_n-\mu_k)(x_n-\mu_k)^{\mathrm{T}}}{\sum_{n=1}^{N}\gamma(n,k)} \tag{3-26}$$

对c_k求偏导并令导数为0，有

$$\sum_{n=1}^{N}\frac{N\left(x_n \mid \mu_k,\sum_k\right)}{\sum_{k=1}^{K}c_k N\left(x_n \mid \mu_k,\sum_k\right)}+\lambda=0 \tag{3-27}$$

得到

$$c_k=\frac{\sum_{n=1}^{N}\gamma(n,k)}{\sum_{n=1}^{N}\sum_{k=1}^{K}\gamma(n,k)} \tag{3-28}$$

采用EM算法，GMM参数重估计过程如下：

（1）初始化：定义高斯分布个数K，采用K-means算法对每个高斯参数μ_k、$\sum_k$、c_k进行初始化。

（2）期望估计：根据当前的μ_k、$\sum_k$、c_k计算后验概率$\gamma(n,k)$。

（3）极大化：根据期望估计中计算的$\gamma(n,k)$更新μ_k、$\sum_k$、c_k。

（4）计算对数似然函数：

$$\ln p(x \mid c,\mu,\Sigma)=\sum_{n=1}^{N}\ln\left[\sum_{k=1}^{K}c_k N\left(x_n \mid \mu_k,\sum_k\right)\right] \tag{3-29}$$

（5）迭代：检查对数似然函数是否收敛，若不收敛，则返回步骤（2）。

3.2 隐马尔可夫模型

3.2.1 隐马尔可夫模型基本概念

隐马尔可夫模型（HMM）的理论基础在1970年前后由Baum等人建立，随后由CMU的Baker和IBM的Jelinek等人应用到语音识别中，L.R.Rabiner和S.Young等人进一步推动了HMM的应用和发展。

1. 马尔可夫链

HMM源于马尔可夫链。马尔可夫链最早由俄国数学家安德雷·马尔可夫于1907年提出，用于描述随机过程。在一个随机过程中，若每个事件的发生概率仅依赖于上一个事件，则称该过程为马尔可夫过程。

假设随机序列在任意时刻可以处在状态 $\{s_1,s_2,\cdots,s_N\}$，且已有随机序列 $\{q_1,q_2,\cdots,q_{t-1},q_t\}$，则产生新的事件 q_{t+1} 的概率为

$$P(q_{t+1}\mid q_t,q_{t-1},\cdots,q_1)=P(q_{t+1}\mid q_t) \tag{3-30}$$

换句话说，马尔可夫过程只能基于当前事件预测下一个事件，而与之前或未来事件无关。时间和事件都是离散的马尔可夫过程称为马尔可夫链。

图 3.4 给出了一个马尔可夫链例子，即一个简化的天气模型，其中“晴天”“雨天”和“多云”各表示一种状态（也是唯一的观察值）。每个状态可以自身转移，也可转移到其他两个状态，转移弧上有对应的概率，如状态“雨天”转到状态“多云”的概率为 0.1，转移到状态“晴天”的概率为 0.3，“雨天”自身转移的概率为 0.6。所有从同一个状态转移的概率和等于 1。

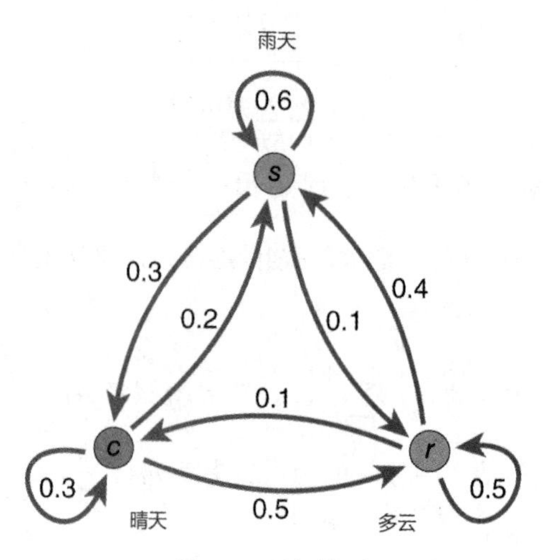

图 3.4　天气模型

根据马尔可夫链的定义，只根据当前时刻的状态预测下一个时刻的状态。例如，已知今天是“晴天”，则未来三天出现“多云”“晴天”“雨天”的概率计算如下：

$$P(\text{多云}\mid\text{晴天})P(\text{晴天}\mid\text{晴天})P(\text{雨天}\mid\text{晴天})=0.3\times0.5\times0.2=0.03$$

HMM 的每个状态只有唯一的观察事件，即状态与观察事件之间不存在随机性。以上天气模型就是一个 HMM，观察事件序列直接对应状态之间的转移序列。

2. 双重随机过程

HMM 包含隐含状态，隐含状态和观察事件并不是一一对应关系，因此它所描述的问题比马尔可夫模型更复杂。

本质上，HMM 描述了双重随机过程：

（1）马尔可夫链：状态转移的随机性。

（2）依存于状态的观察事件的随机性。

假设有 3 个碗，用幕布遮挡，不能直接观察，这相当于隐含状态，每个碗按不同比例存放两种颜色（红和绿）的球。

最开始选择哪个碗有一个初始概率，根据初始概率分布随机地选择其中一个碗，并随机取出一个球，记为 o_1；把球放回原来的碗中，根据碗之间的转移概率随机选择下一个碗，再随机取出一个球，记为 o_2。如此反复，可以得到一个描述球的颜色的序列 o_1，$o_2\cdots$，称之为观察值序列。

在颜色球例子中，从每个碗中选中一种颜色的球，我们用观察值概率表示，如从碗 1 选出红球的概率为 $P(\text{红})=b_1(1)$。

在此过程中，选哪个碗不确定，即碗之间的转移不确定，一种颜色球出自哪个碗也不确定。

在双重随机过程中，存在两个随机性质。首先，状态之间存在随机转移，即当前状态的转移是随机的，遵循预定义的概率分布。其次，观察事件与状态之间不是一一对应的关系，而是通过一组概率分布相联系。在这种情况下，我们只能观测到一些观察值，而不能确定这些观察值对应的确切状态。

3.2.2 隐马尔可夫模型的定义

图 3.5 给出了一个 HMM 的例子，其中包含 6 个状态，观察值 $O=\{o_1,o_2,o_3,\cdots,o_T\}$ 可见。状态与状态之间转移的可能性用转移概率表示，如状态 1（s_1）到状态 2（s_2）的转移概率为 a_{12}，状态 1 自身转移概率为 a_{11}，每个状态的所有转移概率和要等于 1。

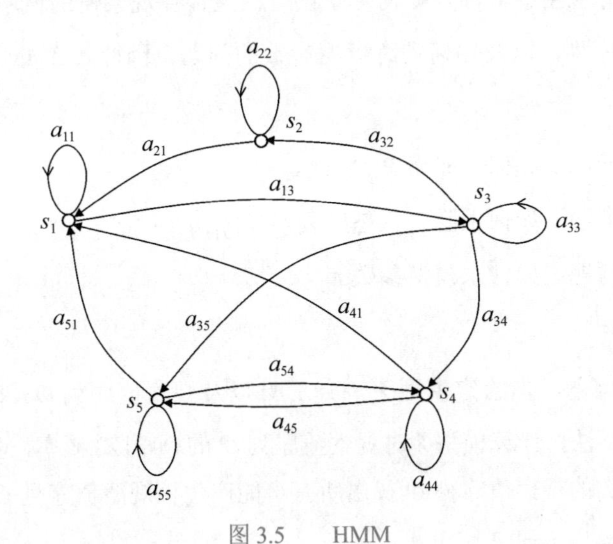

图 3.5 HMM

为描述双重随机过程，HMM 包括如下要素：

N：模型中的状态数目。

M：每个状态可能输出的观察符号的数目。

$A=\{a_{ij}\}$：状态转移概率分布。

$B=\{b_j(k)\}$：观察符号的概率分布。

$\pi=\{\pi_i\}$：初始状态概率分布。

以上参数可简化表示如下：

$$\lambda=(\pi,A,B) \tag{3-31}$$

当给定模型 $\lambda=(\pi,A,B)$ 后，就可将该模型看成一个符号生成器（或称信号源），由它生成观察值序列 $O=\{o_1,o_2,o_3,\cdots,o_T\}$。生成过程（也称 HMM 过程）如下：

（1）初始状态概率分布为π，随机选择一个初始状态 $q_1=S_i$。

（2）令 t=1。

（3）基于状态 S_i 的符号概率分布为 $b_i(k)$，随机产生一个输出符号 $o_t=V_k$。

（4）基于状态 S_i 的状态转移概率分布为 a_{ij}，随机转移至一个新的状态 $q_{t+1}=S_j$。

（5）令 t=t+1，若 $t\leqslant T$，则返回步骤（3），否则结束过程。

这个生成过程会产生状态序列 $q_1,q_2,\cdots,q_T$，以及与之对应的观察值序列 $o_1,o_2,o_3,\cdots,o_T$。状态序列记录的是 HMM 某个状态的索引。尽管状态序列和观察值序列一起构成了 HMM 的生成过程，但它们之间不是一一对应的关系。实际上，HMM 的某个状态可能会在观察值序列中多次出现，例如，可能出现类似 $s_1,s_1,s_2,s_2,s_2,s_3,\cdots$ 的情况。这意味着观察值序列中的第 1 帧和第 2 帧的观察值 q_1 和 q_2 均对应于 HMM 的状态 s_1。

3.2.3 隐马尔可夫模型的三个基本问题

在 HMM 的实际应用中，涉及如何基于已有模型计算观察值的概率、如何从观察值序列找出对应的状态序列，以及如何训练模型参数的问题。因此，HMM 需要解决以下 3 个基本问题：

（1）模型评估问题：如何求概率 $P(O|\lambda)$。

（2）最佳路径问题：如何求隐含状态序列 $Q=\{q_1,q_2,\cdots,q_{t-1},q_t\}$。

（3）模型训练问题：如何求模型参数π、A、B。

1. 模型评估问题

针对模型评估问题，当给定模型 $\lambda=(\pi,A,B)$ 以及观察值序列 $O=\{o_1,o_2,o_3,\cdots,o_T\}$ 时，一种办法是采用穷举法，计算模型 λ 对观察值序列 O 的 $P(O|\lambda)$ 概率，步骤如下：

（1）对长度为 T 的观察值序列 O 找出所有可能产生该观察值序列 O 的状态转移序列 $Q^j=\{q_1^j,q_2^j,q_3^j,\cdots,q_T^j\}$，$j=1,2,\cdots,J$。

（2）分别计算 Q^j 与观察值序列 O 的联合概率 $P(O,Q^j|\lambda)$。

（3）取各联合概率 $P(O,Q^j|\lambda)$ 的和，即

$$P(O|\lambda)=\sum_{j=1}^{J}P(O,Q^j|\lambda) \tag{3-32}$$

将 $P(O,Q^j|\lambda)$ 进一步表示为

$$P(O,Q^j|\lambda)=P(Q^j|\lambda)P(O|Q^j,\lambda) \tag{3-33}$$

分别计算右边两项：

$$
\begin{aligned}
P(Q^j \mid \lambda) &= P(q_1^j)P(q_2^j \mid q_1^j)P(q_3^j \mid q_2^j)\cdots P(q_T^j \mid q_{T-1}^j) \\
&= a_{0,1}^j a_{1,2}^j a_{2,3}^j \cdots a_{T-1,T}^j \\
P(O \mid Q^j, \lambda) &= P(o_1 \mid q_1^j)P(o_2 \mid q_2^j)\cdots P(o_T \mid q_T^j) \\
&= b_1^j(o_1)b_2^j(o_2)b_3^j(o_3)\cdots b_T^j(o_T)
\end{aligned}
\tag{3-34}
$$

最后得到

$$
\begin{aligned}
P(O, Q^j \mid \lambda) &= a_{0,1}^j b_1^j(o_1) a_{1,2}^j b_2^j(o_2) \cdots a_{T-1,T}^j b_T^j(o_T) \\
P(O \mid \lambda) &= \sum_{j=1}^{J} P(O, Q^j \mid \lambda) = \sum_{j=1}^{J}\prod_{t=1}^{T} a_{t-1,t}^j b_t^j(o_t)
\end{aligned}
\tag{3-35}
$$

前向—后向（forward-backward）算法用来解决高效计算 $P(O \mid \lambda)$ 的问题。该算法分为两部分。

（1）前向算法。前向算法按照输出观察值序列的时间顺序从前向后递推计算输出概率。在这个算法中，使用 $\alpha_t(j)$ 来表示已经输出的观察值 $o_1, o_2, o_3, \cdots, o_t$ 的情况下到达状态 s_j 的概率：

$$
\alpha_t(j) = P(o_1, o_2, o_3, \cdots, o_t, q_t = s_j \mid \lambda) \tag{3-36}
$$

前向算法流程如下：

1）初始化：

$$
\alpha_1(i) = \pi_i b_i(o_1) \qquad 1 \leqslant i \leqslant N \tag{3-37}
$$

2）迭代计算：

$$
\alpha_{t+1}(j) = \left[\sum_{i=1}^{N} \alpha_t(i) a_{ij}\right] b_j(o_{t+1}) \qquad 1 \leqslant t \leqslant T-1,\ 1 \leqslant j \leqslant N \tag{3-38}
$$

3）终止计算：

$$
P(O \mid \lambda) = \sum_{i=1}^{N} \alpha_T(i) \tag{3-39}
$$

带离散观察值（o_1 和 o_2）的 HMM 如图 3.6 所示。其中，由状态 s_1 产生观察值 o_1 的概率为 0.2，产生观察值 o_2 的概率为 0.8；由状态 s_2 产生这两个观察值的概率分别为 0.6 和 0.4；由状态 s_3 产生这两个观察值的概率分别为 0.4 和 0.6。

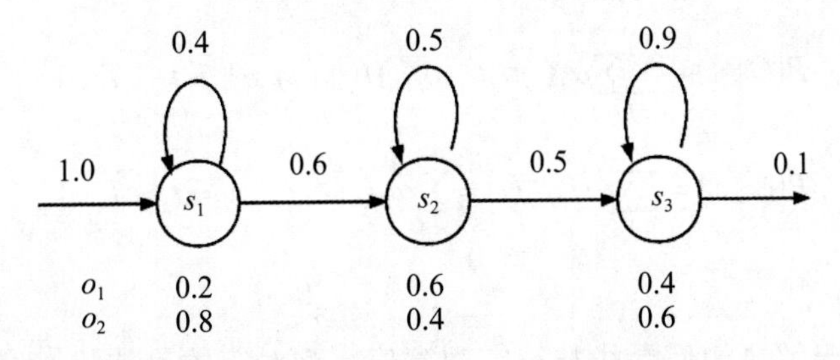

图 3.6 带离散观察值的 HMM

基于图 3.6 的 HMM 参数，假定观察值序列为 $o_1o_2o_2o_1$，则前向算法计算过程用格型图表示为如图 3.7 所示。其中，q_1、q_2、q_3、q_4 用来记录不同时刻的状态，如 q_2=s_2，表示在时刻 t=2 的状态为 s_2。每个框里的数值 $\alpha_t(j)$ 是由连到该框的路径分数累加而成的，如 0.02496 由 0.064×0.6×0.4+0.048×0.5×0.4 得到。

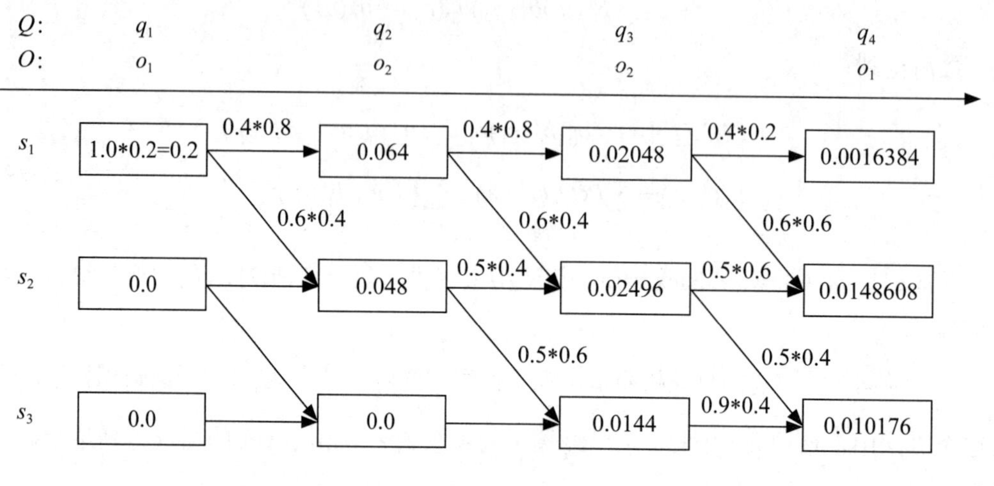

图 3.7　前向算法格型图

根据式（3-39），最后概率分数 $P(O|\lambda)$ 可由 3 个状态（即 s_1、s_2、s_3）在最后时刻的分数 $\alpha_t(i)$ 相加得到。

（2）后向算法。用 $\beta_t(i)$ 来表示在时刻 t 时状态 s_i 的情况下，从时刻 t 开始到观察值序列结束时的状态为 s_N 的概率，则输出观察值序列为 $o_1,o_2,o_3,\cdots,o_T$ 的概率为

$$\beta_t(i)=P(o_t,o_{t+1},\cdots,o_T,q_t=s_i,q_T=s_N,\lambda) \tag{3-40}$$

后向算法流程如下：

1）初始化：

$$\beta_t(i)=1 \quad 1\leqslant i\leqslant N \tag{3-41}$$

2）迭代计算：

$$\beta_t(i)=\sum_{j=1}^{N}a_{ij}b_j(o_{t+1})\beta_{t+1}(j) \quad 1\leqslant t\leqslant T-1,\ 1\leqslant j\leqslant N \tag{3-42}$$

结合前向算法和后向算法的定义，可用 $\alpha_t(i)$ 和 $\beta_t(i)$ 组合来计算 $P(O|\lambda)$，这样计算的好处是能够把不同时刻的中间结果保存下来，避免不必要的重复计算。

$$\begin{aligned}P(O|\lambda)&=\sum_{i=1}^{N}\sum_{j=1}^{N}\alpha_t(i)a_{ij}b_j(o_{t+1})\beta_{t+1}(j) \quad 1\leqslant t\leqslant T-1\\ P(O|\lambda)&=\sum_{i=1}^{N}\alpha_t(i)\beta_t(i)=\sum_{i=1}^{N}\alpha_T(i) \quad 1\leqslant t\leqslant T-1\end{aligned} \tag{3-43}$$

2. 最佳路径问题

Viterbi 算法用于解决如何寻找与给定观察值序列对应的最佳状态序列的问题。基于

图 3.6 所示的 HMM 参数和已知的观察值序列 $o_1o_2o_2o_1$，通过 Viterbi 算法求解最佳路径的方法如图 3.8 所示，其中，q_1、q_2、q_3、q_4 用来记录不同时刻的状态。

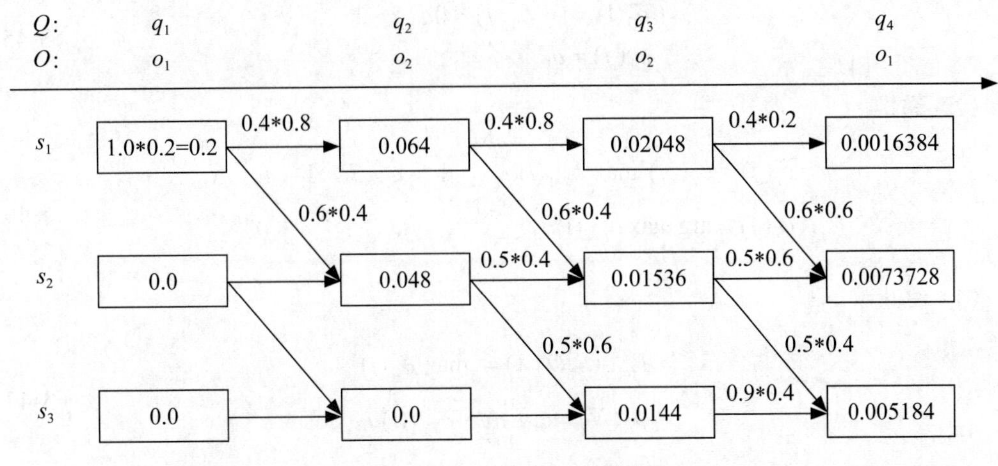

图 3.8　Viterbi 算法格型图

由于起始状态是 s_1，因此一开始只有状态 s_1 能产生观察值，在 t=1 时刻，其累计概率为 1.0×0.2=0.2。接着 s_1 可转移到自身状态 s_1 或下一个状态 s_2。从时刻 t=2 起，每个方框里的数值是将连接到该框的不同路径分数对比后取的最大值，并保留对应的路径，如 0.01536 是对比 0.064×0.6×0.4 和 0.048×0.5×0.4 后得到的。在最后时刻 t=4，0.0073728 是累计最高得分，通过回溯可得到其对应的最佳状态序列为 s_1,s_2,s_2,s_2，即图 3.9 中的加粗路径。

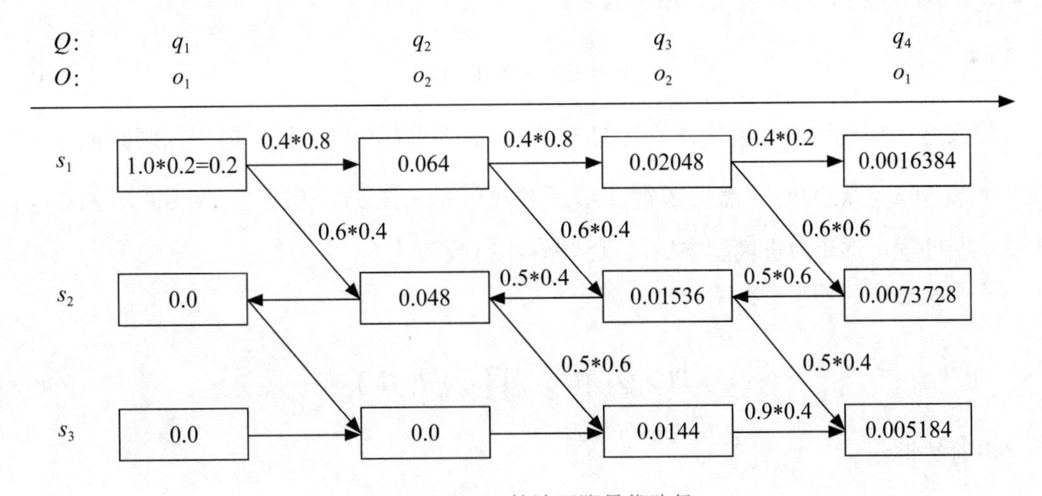

图 3.9　Viterbi 算法回溯最优路径

Viterbi 算法描述如下：

（1）定义最佳状态序列 $Q^*=q_1^*,q_2^*,\cdots,q_T^*$，$\varphi_t(j)$ 记录局部最佳状态序列。

（2）定义 $\phi_t(i)$ 为截止时刻 t，依照状态转移序列 $q_1,q_2,\cdots,q_{t-1},q_t$，产生出观察值 $o_1,o_2,o_3,\cdots,o_t$ 的最大概率，且最终状态为 s_1。

$$\delta_t(i)=\max_{q_1,q_2,\cdots,q_{t-1}} P(q_1,q_2,\cdots,q_t,q_t=s_i\mid\lambda) \tag{3-44}$$

Viterbi 算法流程如下：

（1）初始化：

$$\begin{aligned}&\delta_0(1)=1，\delta_0(j)=0 \quad j\neq 1\\&\varphi_1(j)=q_1\end{aligned} \tag{3-45}$$

（2）递推：

$$\begin{aligned}&\delta_t(j)=b_j(o_t)\max_{1\leqslant i\leqslant N}\delta_{t-1}(i)a_{ij} \qquad 1\leqslant t\leqslant T，1\leqslant i\leqslant N\\&\varphi_t(j)=\arg\max_{1\leqslant i\leqslant N}\delta_{t-1}(i)a_{ij}\end{aligned} \tag{3-46}$$

（3）终止：

$$\begin{aligned}&P_{\max}(S,O\mid\lambda)=\max_{1\leqslant i\leqslant N}\delta_T(i)\\&\varphi_T(N)=\arg\max_{1\leqslant i\leqslant N}\delta_{T-1}(i)a_{ij}\end{aligned} \tag{3-47}$$

算法终止时，$\varphi_t(j)$ 记录的数据便是最佳状态序列 Q^*。

Q 的不同取值使概率值 $P(Q,O\mid\lambda)$ 差别很大，而 $P(Q^*,O\mid\lambda)$ 是 $\sum_s P_{\max}(S,O\mid\lambda)$ 的各个分量中占比最大的路径概率。因此，常等价地用 $P(Q^*,O\mid\lambda)$ 近似 $\sum_s P_{\max}(S,O\mid\lambda)$，那么实际上 Viterbi 算法也就能用来计算 $P(O\mid\lambda)$。

3. 模型训练问题

模型训练问题可定义为：给定一个观察值序列 $O=o_1,o_2,o_3,\cdots,o_T$，确定一个 $\lambda=(\pi,A,B)$，使 $P(O\mid\lambda)$ 最大，用公式表示为

$$\bar{\lambda}=\arg\max_{\lambda}P(O\mid\lambda) \tag{3-48}$$

但没有一种方法能直接估计最佳的 λ。因此要寻求替代的方法，即根据观察值序列选取初始模型 $\lambda=(\pi,A,B)$，然后求得一组新参数 $\bar{\lambda}=(\pi,\bar{A},\bar{B})$，保证有 $P(O\mid\bar{\lambda})>P(O\mid\lambda)$。重复这个过程，逐步改进模型参数，直到 $P(O\mid\bar{\lambda})$ 收敛。

基于状态序列 Q，有概率公式

$$P(O,Q\mid\lambda)=\pi_{q_0}\prod_{t=1}^{T}a_{q_{t-1}q_t}b_{q_t}(o_t) \tag{3-49}$$

取对数得到

$$\log P(O,Q\mid\lambda)=\log\pi_{q_0}+\sum_{t=1}^{T}\log a_{q_{t-1}q_t}+\sum_{t=1}^{T}\log b_{q_t}(o_t) \tag{3-50}$$

根据 Bayes 公式和 Jensen 不等式，经过一系列转化，可定义辅助函数：

$$\begin{aligned}Q(\lambda,\bar{\lambda})&=\sum_{Q}P(O,Q\mid\lambda)\log P(O,Q\mid\bar{\lambda})=\sum_{i=1}^{N}P(O,q_0=i\mid\bar{\lambda})\log\pi_i\\&+\sum_{j=1}^{N}\sum_{t=1}^{T}P(O,q_{t-1}=i,q_t=j\mid\bar{\lambda})\log a_{ij}+\sum_{t=1}^{T}P(O,q_t=i\mid\bar{\lambda})\log b_i(o_t)\end{aligned} \tag{3-51}$$

模型参数 π_i、$b_i(o_t)$ 均符合如下函数形式：

$$F(x)=\sum_i c_i \log x_i \tag{3-52}$$

并有条件限制 $\sum_k x_i = 1$。当

$$x_i=\frac{c_i}{\sum_k c_k} \tag{3-53}$$

时，该函数可获得全局最优值。

因此，我们可得到模型参数的重估计公式：

$$\begin{aligned} a_{ij}&=\frac{\sum_{t=1}^{T-1}\alpha_t(i)a_{ij}b_j(o_{t+1})\beta_{t+1}(j)}{\sum_{t=1}^{T-1}\alpha_t(i)\beta_t(i)}=\frac{\sum_{t=1}^{T-1}\xi_t(i,j)}{\sum_{t=1}^{T-1}\gamma_t(i)} \\ b_j(k)&=\frac{\sum_{s.t.o_t=v_k}^{T}\alpha_t(i)\beta_t(i)}{\sum_{t=1}^{T}\alpha_t(i)\beta_t(i)}=\frac{\sum_{s.t.o_t=v_k}^{T}\gamma_t(j)}{\sum_{t=1}^{T}\gamma_t(j)} \end{aligned} \tag{3-54}$$

可直观地认为 a_{ij} 的重估计公式是用所有时刻从状态 s_i 转移到状态 s_j 的概率和除以所有时刻处于状态 s_i 的概率和。其中，$\xi_t(i,j)$ 为给定训练序列 O 和模型 λ 时，HMM 在时刻 t 处于状态 s_i，在 t+1 时刻处于状态 s_j 的概率，即

$$\xi_t(i,j)=P(q_t=s_i,q_{t+1}=s_j \mid 0,\lambda) \tag{3-55}$$

根据前向—后向算法可推导出：

$$\xi_t(i,j)=\frac{\alpha_t(i)a_{ij}b_j(o_{t+1})\beta_{t+1}(j)}{\sum_{i=1}^{N}\sum_{j=1}^{N}\alpha_t(i)a_{ij}b_j(o_{t+1})\beta_{t+1}(j)}=\frac{\alpha_t(i)a_{ij}b_j(o_{t+1})\beta_{t+1}(j)}{P(O\mid\lambda)} \tag{3-56}$$

定义 $\gamma_t(i)$ 为在时刻 t 时处于状态 s_i 的概率：

$$\gamma_t(i)=\sum_{j=1}^{N}\xi_t(i,j)=\sum_{j=1}^{N}\frac{\alpha_t(i)a_{ij}b_j(o_{t+1})\beta_{t+1}(j)}{P(O\lambda)}=\frac{\alpha_t(i)\beta_t(i)}{P(O\lambda)} \tag{3-57}$$

可直观地认为 $b_j(k)$ 的重估计公式是所有时刻状态 s_j 产生观察值 v_k 的概率和除以所有时刻处于状态 s_j 的概率和。

HMM 的经典训练方法是基于最大似然准则，采用 Baum-Welch 算法，对每个模型的参数针对其所属观察值序列进行优化训练，最大化模型对观察值的似然概率，训练过程不断迭代，直至所有模型的平均似然概率提升达到收敛。

Baum-Welch 算法如下：

（1）初始化：π 和 A 的初值对结果影响不大，只要满足约束条件可随机选取或均值选取。B 的初值对参数重估影响较大，选取算法较复杂。

（2）期望估计：基于模型参数，计算 $\gamma_t(i)$ 和 $\xi_t(i,j)$。

（3）极大化：由重估计公式重新计算 a_{ij} 和 $b_j(k)$，最大化辅助函数。

（4）迭代：重复步骤（2）的操作，直到 a_{ij} 和 $b_j(k)$ 收敛为止，即 $P(O|\lambda)$ 趋于稳定，不再明显增大。

Baum-Welch 算法的理论基础是 EM 算法，它包含两个主要方面：一是求期望，用 E 来表示；二是极大化，用 M 来表示。

3.3 高斯混合模型—隐马尔可夫模型

HMM 是一种统计分析模型，它是在马尔可夫链的基础上发展起来的，用来描述双重随机过程。从 HMM 的状态可产生观察值，根据观察值的概率分布，HMM 分为以下 3 种类型：

（1）离散 HMM：输出观察值是离散的，观察值概率也是离散的。

（2）连续 HMM：观察值为连续概率密度函数，每个状态有不同的一组概率密度函数。

（3）半连续 HMM：观察值为连续概率密度函数，所有状态共享一组概率密度函数。

在语音识别中，HMM 的每个状态都可对应多帧观察值，这些观察值是特征序列，多样化而且不限取值范围，因此其概率分布不是离散的，而是连续的。HMM 的每个状态产生每一帧特征的观察值概率可用高斯分布表示，如图 3.10 所示。其中，起始状态 s_1 和结尾状态 s_5 没有产生观察值，中间 3 个深色状态 s_2、s_3 和 s_4 是发射状态，能够产生观察值。

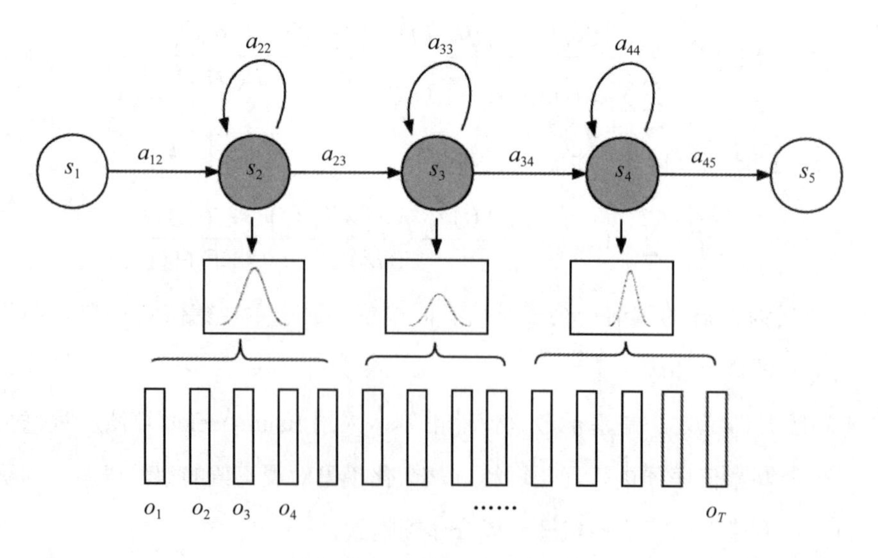

图 3.10 GMM-HMM 流程图

在 GMM-HMM 中，HMM 模块负责建立状态之间的转移概率分布，而 GMM 模块则负责生成 HMM 的观察值概率。一个 GMM 负责表征一个状态，相邻的 GMM 之间相关性并不强，而每个 GMM 所生成的概率就是 HMM 中所需要的观察值概率。

由于不同的人发音会存在较大差异，具体表现在每个状态对应的观察值序列也会多样化，单纯用一个高斯函数来刻画其分布往往不够，因此更多的是采用由多个高斯函数组合而成的 GMM 来表征更复杂的分布。这种用 GMM 作为 HMM 状态产生观察值的概率密度函数的模型就是 GMM-HMM。

HMM 的第 j 个状态产生观察值 o_t 的观察概率分布表示如下：

$$b_j(o_t)=\sum_{k=1}^{K}c_{jk}N(o_t\mid\mu_{jk},\Sigma_{jk}) \tag{3-58}$$

其中，K 是 GMM 的阶数，即包含的高斯函数个数。

可把输入特征数值连同 GMM 的每个高斯函数 $N(o_t\mid\mu_{jk},\Sigma_{jk})$ 的参数（包括权重、均值和方差）代入式（3-58）计算，得到观察概率分布 $b_j(o_t)$ 的值。

在此给出一个简单的 GMM 计算例子。输入特征是三维特征向量，GMM 有 4 个高斯函数（即 K=4），权重 c_{jk} 分别为 0.2、0.4、0.3 和 0.1，每个高斯函数有对应的均值（3，7，4；7，−2，−4；1，3，−5；2，4，5）和方差（0.1，0.2，0.4；0.4，0.3，0.5；0.2，0.3，0.6；0.8，0.2，0.4），维度和输入特征一致。请大家根据式（3-58）给出具体的计算过程。

因为 GMM 是统计模型，所以原则上参数量要与训练数据规模配套，即训练数据越多，对应的高斯函数也应越多。大型的连续语音识别系统所用的 GMM 可达几万个，每个 GMM 包含 16 个甚至 32 个高斯函数。

GMM-HMM 的观察值概率用 GMM 来表示，GMM 又包含多个高斯函数，即概率密度函数，因此需要重估的参数包括起始概率、转移概率、各状态中不同概率密度函数的权重、各状态中不同概率密度函数的期望和方差。

关于起始概率，因为语音识别采用的是自左向右结构的 HMM，所以起始概率为 $[1,0,0,\cdots,0]$，即只能从第一个状态开始训练。

结合 HMM 的前向算法和后向算法，定义统计量如下：

$$\begin{aligned}\gamma_t^c(j,k)&=\left[\frac{\alpha_t(j)\beta_t(j)}{\sum_{j=1}^{N}\alpha_t(j)\beta_t(j)}\right]\left[\frac{c_{jk}N(o_t^c,\mu_{jk},\Sigma_{jk})}{\sum_{k=1}^{K}c_{jk}N(o_t^c,\mu_{jk},\Sigma_{jk})}\right]\\&=\begin{cases}\dfrac{1}{P(O\mid\lambda)}\pi_j\beta_1(j)c_{jk}N(o_1^c,\mu_{jk},U_{jk}),\ t=1\\[2ex]\dfrac{1}{P(O\mid\lambda)}\sum_{i=1}^{N}\alpha_{t-1}(i)a_{ij}\beta_t(j)c_{jk}N(o_t^c,\mu_{jk},U_{jk}),\ t>1\end{cases}\end{aligned} \tag{3-59}$$

结合 HMM 和 GMM 的重估计公式，基于 ML 准则，GMM-HMM 参数的 EM 重估计公式为

$$
\begin{aligned}
a_{ij} &= \frac{\sum_{c=1}^{C}\sum_{t=1}^{T_c-1}\xi_t^c(i,j)}{\sum_{c=1}^{C}\sum_{t=1}^{T_c-1}\gamma_t^c(i)} \\
c_{jk} &= \frac{\sum_{c=1}^{C}\sum_{t=1}^{T_c}\gamma_t^c(j,k)}{\sum_{k=1}^{K}\sum_{c=1}^{C}\sum_{t=1}^{T_c}\gamma_t^c(j,k)} \\
\mu_{jk} &= \frac{\sum_{c=1}^{C}\sum_{t=1}^{T_c}\gamma_t^c(j,k)o_t^c}{\sum_{c=1}^{C}\sum_{t=1}^{T_c}\gamma_t^c(j,k)} \\
\Sigma_{jk} &= \frac{\sum_{c=1}^{C}\sum_{t=1}^{T_c}\gamma_t^c(j,k)(o_t^c-\mu_{jk})(o_t^c-\mu_{jk})'}{\sum_{c=1}^{C}\sum_{t=1}^{T_c}\gamma_t^c(j,k)}
\end{aligned}
\tag{3-60}
$$

其中，C 为训练样本数。注意，每个特征 o 都参与了每个高斯期望和方差的计算，其比重由 $\gamma_t^c(j,k)$ 决定。

转移概率 a_{ij} 的重估计公式不受 GMM 影响，和普通的 HMM 类似，即从状态 s_i 转移到状态 s_j 的概率和除以从状态 s_i 转移出去的概率和。注意，针对非发射状态的转移概率 a_{ij}，其重估计公式略有不同。c_{jk} 表示和状态 s_j 关联的观察值被分配到高斯分量 k 的比重，μ_{jk} 和 Σ_{jk} 是对应的期望和方差估计。

以上 4 个参数的估计均与前向和后向概率相关，是一种软判决，即被分配到状态的观察值多少是用概率来调节的。这样的分配机制和普通 HMM 的训练过程是类似的，即均使用 Baum-Welch 算法。

还有一种 Viterbi 重估计流程，如图 3.11 所示，使用 Viterbi 算法对齐，得到被分配到每个状态的训练样本（即特征向量），然后再训练对应的 GMM 参数。训练开始时，用一种很粗糙的方法进行初始分段，如等长分段，形成初始模型。然后通过 Viterbi 算法将所有训练语句再对齐到状态序列，重新迭代聚类和参数估计，直到收敛。

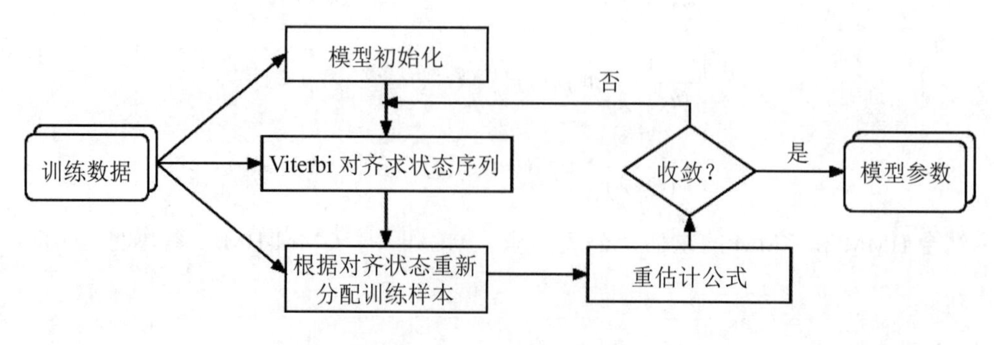

图 3.11 Viterbi 重估计流程

3.4 基于隐马尔可夫模型的语音识别

基于隐马尔可夫模型的语音识别

自动语音识别的目标是让机器准确识别出用户的发音内容。用户的发音存在共性，如普通话都由声母、韵母组合而成。每个声母和每个韵母都有标准的发音，绝大部分人会遵循这种标准发音，虽然音量、语速等可能会有差异，但普通人一般能听明白，不影响人与人之间的交流。

若要让机器也能听得懂人说的话，则需要对每个共性发音建模，并用数据加以训练，这种模型就是声学模型。由于用户的发音是双重随机过程，因此声学模型广泛采用HMM，即基于HMM来进行语音识别。这里首先基于共性发音特点介绍声学模型的建模单元，然后介绍该建模单元发音过程与HMM状态之间的关联，最后结合识别网络详细描述基于HMM的识别过程。

3.4.1 建模单元

虽然用户的发音存在共性，但还是会千变万化，因此用声学模型来建模需要选择合适的建模单元，它能反映共性，但其数量又不能太多，否则难以精确训练。建模单元可以是整词（word）单元，也可以是子词（sub-word）单元，如音节（syllable）或音素（phone）。音节是完整的发音单元，汉语普通话每个字都有对应的音节，如“大”对应的音节为“da”。因为存在多音字和同音字，故汉字与音节不是一一对应关系。

音节由音素组成。音素代表发音动作，是最小的发音单位，可分为元音和辅音两大类。其中元音是由声带周期性振动产生的，而辅音则是爆破或摩擦音，没有周期性。英语有48个音素，其中元音20个，辅音28个。如果也采用元音和辅音来分类，汉语普通话有32个音素，包括元音10个，辅音22个。

但普通话的韵母很多是复韵母，不是简单的元音，因此拼音一般分为声母（initial）和韵母（final）。声母大部分是辅音，个别是半元音，如w和y；韵母除了元音，还有很大一部分是元音和辅音的组合，即复韵母，如an、eng等。普通话包含21个声母，36个不带声调的韵母，具体表示如下（其中用v代替ü）：

声母集（21个）：

b p m f d t n l g k h j q x zh ch sh r z c s

注意：y和w为韵头（yi-i，wu-u），不划入声母集合。

韵母集（39个）：

单韵母10个：a、o、e、ê、i、u、ü、-i（前）、-i（后）、er。

复韵母13个：ai、ei、ao、ou、ia、ie、ua、uo、üe、iao、iou、uai、uei。

鼻韵母 16 个：an、ian、uan、üan、en、in、uen、ün、ang、iang、uang、eng、ing、ueng、ong、iong。

普通话是带声调的语言，声调包括四声（阴平、阳平、上声、去声）和额外加上的轻声（第五声）。按照这 5 种声调，以上 39 个韵母可扩增为 195 个带声调的韵母。例如：

```
a1 a2 a3 a4 a5
o1 o2 o3 o4 o5
e1 e2 e3 e4 e5
u1 u2 u3 u4 u5
v1 v2 v3 v4 v5
```

普通话还有一个特殊发音 io，如“哎哟 _a ai1 _y io1”，但这个发音语料很有限，可能会导致模型训练不充分。另外，也有把 i 这个发音，根据前缀声母的不同，分成 i ix iy iz 四种发音，例如：

```
一 _y i1
一丘之貉 _y i1 q iou1 zh ix1 h e2
一丝一毫 _y i1 s iy1 _y i1 h ao2
一日 _y i1 r iz4
```

ix、iy 和 iz 对应声调韵母表示如下：

```
ix1 ix2 ix3 ix4 ix5
iy1 iy2 iy3 iy4 iy5
iz1 iz2 iz3 iz4 iz5
```

包含以上 io 和 i 的扩充，带声调的韵母就有 200 个。

另外一种方案是采用词组建模。由于汉语的词组太多，常用的有十几万个。如果用词组来作为建模单元，因训练数据难以覆盖所有词组，会使很多模型训练不充分，而且词组之间相似的发音不能共用，会导致声学模型很不稳定，因此词组建模方案在大规模连续语音识别（Large Vocabulary Continuous Speech Recognition，LVCSR）系统中不可行，除非用在词汇量不多的命令词识别系统。

而采用音节建模，普通话虽然只有 400 个左右的音节，但训练数据往往有限，有些生僻字覆盖不到，而且音节没有包含声调，所以很多发音变化学习不到，因此训练出来的音节模型难以匹配汉语的各种发音现象。

还有音素建模方案，普通话共有 32 个音素，元音和辅音可组合出很多韵母，单纯的音素建模兼顾不到这些组合读音。

比较合适的是采用声韵母建模，因为不存在冗余，所以不同音节之间还可共享声韵母信息，如“ta”和“ba”均有韵母“a”。它可充分利用训练数据，使训练出来的声学模型更具有鲁棒性。如果训练数据足够多，建议采用带声调的声韵母来建模。表 3.1 对建模单元进行了对比。

表 3.1 汉语语音建模单元对比

建模单元	模型数目	可训练性	稳定性	应用情况
音节	409	一般	好	较少
音素（元音 / 辅音）	32	好	一般	较少
声韵母	65 ～ 67	较好	好	较普遍
声韵母（声调）	227	好	较好	很普遍

如果是英文，因为没有声调，则可采用音素来建模。英语共有 48 个音素，其中 20 个是元音，28 个是辅音。在后面的章节中，为表述方便，把普通话的声韵母也归为音素级别。

对于句子前后的静音和中间停顿，一般还设置 sil 和 sp 两个模型，或者两者合并成一个模型。

3.4.2 发音过程与隐马尔可夫模型状态

音素（声韵母）的发音可分为起始、中间和结束 3 个阶段，如图 3.12 所示。

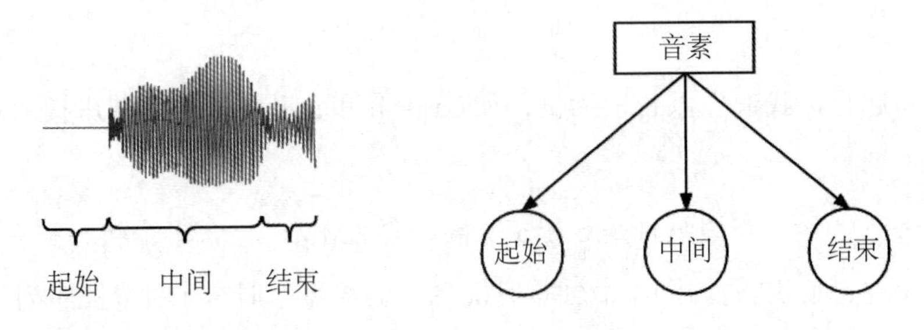

图 3.12 音素的发音三阶段

若采用 HMM 来描述音素的发音过程，则 HMM 的每个状态表征相似的发音阶段，因此 3 个阶段可采用 3 个有效状态来表示。这 3 个有效状态会产生观察值，它们与帧序列的对应关系如图 3.13 所示。这 3 个有效状态因此也称为发射状态。

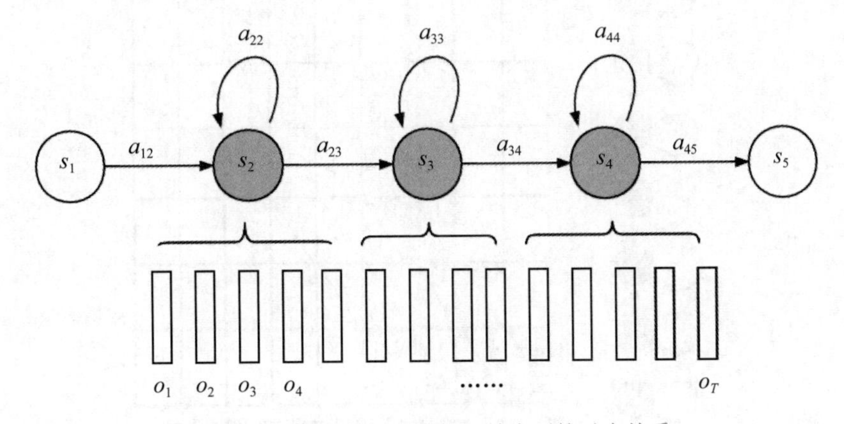

图 3.13 HMM 的发射状态与帧序列的对应关系

而且，一般在 3 个发射状态前后加上两个非发射状态，即起始状态和结束状态。例如，图 3.13 所示的 HMM 状态起始于 s_1，结束于 s_5，且只能向自身或向右转移。其中状态 s_1

模拟发音单元的起始；状态 s_2、s_3、s_4 模拟发音单元的发声过程；状态 s_5 模拟发音单元的结束。每个状态只能向自身或向右转移。整个音素 HMM 共包含 5 个状态。在后面的介绍中，我们将采用这样的拓扑结构。

3.4.3 串接隐马尔可夫模型

在连续语音识别系统中，字词的声学模型一般是由音素 HMM 组合而成的，形成串接 HMM，如图 3.14 所示。前一个音素 HMM 的结束状态和相邻音素 HMM 的起始状态相连接，这种连接产生的转移弧就是空转移，这个空转移不产生观察值，也不占用时间。

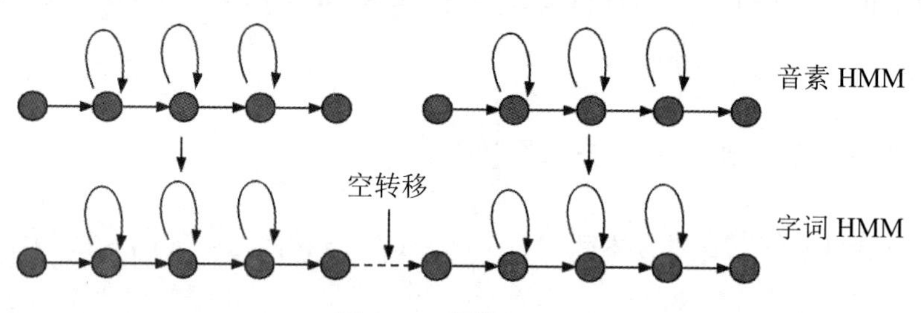

图 3.14 串接 HMM

为方便起见，我们先以音节为例，如 ba 由 b 和 a 组成，介绍其串接 HMM 的 Viterbi 识别过程。

如图 3.15 所示，左边纵轴是 b 和 a 串接后的 HMM，包含多个状态和空转移（b 的结束状态与 a 的起始状态合并），横轴是时间轴，对应每个时刻 t 的特征序列（即观察值）。由于串接 HMM 是从 b 开始的，因此 Viterbi 解码第一帧也从 b 的第一个发射状态开始，然后自身转移或移动到下一个连接状态，如图中序号①路径所示。

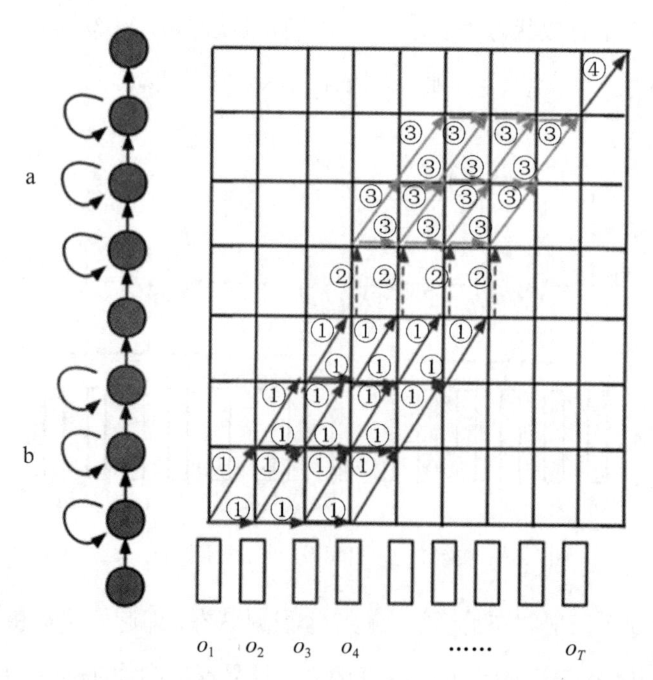

图 3.15 串接 HMM 的 Viterbi 识别过程

当解码路径走到 b 的结束状态时，产生空转移，如图中序号②虚线所示，观察值特征匹配到 a 的起始状态，如图中序号③路径为最早起点，同时以 b 中的结尾累计概率作为序号③路径起点的起始概率（不是 0），然后接着在 a 内部进行状态转移。除了第一个空转移，后面虚线对应的空转移处，序号③箭头路径的起点有两个来源，一个是自身状态转移（a 的第一个发射状态），一个是 b 的结束状态转移过来（通过空转移），因此有两种累计概率。根据 Viterbi 解码算法，此时需要对比两种路径来源的累计概率值大小，保留概率高的路径，并以该概率值作为当前时刻该状态的累计概率。以此类推，一直到最后一帧（即图中对应的位置）结束。

经 Viterbi 解码后，除了得到 ba 的最后概率，经过回溯，还可得到图 3.16 所示的①号最优路径。其中，b 和 a 的分界处为空转移位置，对应第 5 帧特征 o_5。这样我们就可知道哪些特征帧属于 b，哪些特征帧属于 a，这相当于一个对齐过程。

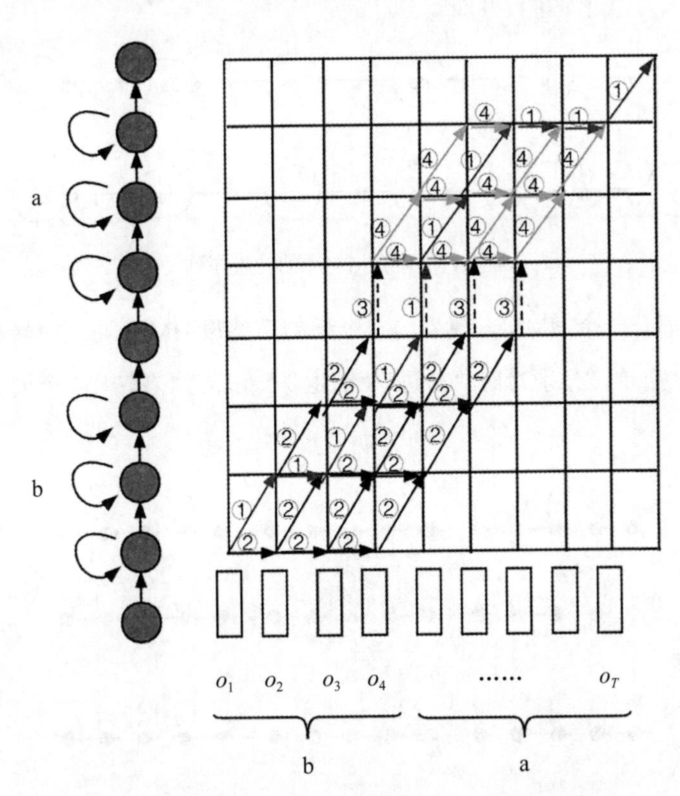

图 3.16　串接 HMM 的 Viterbi 解码最优路径和识别结果

对齐后的标注（可精确到状态级别，即每一帧均可知道其对应哪个状态）可用于 HMM 训练，每个状态采用对齐到的特征序列，而后重新进行 GMM 训练，然后基于更新后的 HMM 参数重新进行 Viterbi 对齐，如此反复，直至收敛稳定。

在训练迭代的过程中，也可逐步增加 GMM 的高斯函数。一般采用二分法，从 1 个高斯函数分裂为 2 个，然后是 4 个、8 个、16 个，以此类推，只要训练数据充分，就可采用更多的高斯函数。

串接 HMM 也适用于词或词组，通过词典来组合，如下列命令词：

前进：q ian j in

后退：h ou t ui

左转：z uo zh uan

右转：y ou zh uan

如图3.17所示，将字、词转换为对应的声韵母序列，共有4条路径。在每条路径同时增加静音（sil）和停顿（sp）节点，以适应语音前后的静音。因为所有命令词的开头和结尾都有静音，因此前后各串接一个sil模型，4条路径共用。

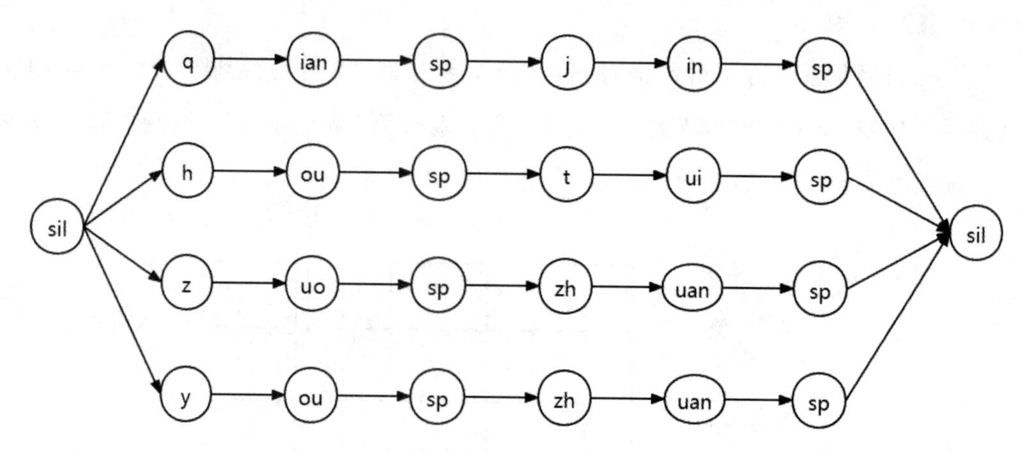

图3.17 命令词对应的音素序列

每个声韵母都有一个HMM，属于同一个词的声韵母HMM通过空转移串接得到整词HMM，如图3.18所示，分别对应“前进”“后退”“左转”“右转”4个词。

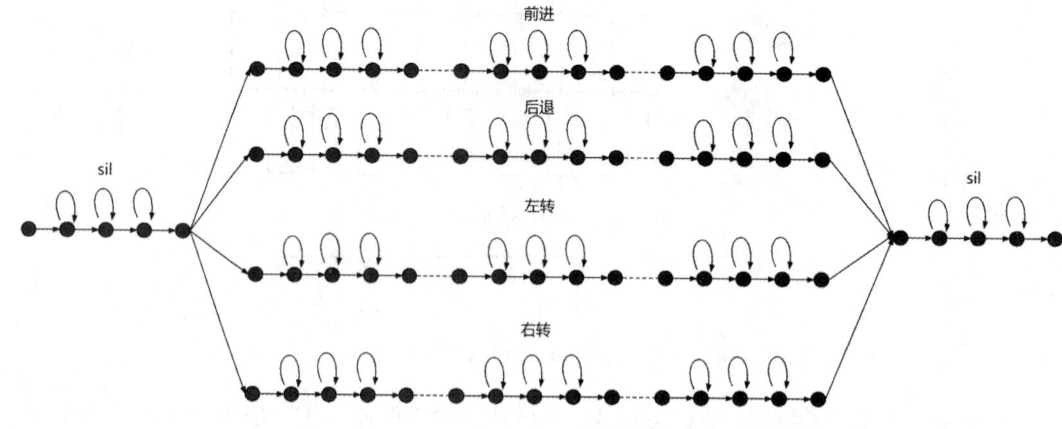

图3.18 命令词串接HMM

命令词的识别过程比较简单，相当于孤立词识别，只需计算到最后一帧每条路径的累计概率，选择概率最高的路径，对应的命令词就是识别结果。

比命令词识别更复杂的是带语法的语音识别。语法具有灵活性，可以是固定语法，也可以是随机语法。固定语法的词汇组合有一定的灵活性，但产生的句子长度相对固定；而随机语法则会产生不固定长度的句子，其解码过程更加复杂。

本章小结

本章重点讲解了GMM的定义，特别是其与HMM的结合，GMM用于特征序列的建模。GMM-HMM的训练和GMM有所不同，需要结合前向算法和后向算法，实现权重、期望和方差的重估计。本章的难点在于输入的多维特征如何与HMM的每个状态结合起来，并用该状态的GMM参数计算其观察值概率。本章针对HMM在语音识别中的具体应用介绍了不同的建模单元，以及建模单元与HMM之间的关系，特别是发音过程与HMM状态的对应，从而构建了适用的声学模型。这样的声学模型可用于命令词、固定语法和随机语法的识别，其整词HMM是通过声韵母HMM串接而成的。

基于串接HMM的解码过程相对复杂，尤其是随机语法的识别存在词数未知、词位未知等困难。本章通过图示详细描述了Viterbi解码步骤，这些技术方案没有考虑语言模型，只适用于中小词汇量的语音识别系统。

课后习题

一、选择题

1．正态分布的期望为（　　）。

A．μ　　B．2μ　　C．σ^2　　D．$4\sigma^2$

2．HMM的3个基本问题是（　　）。

A．模型评估问题　B．最佳路径问题　C．模型训练问题

二、判断题

1．在一个随机过程中，若每个事件的发生概率仅依赖于上一个事件，则称该过程为马尔可夫过程。（　　）

2．GMM在理论上不能拟合一切概率分布。（　　）

3．HMM的3个基本问题是模型评估问题、最佳路径问题、模型训练问题。（　　）

第4章　语言模型

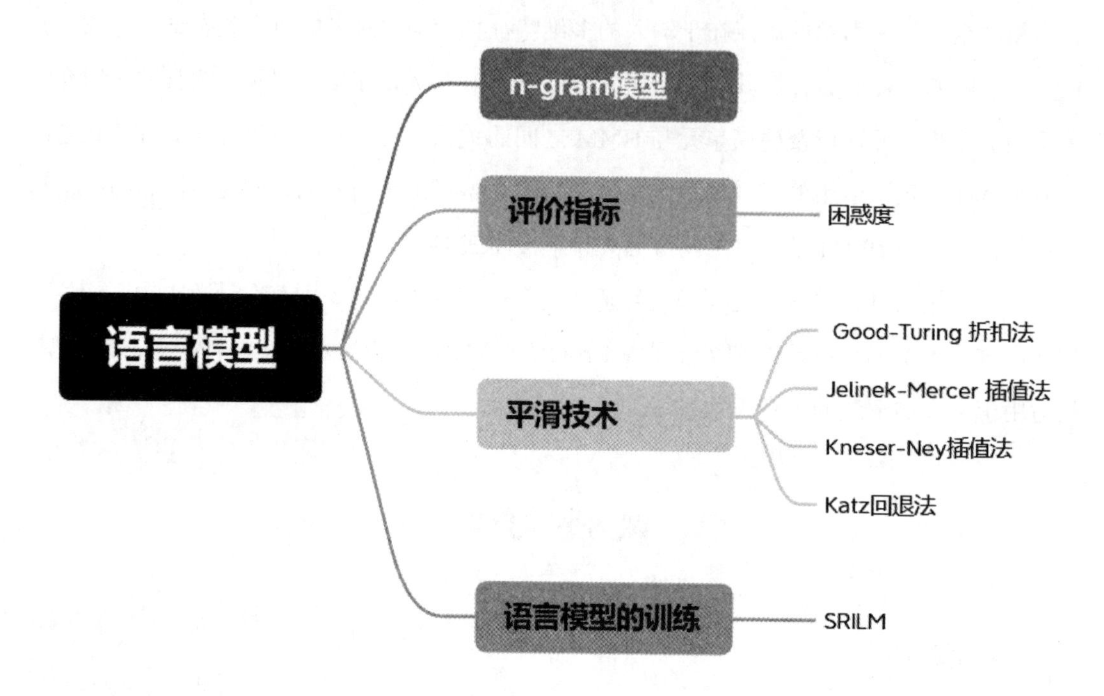

本章导读

本章首先介绍 n-gram 语言模型背后的概率模型，其次介绍如何利用语言模型对语句进行指标评价，然后介绍语言模型训练过程中的平滑技术，最后介绍 SRILM 训练语言模型的具体流程。

本章要点

- 了解 n-gram 语言模型。
- 掌握评价指标。
- 理解平滑技术。
- 了解训练语言模型的方法。

语音识别的任务：根据输入的观察值序列 O 找到最可能的词序列 $\hat{W}$。按照贝叶斯准则，识别任务可做如下转化：

$$\hat{W} = \arg\max_{W} P(W \mid O) = \arg\max \frac{P(W)P(O \mid W)}{P(O)} \tag{4-1}$$

其中，$P(O)$ 和识别结果 W 无关，可以忽略不计，因此 W 的求解可进一步简化为

$$\hat{W} = \arg\max_{W} P(W)P(O|W) \tag{4-2}$$

要找到最可能的词序列，必须使上式右侧两项的乘积最大，其中，$P(O|W)$ 由声学模型决定，$P(W)$ 由语言模型决定。语言模型用来表示词序列出现的可能性，用文本数据训练而成，是语音识别系统重要的组成部分，如图 4.1 所示。

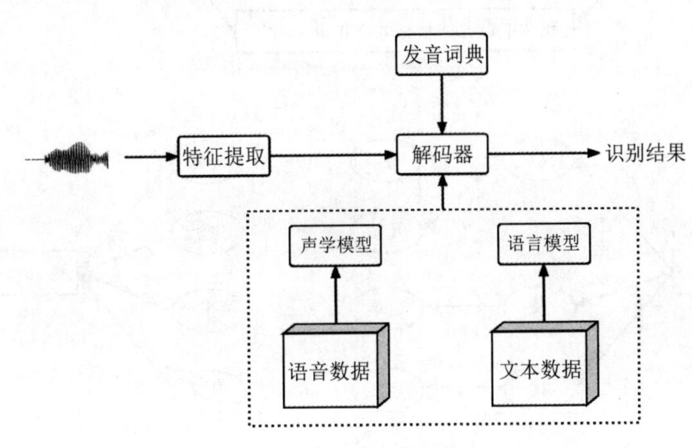

图 4.1 语音识别框架

语言模型可以基于语法规则，也可以基于统计方法。基于语法规则的语言模型来源于语言学家掌握的语言学知识和领域知识，或者根据特定应用设定语法规则，一般仅能约束有限领域内的句子。而基于统计方法的语言模型（统计语言模型），通过对大量文本语料进行处理，获取给定词序列出现的概率分布，以客观描述词与词组合的可能性，适合于处理大规模真实文本。

统计语言模型已广泛应用于语音识别、机器翻译、文本校对等多个领域。特别是针对大规模连续语音识别（LVCSR）系统，也就是“自由说”的应用场景，光靠声学模型是很难精准识别的，存在多音字或各种混淆结果，因此语言模型起着非常关键的作用，可以有效约束识别句子的词组合关系。

而要训练适用性强的统计语言模型，需要大量的文本语料，这些语料要包含不同的句子，能覆盖到用户的各种表达方式，如图 4.2 所示。

所有的句子都有开始位置和结束位置，分别用 <s> 和 </s> 表示，可认为这两个特殊标记是两个词。语言模型刻画词与词之间的组合可能性，通过分词，将句子进一步转换为词与词之间的组合概率关系。

统计语言模型的目标是计算出给定词序列 $w_1, w_2, \cdots, w_{t-1}, w_t$ 的组合概率：

$$\begin{aligned} p(W) &= p(w_1 w_2 \cdots w_{t-1} w_t) \\ &= P(w_1)P(w_2 | w_1)P(w_3 | w_1 w_2)\cdots P(w_t | w_1 w_2 \cdots w_{t-1}) \end{aligned} \tag{4-3}$$

其中，条件概率 $P(w_1), P(w_2 | w_1), P(w_3 | w_1 w_2), \cdots, P(w_t | w_1 w_2 \cdots w_{t-1})$ 就是语言模型。计算所有这些概率值的复杂度较高，特别是长句子的计算量很大，因此需做简化，一般采用最多 n 个词组合的 n-gram 模型。

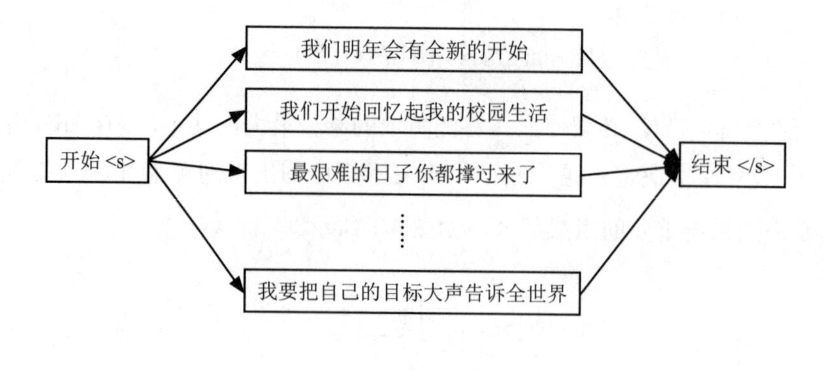

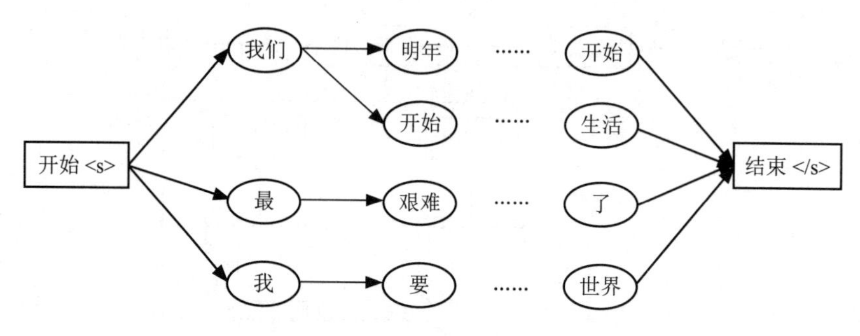

图 4.2 词与词之间的组合概率关系

n-gram 模型及评价指标

4.1 n-gram 模型

n-gram 模型最早由 Fred Jelinek 和他的同事在 1980 年提出，用来表示 n 个词之间的组合概率。在 n-gram 模型中，每个预测变量 w 只与长度为 n−1 的上下文有关：

$$P(w_t \mid w_1 w_2 \cdots w_{t-1}) = P(w_t \mid w_{t-n+1} w_{t-n+2} \cdots w_{t-1}) \tag{4-4}$$

即 n-gram 模型预测的词概率值依赖于前 n−1 个词，更长距离的上下文依赖被忽略。考虑到计算代价，在实际应用中一般取 $1 \leqslant n \leqslant 5$。

当 n=1、2 和 3 时，相应的模型分别称为一元模型、二元模型和三元模型。

一元模型和多元模型有明显的区别，一元模型没有引入“语境”，对句子的约束最小，其中的竞争最多。而多元模型对句子有更好的约束能力，解码效果更好，例如以下句子，通过多元模型约束可得到正确选择：

[我 把 视 图 打 开] √

[我 把 试 图 打 开] ×

但是相应地，n 越大，语言模型就越大，解码速度也越慢。

语言模型的概率均从大量文本语料估计得到。针对一元模型，可简单地计算词的出现次数。例如有以下文本语料：

“我们明年会有全新的开始”

“我们彼此祝福着等待再见那一天”

“最艰难的日子你都撑过来了”

“我要把自己的目标大声告诉全世界”

假设以上语料有 1000 个句子，总共有 20000 个词，其中：

- “我们”出现 100 次，“明年”出现 30 次，“日子”出现 10 次，……
- 总共有 21000 个词标签，其中包括 1000 个结束符 </s>。

假设有表 4.1 所示的统计结果。

表 4.1 词出现次数统计

词	我们	明年	日子	会	……	世界
出现次数	100	30	10	8		3

则一元模型计算如下：

- P(" 我们 ")=100/21000
- P(" 明年 ")=30/21000
- P(" 日子 ")=10/21000
- P(</s>)=1000/21000

即出现“我们”这个词的概率是 1/210，出现“明年”这个词的概率为 3/2100，出现“日子”这个词的概率为 1/2100，可见这 3 个词中“我们”最有可能出现。

一元模型的示意图如图 4.3 所示。

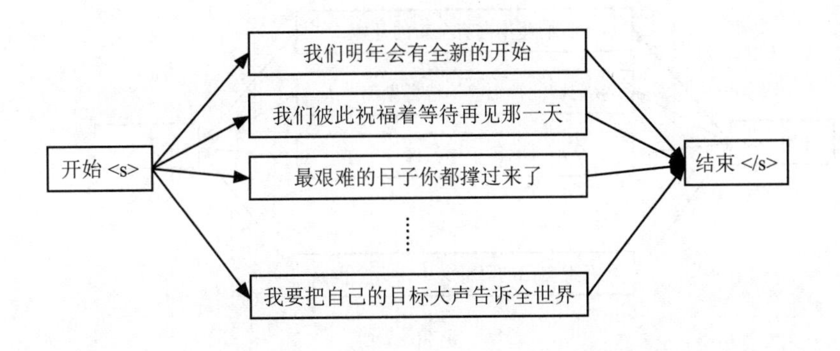

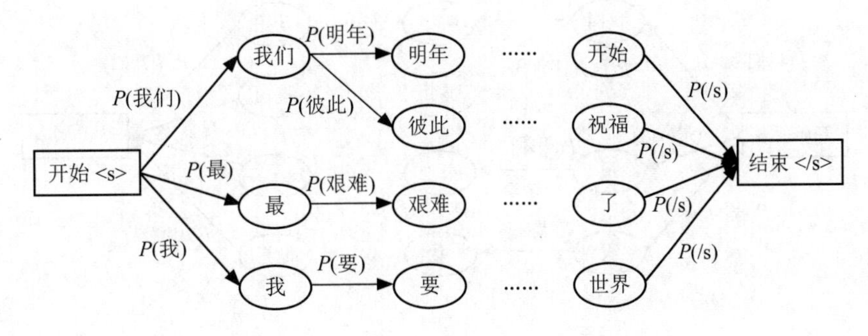

图 4.3 一元模型的示意图

接下来我们看二元模型的计算。假设这 1000 句语料中出现下面两个词的组合情况如下：

- 10 句以“我们”开头，5 句以“明天”开头，……
- 2 句以“日子”结尾，……

- “我们明年”出现 1 次，“我们彼此”出现 3 次，……

则二元模型计算如下：

- P(" 我们 "|<s>)=10/1000
- P(" 明天 "|<s>)=5/1000
- P(</s>|" 日子 ")=2/10，“日子”出现 10 次
- P(" 明年 "|" 我们 ")=1/100，“我们”出现 100 次
- P(" 彼此 "|" 我们 ")=3/100

于是得到表 4.2 所示的词与词的部分组合概率。

表 4.2 词与词的部分组合概率

词	我们	明天	日子	明年	彼此
<s>	0.01	0.005	0	0	0
我们	0	00	0	0.01	0.03
明天	0	0	0	0	0

可以看出，“我们 明年”“我们 彼此”组合的概率较高。注意，“<s> 我们”也算两个词的组合。

二元模型的组合关系如图 4.4 所示。

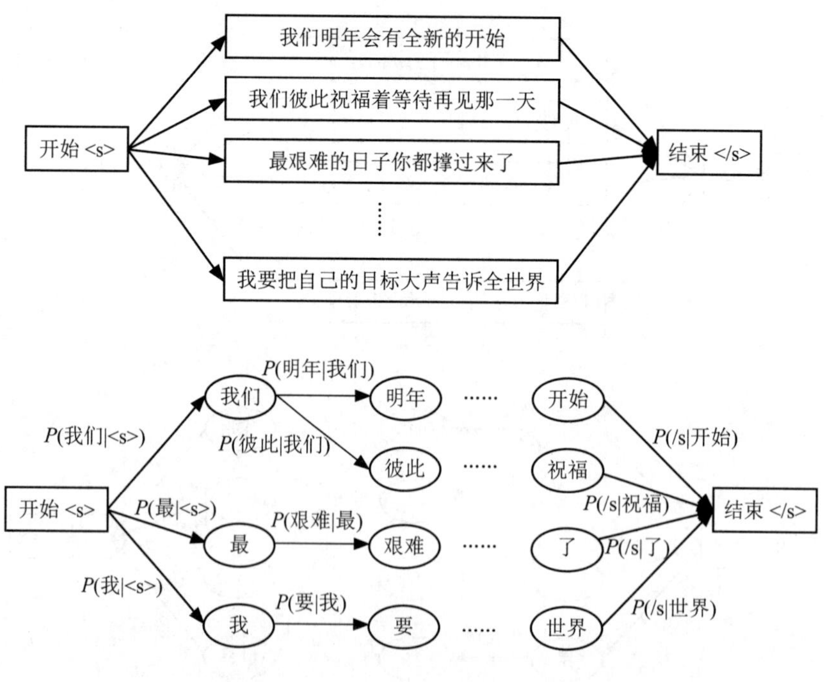

图 4.4 二元模型的组合关系

三元模型用来表示前后 3 个词之间的组合可能性，其概率计算公式为

$$P(w_3 \mid w_1 w_2) = \frac{\text{count}(w_1 w_2 w_3)}{\text{count}(w_1 w_2)} \tag{4-5}$$

假设“我们明天”出现2次，“我们明天开始”出现1次，则 $P(\text{"开始"}|\text{"我们明天"})=1/2$。

当句子只有一个词时，例如“是”，其实也表示3个词，即“<s> 是 </s>”，因此要单独识别“是”，也得有这样一个词的句子。

三元模型的组合关系如图4.5所示。

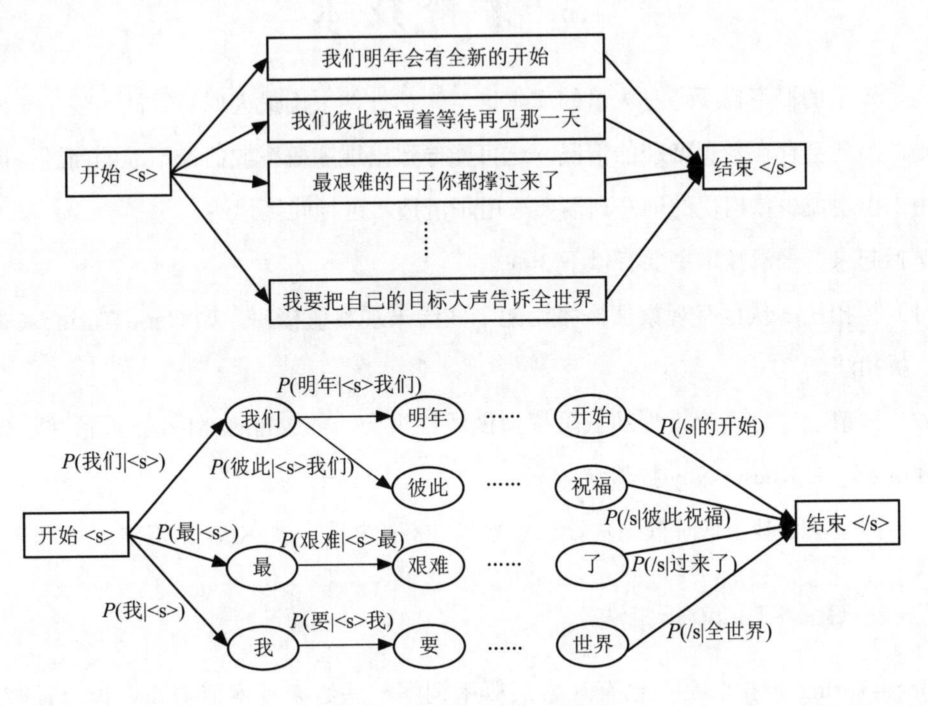

图4.5 三元模型的组合关系

在n-gram模型中，每一个词的出现只依赖于它前面 $n-1$ 个词，这降低了整个语言模型的复杂度。n 的取值越大，区分性越好，但同时文本实例变少降低了可靠性，因此往往需要权衡区分性和可靠性。总体上三元模型比较合适，因此被广泛使用。

4.2 评价指标

确定语言模型的好坏最直观的方法是将该模型运用到实际应用中，看看它的表现，但这种方法不好量化，不够客观。

目前主要使用困惑度（Perplexity，简称PPL）进行对比，这种评价指标比较客观。给定句子S，其包含词序列 $w_1, w_2, \cdots, w_{T-1}, w_T$，$T$ 是句子长度，则PPL表示为

$$\mathrm{PPL}(W) = P(w_1 w_2 \ldots w_T)^{-\frac{1}{T}} = \sqrt[T]{\frac{1}{P(w_1 w_2 \ldots w_T)}} \tag{4-6}$$

PPL越小，句子S出现的概率就越高，表明语言模型越好。基于给定的目标文本，表4.3给出了一元模型、二元模型、三元模型的PPL对比，其中三元模型的PPL最低，表示它对目标文本的匹配度最高，预测能力最好。

表 4.3 语言模型的 PPL 对比

n-gram	一元模型	二元模型	三元模型
PPL	9568	2374	1686

4.3 平滑技术

语言模型的概率需要通过大量的文本语料来估计，采用最大似然算法。但由于统计语料有限，因此会存在数据稀疏的情况，这可能导致出现零概率或估计不准的问题，因此对语料中未出现或少量出现的词序列需要采用平滑技术进行间接预测。

概括起来，平滑技术主要有以下 3 种：

（1）折扣法：从已有观察值概率调配一些给未观察值概率，如 Good-Turing（古德—图灵）折扣法。

（2）插值法：将高阶模型和低阶模型做线性组合，如 Jelinek-Mercer 插值法；也可做非线性组合，如 Kneser-Ney 插值法。

（3）回退法：基于低阶模型估计未观察到的高阶模型，如 Katz 回退法。

4.3.1 Good-Turing 折扣法

Good-Turing 折扣法是从已有观察值概率调配一些给未观察值概率。设总词数为 N，出现 1 次的词数为 N_1，出现 c 次的词数为 N_c，因此有

$$N = \sum_c cN_c \tag{4-7}$$

平滑后，出现次数 c 被替换为 $c^* = \frac{(c+1)N_{c+1}}{N_c}$，其对应的概率为

$$P_{\mathrm{GT}} = \frac{c^*}{N} \tag{4-8}$$

例如，给定分词后的句子语料（假设只有两句）：

- “我们明年会有全新的开始”
- “我们彼此祝福着等待再见那一天”

统计词频数：“我们”出现 2 次，“明年”出现 1 次，……，“天”出现 1 次，即

平滑前：N=16，N_1=14，N_2=1

平滑后：$N_0^* = \frac{N_1}{N} = \frac{14}{16}$，$N_1^* = \frac{(1+1)N_2}{N_1} = \frac{2}{14}$

由于 Good-Turing 折扣法没有考虑高阶模型和低阶模型之间的关系，所以一般不单独使用，而是作为其他平滑技术的一个配套方法。

4.3.2 Jelinek-Mercer 插值法

Jelinek-Mercer 是一种线性插值法。为了避免出现 $P(w)=0$ 或接近于零的情况，可以用三元模型、二元模型和一元模型的相对概率做插值。最简单的线性插值如下：

$$\hat{P}(w_t \mid w_{t-2}w_{t-1}) = \lambda_1 P(w_t \mid w_{t-2}w_{t-1}) + \lambda_2 P(w_t \mid w_{t-1}) + \lambda_3 P(w_t) \tag{4-9}$$

其中，$\lambda_1 + \lambda_2 + \lambda_3 = 1$。

还有一种方法是基于上下文设置权重系数，高频的上下文通常会有高的权重系数。把语料库分为训练数据、留出数据和测试数据三部分，固定好训练数据的 n-gram 概率，寻求以下式子的最大值：

$$\hat{P}(w_t \mid w_{t-2}w_{t-1}) = \lambda_1(w_{t-2}^{t-1})P(w_t \mid w_{t-2}w_{t-1}) + \lambda_2(w_{t-2}^{t-1})P(w_t \mid w_{t-1}) + \lambda_3(w_{t-2}^{t-1})P(w_t) \tag{4-10}$$

其中，$\hat{P}(w_t \mid w_{t-2}w_{t-1})$ 是通过线性插值得到的词，w_t 为在给定上下文 $w_{t-2}w_{t-1}$ 下的概率估计，$\lambda_1(w_{t-2}^{t-1})$、$\lambda_2(w_{t-2}^{t-1})$ 和 $\lambda_3(w_{t-2}^{t-1})$ 基于留出数据通过最大似然优化得到，即保持 n-gram 概率不变，寻求使得这批集外数据预测概率最高的权重系数。

4.3.3 Kneser-Ney 插值法

在训练数据非常少的情况下，更适合采用 Kneser-Ney 插值法。Kneser-Ney 是一种非线性插值法，它从绝对折扣插值方法演变而来。绝对折扣插值方法充分利用高阶和低阶语言模型，把高阶的概率信息分配给低阶的一元模型。例如，针对二元模型，绝对折扣平滑公式表示如下：

$$P_{\text{abs}}(w_t \mid w_{t-1}) = \frac{\max(c(w_{t-1}w_t) - d, 0)}{\sum_{w'} c(w_{t-1}w')} + \lambda P_{\text{abs}}(w_t) \tag{4-11}$$

其中，$c(w_{t-1}w')$ 表示 $w_{t-1}w'$ 的组合次数，w' 是任意一个词，d 是一个固定的折扣值，λ 是一个规整常量。

$P_{\text{abs}}(w_t)$ 是一元模型，它按单词出现次数进行统计，这样可能会存在出现次数异常偏大现象。例如，“杯子”出现频次较高，因此单独的“杯子”按出现次数统计可能会比“茶”出现次数多，即 $P_{\text{abs}}(杯子) > P_{\text{abs}}(茶)$，这样会使绝对折扣平滑公式因 $P_{\text{abs}}(w_t)$ 值过大出现“喝杯子”比“喝茶”概率高的奇怪现象。

Kneser-Ney 插值法对此做了改进，保留了绝对折扣平滑公式的第一部分，但重写了第二部分。第二部分中的概率不是词单独出现的概率，而是与其他词组合的概率。Kneser-Ney 平滑公式如下：

$$P_{\text{KN}}(w_t \mid w_{t-1}) = \frac{\max(c(w_{t-1}w_t) - d, 0)}{\sum_{w'} c(w_{t-1}w')} + \lambda \frac{\left|\{w_{t-1} : c(w_{t-1}, w_t) > 0\}\right|}{\left|\{w_{j-1} : c(w_{j-1}, w_j) > 0\}\right|} \tag{4-12}$$

其中，λ 是规整常量，d 是一个固定的折扣值，(w_{j-1},w_j) 是任意两个词的组合，$\sum_{w'}c(w_{t-1}w')$ 表示前一个词 w_{t-1} 在训练数据中出现的总次数。第一部分的分母可进一步表示为一元模型统计，因此 Kneser-Ney 平滑公式还可简化为

$$P_{\text{KN}}(w_t \mid w_{t-1})=\frac{\max(c(w_{t-1}w_t)-d,0)}{c(w_{t-1})}+\lambda\frac{\left|\{w_{t-1}:c(w_{t-1},w_t)>0\}\right|}{\left|\{w_{j-1}:c(w_{j-1},w_j)>0\}\right|} \tag{4-13}$$

Kneser-Ney 插值法还有一个改进版本，其分别针对一元、二元、三元和三元以上的组合设定不同的折扣值 d，这种配置会取得更佳的平滑效果。

4.3.4 Katz 回退法

Katz 在 1987 年发表的论文中，在 Good-Turing 折扣法的基础上，提出了改进的平滑技术，其主要贡献是回退法。

例如，计算 $P(w_t \mid w_{t-2}w_{t-1})$，当出现的三元统计次数不是很多时，可以采用 Good-Turing 折扣法进行平滑。当完全没有相关的三元统计时，可以使用二元模型来估计，如果没有相关的二元统计，那么我们就用一元模型估计。

综合起来，采用 Katz 平滑技术的概率估计公式如下：

$$P(w_t \mid w_{t-2}w_{t-1})=\begin{cases}\dfrac{C(w_{t-2}w_{t-1}w_t)}{C(w_{t-2}w_{t-1})} & C>C' \\ d\dfrac{C(w_{t-2}w_{t-1}w_t)}{C(w_{t-2}w_{t-1})} & 0<C<C' \\ \text{backoff}(w_{t-2}w_{t-1})P(w_t \mid w_{t-1}) & \end{cases} \tag{4-14}$$

其中，C 是 $C(w_{t-2}w_{t-1}w_t)$ 的简写，表示 3 个词同时出现的次数；C' 是一个计数阈值，当 $C>C'$ 时直接采用最大似然法估计概率，当 $0<C<C'$ 时则采用 Good-Turing 折扣法；d 是折扣系数；$\text{backoff}(w_{t-2}w_{t-1})$ 是回退权重。计算回退权重，是先采用折扣法计算低阶统计概率，然后得到

$$\text{backoff}(w_{t-2}w_{t-1})=\frac{1-\sum P(w \mid w_{t-2}w_{t-1})}{\sum P(w' \mid w_{t-2}w_{t-1})} \tag{4-15}$$

其中，w 是在训练语料中 $w_{t-2}w_{t-1}$ 之后出现的词，w' 是在训练语料中 $w_{t-2}w_{t-1}$ 之后未出现的词。

采用 Katz 回退法，训练好的语言模型格式如下：

```
\data
n-gram 1=n1    # 一元语言模型
n-gram 2=n2    # 二元语言模型
n-gram 3=n3    # 三元语言模型
\1-gram:
pro_1 word1 back_pro1
```

```
\2-gram:
pro_2 wordl word2 back_pro2

\3-gram:
pro_3 wordl word2 word3
\end\
```

其中，pro_1 是一元模型（1-gram）单词的对数概率，pro_2 是二元模型（2-gram）单词的对数概率，pro_3 是三元模型（3-gram）单词的对数概率。一元模型和二元模型后面分别带有回退权重 back_prol 和 back_pro2。

若要得到 3 个词出现的概率 P(work3|work1,word2)，则根据以上语言模型，其计算过程如下：

```
If( 存在 (word1,word2,word3) 的三元模型 ){
    return pro_3(wordl,word2,word3);
}else if( 存在 (wordl,word2) 二元模型 ){
    return back_pro2(word1,word2)*P(word3|word2);
}else{
    return P(word3 | word2);
    if( 存在 (wordl,word2) 的二元模型 ){
        return pro_2(word1,word2);
    }else{
    return back_pro2(wordl)*pro_1(word2);
}
```

若存在 (word1,word2,word3) 的三元模型，则采用回退法，即结合回退权重 back_pro2(wordl,word2) 来计算：back_pro2(word1,word2)*P(word3|word2)。如“拨打 郑州 局”这样的组合，若语料库中没有，即没有相应的三元模型，则查找“拨打 郑州”和“郑州 局”的组合概率和回退概率。注意，概率均为对数概率，假设值如下：

−3.220352 拨打 郑州 −0.4072262

−3.012735 郑州 局 −0.3083073

则 P(" 拨打 | 郑州局 ")=P(" 局 | 拨打 郑州 ")=back_pro2(拨打 , 郑州)×P(局 | 郑州)= $\ln(e^{-0.4072262}\times e^{-3.012735})=-3.4199612$。

再比如，“B 次”和“彼此”的发音相似，要靠语言模型来区分它们。假设语言模型概率如下：

−2.685667 B −0.0009000301

−3.544005 次 −1.345855

−4.67722 彼此 −0.5016796

因为没有“B 次”的组合概率，通过回退法，计算“B 次”的组合概率如下：

P("B 次 ")=P(" 次 |B")=back_prol(B)×P(次)=$\ln(e^{-0.0009000301}\times e^{-3.544005})=-3.5449050301$

而“彼此”的概率为 −4.67722，因此如果语言模型没训练好，就会出现“B 次”出现的概率比“彼此”高的奇怪现象。

4.4 语言模型的训练

训练语言模型需要足够规模的文本语料，语料越多，统计到的词关系就越多，概率区分性也越明显，这样，符合语法规范的句子概率就越大，换句话说，越能在语料中找到与待识别语音的句子相似的句子，那么它的出现概率就越大。文本语料通常要达到千万句以上。

语言模型还要考虑领域相关性。若是通用领域，则应尽量覆盖生活、工作、娱乐等方方面面。若是专用领域，如医疗领域，则需要包含该领域涉及的药名和病情描述等专业用语。训练语言模型的语料与应用场景的内容在领域上相关，可以保证解码文本能充分表达待识别语音的内容，也能减少混淆情况，其表现是解码得到的文本的领域属性也很相似。

在实际应用中，还有书面语和口语之分。书面语比较正式，如《人民日报》、新华社等权威媒体的报道；而口语则比较自由，如智能客服通话，用户可能说一些不太符合语法规范的新潮用语，这种语料比较难收集，部分可来自微博、电影剧本等。

训练语言模型之前，要先对尚未分词的文本进行分词。分词可采用专门的分词工具，如斯坦福大学分词器。注意，语言模型的分词与词典的词条应保持一致，即语言模型词条集合中尽量包含词典中的词条，否则词典中不被语言模型包含的词条将成为无效符号。

对分好词的文本，还要做预处理，主要包括：

- 根据标点符号（？、。和！）进行分句。
- 去掉奇怪的符号，如 α、@等。
- 将阿拉伯数字 0 ～ 9 替换为零～九。
- 删除空白行。
- 将连续的空格缩减为一个。
- 删去每行开头的空格和 Tab 键。

以下是分词和预处理完的句子示例：

一份二只

买了五份

米饭压得蛮结实

上面 铺了一层 肉松

味道 很好

服务员 很 热情

还对我说

你在家里拿个托自己也可以做

和 朋友 三个人

点了一个锅 一个 炒饭 和烤鳗鱼

总体 来说 就是 非常 清淡

接下来，采用训练工具训练语言模型。

比较知名的 n-gram 训练工具有以下两个：

- CMU LM（n-gram，支持 UNIX 平台）
- SRILM（n-gram，支持 UNIX/Windows 平台）

其中，SRILM 由 SRI 实验室开发，1995 年面世，该工具包括最大似然估计和平滑技术。SRILM 中主要有两个工具：ngram-count 和 n-gram，分别用来估计语言模型和计算 PPL。

使用 SRILM 训练语言模型的步骤如下：

（1）词频统计。

```
ngram-count -text trainfile.txt -order 3 -write train.count
```

参数 -text 表示输入文件 trainfile.txt；-order 表示生成几元的 n-gram，即 n 元，此处为 3 元；-write 表示输出文件 train.count。

（2）模型训练。

```
ngram-count -read *.txt.count -order 3-1m train.1m -interpolate -kndiscount
```

生成的语言模型 train.lm 为 ARPA 文件格式。最后两个参数表示平滑算法，其中，-interpolate 表示插值平滑，-kndiscount 表示改进 Kneser-Ney 平滑法。

（3）测试（PPL 计算）。

```
ngram -ppl testfile.txt -order 3 -1m train.lm -debug 2 >file.ppl
```

多个语言模型之间也可以插值合并，以改善模型的效果，特别是对于某些语料较少难以合并训练的场景。插值合并用法如下：

```
ngram -1m ${mainlm} -order 3 -mix-1m ${mixlm} -lambda 0.8 -write-1m $ {me rgelm}
```

其中，-mix-lm 是做插值的第二个 ngram 模型，-lm 是第一个 ngram 模型，-lambda 是主模型（-lm 对应模型）的插值比例，取值范围为 0 ～ 1，默认是 0.5。

训练后的语言模型采用 ARPA 文件格式。下面是 3-gram 模型的例子。

```
\data
ngram 1=110485
ngram 2=1997917
ngram 3=1130292
\1-gram:
-1.933266 </s>
-99    <s> -0.4520341
-2.375182   -0.5861888
-6.134041 一一列举 -0.1 098689
...
```

```
\2-gram:
-1.427358 <S>    -0.4719597
-1.388696    -0.6863559
-3.069355 新的决议 -0.1909096
...
\3-gram:
-2.38712  <s>-</s>
-2.458638 <s> 好 </s>
-1.922784 可以 根据 不同
-0.5802485 也 采用了
...
\end
```

其中，“\data”部分表示 1 个词、2 个词、3 个词的组合次数；“\1-gram：”表示一元模型部分，</s> 表示句子结尾，<s> 表示句子开头；“\3-gram：”表示三元模型部分，“<s> 好 </s>”表示一句话中只出现“好”的对数概率为 −2.458638。如果是单个字，没有类似的组合出现，如“是”没有对应的“<s> 是 </s>”，那么单独说“是”，模型就识别不出来，除非通过回退权重寻找“<s> 是”这样的组合，但概率也会很低。

在语音识别工具 Kaldi 中，语言模型采用 OpenFst 标准，常见做法是用 SRILM 工具训练语料库得到基于 ARPA 的 n-gram 格式的语言模型，再用 gzip -c 打包成 *.gz 文件。

预训练语言模型

4.5 预训练语言模型

n 元模型（n-gram）的出现利用了较大的语料库，标志着统计语言模型（Statistical Language Model，SLM）的建立，其基本原理是利用前 N 个词预测下一个词，对于不可见的 n-gram，采用平滑操作处理。然而，n-gram 模型有三个缺陷：一是只能建模邻近的前 N 个词，忽略了长距离词语之间的依赖关系；二是无法建模词之间的相似性；三是维度灾难大大制约了通用语言模型在大规模语料库上的建模能力，尤其对离散空间中的联合分布建模时这个问题尤为突出。

基于独立同分布假设的词袋模型（Bag of Words，BOW）、基于局部与整体假设的词频—逆向文件频率（Term Frequency-Inverse Document Frequency，TF-IDF）表示、基于奇异值分解的潜在语义分析（Latent Semantic Analysis，LSA）模型都推动了统计语言模型的发展，但是这些方法无法解决维度灾难和数据稀疏带来的零概率问题。

NNLM（Neural Net Language Model）的提出标志着使用神经网络进行语言建模的开始，Word2Vec 和 GloVe 对其进行了简化，实现了符号空间到向量空间的映射，标志着静态词嵌入的诞生，使在自然语言处理（Natural Language Processing，NLP）领域大规模使用神经网络方法成为可能。

然而，静态词嵌入是词与向量的静态对应关系，无法满足下游任务对上下文信息和长距离依赖的需求。与静态词嵌入不同，上下文嵌入超越了词级语义，每个标注都与表示形式相关联，该表示形式是整个输入序列的函数，这些依赖于上下文表示的形式可以捕获多种语言上下文词的语法和语义属性。

神经网络方法一般先对模型参数进行随机初始化，然后利用反向传播、梯度下降等优化算法对模型参数进行训练。预训练技术出现之前，基于神经网络的深度学习在NLP领域的应用面临以下问题：首先，此时的深度学习模型不够复杂，简单地堆叠神经网络层并不能带来更多性能提升；其次，数据驱动的深度学习模型缺少大规模的标注数据，人工标注代价太高，难以驱动复杂模型。因此，基于知识增强、迁移学习和多任务学习的预训练技术逐步被更多重视。

预训练的核心思想是，放弃模型的随机初始化，先用大语料库对模型进行预训练，得到蕴含上下文信息的通用语言表示，然后对相应的下游任务进行微调。预训练技术可以获得更加通用的信息，并且用这些蕴含更加通用信息的语言表示初始化下游任务，不仅可以获得更好的性能，还可以加速下游任务训练。此外，可以将预训练视为一种正则化，以避免对小样本数据过拟合。

上下文嵌入的预训练技术从预训练任务的角度可以分为监督学习、无监督学习和自监督学习。监督学习主要利用带标签数据进行可迁移的语言表示学习，其中机器翻译具有丰富的平行语料对，是最主要的监督学习预训练任务；无监督学习主要是通过语言模型任务对语言进行密度估计，语言模型不需要标注数据，理论上可以获得无限大的数据规模；自监督学习可以利用标注数据，但是不依赖标注数据，通过人为构造训练任务，以无监督的方式进行监督学习，获得数据中的可泛化知识，掩码语言模型（Masked Language Model，MLM）是应用最广泛的自监督学习预训练任务。

计算机性能不断提升，GPT、BERT、XLNet等一系列基于大语料库预训练技术的语言模型的提出奠定了预训练和微调两段式模型的主流地位，预训练技术出现了飞跃发展。

在Transformer问世之前，NLP领域的学者在其他语言表示学习方法研究上做了大量工作，包括卷积神经网络（CNN）、递归神经网络（Recursive Neural Network）、循环神经网络（RNN）、强化学习，以及将深度学习模型与记忆增强策略相结合等。

Transformer利用一种前馈全连接神经网络架构，使用多头自注意力（multi-head self-attention）机制，结合位置编码、层归一化、残差连接和非线性变换构建了编码器—解码器结构。给定输入序列，首先进行融合位置编码的词嵌入映射，然后将词嵌入输入多层Transformer网络，通过自注意力（self-attention）机制来学习上下文间的依赖，再通过前馈神经网络经过非线性变化，输出综合了上下文特征的上下文嵌入。每一层Transformer网络主要由多头自注意力机制层和前馈网络层构成。多头自注意力机制并行执行多个不同参数的自注意力机制，并将其结果拼接输入到前馈网络层以计算非线性层次的特征。各层中使用残差连接把自注意力机制前或前馈神经网络前的向量引入，以增强输出结果，并且还通过层归一化把同层的各个节点的多维向量映射到一个区间。这两个操作有利于更加平滑地训练深层次网络，其中编码器模块能够对未标记的文本进行双向表示，而解码器模块在整个输入序列的顶部使用了掩码机制，可进行单向语言建模。

Transformer 具有易于并行、能够获取长距离依赖、综合特征提取能力强的特点，性能全面超过 CNN 和 RNN 特征提取器，并且实验证明，Transformer 具有一定的多语言特征提取能力。

4.5.1 基于自回归语言模型的预训练技术

自回归（Autoregressive，AR）语言模型是一种前馈模型，其结构如图 4.6 所示，可以根据上文或下文内容预测当前词。因此，AR 语言模型只能利用单向语义而不能同时利用上下文信息。AR 语言模型能够天然拟合生成类 NLP 任务，如文本摘要、机器翻译等。当前主流的 AR 语言模型多采用 Transformer 解码器作为特征提取器，如 GPT 系列。

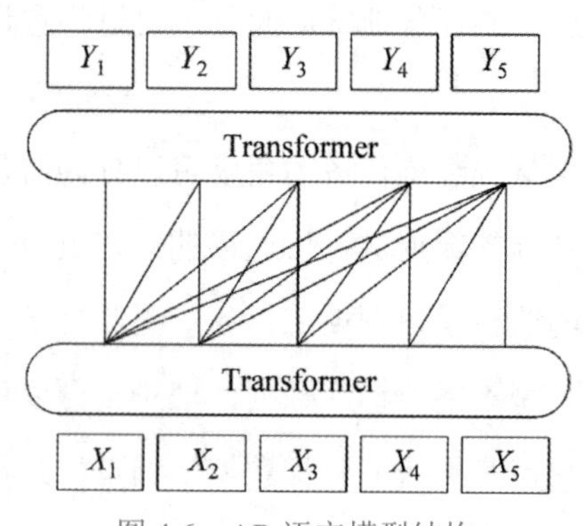

图 4.6 AR 语言模型结构

1. 基于双向自回归语言模型的预训练技术

ELMo 提出一种解决一词多义问题的方法，先学习静态词嵌入，然后在上下文中动态地调整。ELMo 基于大语料库，以长短时记忆网络（LSTM）为基础架构，受启发于计算机视觉领域的层次表示，构造了双层双向 LSTM 结构，如图 4.7 所示。其训练过程为（以正向网络为例）：第一步，利用 CNN 与 LSTM 相结合的词嵌入模型将输入词 t_k 映射到词嵌入 v_k；第二步，将上一时刻的输出 h_{k-1} 及词嵌入 v_k 传入 LSTM，得到这一时刻的输出 h_k；第三步，将 h_k 与矩阵 $\boldsymbol{W}$ 相乘后输入 Softmax 层进行归一化，最终得到概率分布。该模型的训练目标就是最大化这两个方向 LSTM 语言模型的对数似然函数，如式（4-16）所示。

$$\sum_{k=1}^{N}[\log p(t_k \mid t_1,\cdots,t_{k-1};\ \Theta_x,\vec{\Theta}_{\text{LSTM}},\Theta_S)+\log p(t_k \mid t_1,\cdots,t_{k-1};\ \Theta_x,\overleftarrow{\Theta}_{\text{LSTM}},\Theta_S)] \tag{4-16}$$

其中，输入序列为 $(t_1,\cdots,t_N)$，Θ_x 和 Θ_S 是前向和后向网络共享的参数，其中 Θ_x 是嵌入层的参数，共享该参数本质上是将输入序列映射为静态词嵌入，Θ_S 是上下文嵌入矩阵的参数，$\vec{\Theta}_{\text{LSTM}}$（$\overleftarrow{\Theta}_{\text{LSTM}}$）是前向（后向）LSTM 的参数。

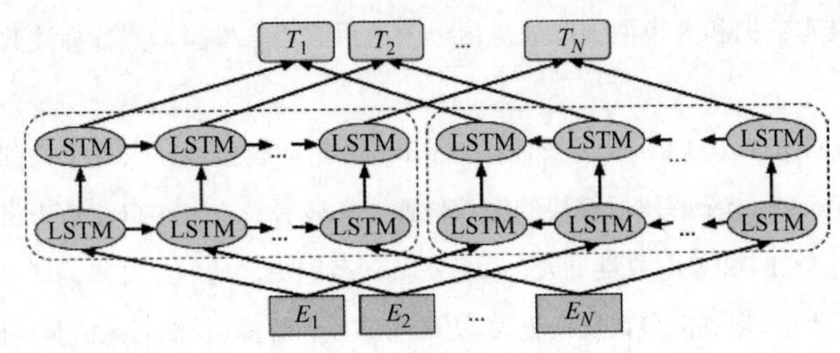

图 4.7 ELMo 结构

ELMo 利用大量语料库进行预训练后的网络具有层次表示的特性，最底层是静态词嵌入，第一层双向 LSTM 主要提取句法信息，第二层双向 LSTM 主要提取语义信息。ELMo 的预训练不仅得到上下文嵌入矩阵，还获得一个双层双向的 LSTM 结构，能够同时提取词的语义和句法信息，解决了同义词问题。从目标函数中可以看出，ELMo 的双向特征提取器是两个单向 LSTM 的简单拼接。

2. 基于单向自回归语言模型的预训练技术

Howard 等论证了迁移学习在 NLP 领域的可行性，并证明，无论是在计算机视觉领域还是在 NLP 领域，预训练模型的底层特征都具有可复用性，高层特征都具有和任务的高相关性，并依据这一原理提出了通用语言模型微调方法（ULMFiT），旨在解决传统的微调方法存在的易过拟合、训练时间长、灾难性遗忘等问题。

OpenAI 团队在 ULMFiT 的基础上，采用 Transformer 特征提取器，提出了 GPT-1，该模型具有更强的语言生成能力，能够学习文本的长距离依赖问题。GPT-1 通过无标签语料库预训练，经过简单的微调就能应用在各种下游任务中，并且不需要下游任务和预训练的语料库在同一领域。对于无标签语料库 $U=(u_1,\cdots,u_n)$，训练目标是最大化似然函数，如式（4-17）所示。

$$L(u)=\sum_{i=1}^{n}\log p(u_i u_{i-k},\cdots,u_{i-1};\ \Theta) \tag{4-17}$$

其中，k 是输入窗口的大小，Θ 是超参数。

GPT-1 由 12 层 Transformer 解码器组成，其内置的掩码多头自注意力机制能够同时提取文本多方面的信息，并且能够自动掩盖当前词后面的序列，保证模型从左至右提取信息。训练时，输入前 k-1 个词的词嵌入和绝对位置向量，经过 Transformer 解码器，再通过全连接输入到 Softmax 层，输出词的概率分布，预测第 k 个词。

得益于 AR 语言模型天然拟合生成类 NLP 任务的特点、Transformer 的优异表征能力，以及更加通用的迁移学习微调方法，GPT-1 在 11 项 NLP 任务中有 9 项获得了 SOTA 的成绩，甚至通过预训练可以实现一些零样本任务，但是训练速度较慢。

OpenAI 团队认为语言模型的规模对于零样本任务的迁移学习至关重要，增加语言模型的规模能够提高模型跨任务学习的能力，在此基础上提出了 GPT-2。该模型旨在通过海量网络文本数据和大模型训练训练出一个通用的语言模型，无须标注数据也能解决具体问题。

GPT-2 与 GPT-1 一脉相承，仍然由 Transformer 解码器组成，只做了局部修改：归一化层移到了 Transformer 解码器模块的输入位置；在最后一个多头自注意力机制模块之后增加归一化层。GPT-2 采用数量更大、质量更高、范围更广的网络文本，通过数据清洗进一步提升数据质量，训练出参数规模更大、更通用的预训练模型，然后无监督地做下游任务。

GPT-2 针对零样本任务，实现了部分训练集到测试集的映射，从而实现从已知领域到未知领域的迁移学习。GPT-2 在零样本以及长文本任务中都表现优异，能够生成连贯的文本段落，在许多语言建模基准上取得了 SOTA 的成绩。GPT-2 堆叠了 48 层 Transformer 解码器模块，有 15 亿个参数，利用 40GB 高质量的网络文本进行预训练，模型仍未完全拟合，如果提供更多质量更好的数据，该模型仍有提升的潜力。

为了解决当前主流预训练语言模型过分依赖领域内有标签的数据，以及对领域数据分布的过拟合问题，OpenAI 团队提出了 GPT-3。该模型的主要目的是用更少的领域数据，无须进行任何额外的梯度更新或微调，完全只通过模型与文本的交互即可直接应用于特定任务与少样本任务。与 GPT-2 的区别在于 GPT-3 受稀疏 Transformer 的启发，在 Transformer 的各层上都使用了交替密集和局部带状稀疏的注意力模式，实现了加速训练的目的，并且把模型参数规模增加到 1750 亿，预训练数据集增加到 45TB。

OpenAI 团队重点研究了在零样本、单样本和少样本 3 种不同的设定下 GPT-3 的表现，并特别强调了在少样本设定下，GPT-3 在部分自然语言理解任务上表现优异。实验中，评估人员对 GPT-3 生成的新闻检测准确率仅为 12%，GPT-3 还可以做语法纠错、语言建模、补全、问答、翻译、常识推理、SuperGLUE 等任务，甚至可以做两位数加减法任务。

4.5.2 基于自编码语言模型的预训练技术

基于自编码（Autoencoder，AE）语言模型的预训练技术不会进行显式的概率估计，而是从加入噪声的输入序列重建原始数据。AE 语言模型能够很好地编码上下文信息，其结构如图 4.8 所示，在自然语言理解相关的下游任务上表现突出，但是 AE 语言模型没有很好地利用时序和位置信息，在生成类 NLP 任务中表现一般。

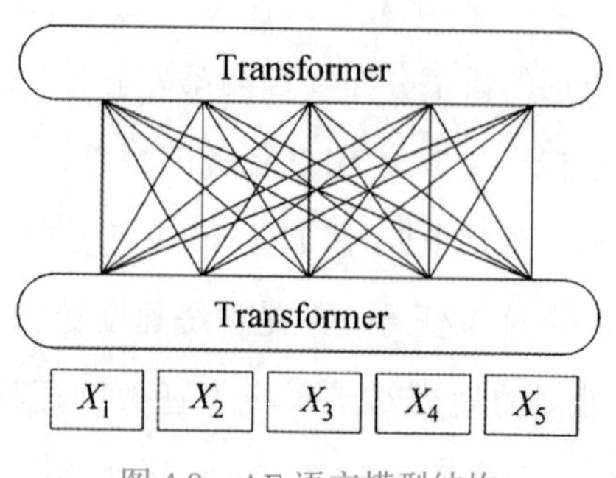

图 4.8 AE 语言模型结构

BERT 是谷歌在 2018 年提出的基于 Transformer 编码器的降噪自编码语言模型，Transformer 编码器负责接收文本作为输入，不负责预测，其创新点主要在预训练方法上。BERT 借鉴了 Word2Vec、ELMo、GPT-1、Transformer 等的思想，是现有技术的综合体。

BERT 有两种模型：BERTbase 堆叠了 12 层 Transformer 编码器模块，参数规模为 1.1 亿；BERTlarge 堆叠了 24 层 Transformer 编码器模块，参数规模为 3.4 亿。层之间采用残差连接，并使用批次归一化操作。对于输入层，BERT 采用词嵌入、段嵌入和位置嵌入相加的方式。具体地，使用 Word Piece 算法处理词表，再对处理后的词表进行 768 维的词嵌入，位置嵌入最大支持 512 位输入序列，[CLS] 作为每句话的第一个标签，可以用于下游的分类任务，当输入句子对时，用标签 [SEP] 将两个句子隔开，对于单个句子，仅使用一个段嵌入。

预训练任务包括 MLM 和下一句预测（Next Sentence Prediction，NSP）。MLM 类似于完形填空，在将词序列输入 BERT 之前，随机选择 15% 的词被标签 [MASK] 替换。然后模型尝试基于序列中其他未被掩盖的词来预测被掩盖的词。替换策略为：被选中的词中，10% 会被随机词替换，10% 保持不变，剩余的 80% 被替换为标签 [MASK]，以避免模型将 [MASK] 记为需要被替换的词。

NSP 任务的主要目的是更好地理解两个句子的关系，以适应问答、自然语言推理等任务。在预训练期间，50% 的输入句子对在原始文档中是前后关系，另外 50% 在语料库中随机选择。将句子对输入模型前，在第一个句子的开头插入标签 [CLS]，在每个句子的末尾插入标签 [SEP]。整个序列输入 BERT 模型后，用一个简单的分类层将 [CLS] 标记的输出映射到 2×1 维的向量，用 Softmax 计算句子对是前后关系的概率。采用多任务学习思想，MLM 和 NSP 任务一同训练，最小化两种任务的组合损失函数。

BERT 在 11 种 NLP 任务上获得了 SOTA 的成绩，尤其在自然语言理解类任务上表现更为优异，是一项里程碑式的工作。

4.5.3 基于序列到序列语言模型的预训练技术

基于序列到序列（Seq2Seq）语言模型的预训练技术使用原始的 Transformer 特征提取器，是典型的编码器—解码器结构，用于翻译任务或将其他任务转换为 Seq2Seq 问题。编码器端采用 Transformer 编码器模块组成 AE 语言模型结构，任意两个单词两两可见，以更充分地编码输入序列；解码器端使用 Transformer 解码器模块组成 AR 语言模型结构，从左到右逐个生成单词。其结构如图 4.9 所示。

MASS 是微软提出的屏蔽 Seq2Seq 预训练模型，是 BERT 和 GPT 的综合。MASS 本质上是将 BERT 整合到 Seq2Seq 框架上，其预训练阶段使用了编码器—注意力—解码器的 Seq2Seq 框架，旨在解决自然语言生成任务。

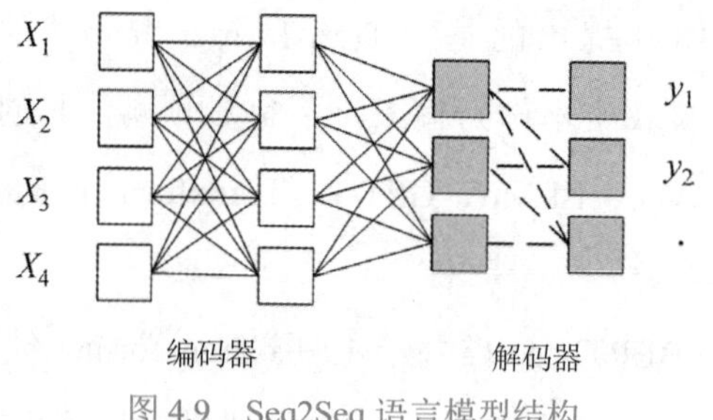

图 4.9 Seq2Seq 语言模型结构

MASS 的预训练阶段，在编码器的输入中屏蔽连续的 k 个词，迫使编码器从未屏蔽的词中尽量多地提取信息，并在解码器端利用这些信息预测被屏蔽的 k 个词，以提高解码器的语言建模能力；解码器端只输入前 k-1 个被屏蔽词，保留所有词的绝对位置信息，以迫使解码器从编码器端提取信息来预测连续片段，促进编码器—注意力—解码器结构的联合训练。

MASS 通过调整超参数 k（屏蔽的连续词的长度）的大小可以将自己的预训练方法调整为 MLM 或语言模型（Language Model，LM）。当 k=1 时，编码器端屏蔽一个词，解码器端预测一个词，解码器端没有任何输入，此时 MASS 的预训练方法为 MLM；当 k=m（m 为输入序列的长度）时，编码器被屏蔽，所有词输入解码器并预测所有词，此时 MASS 的预训练方法为 LM。

MASS 在自然语言生成任务上取得了显著提升，并且引入了跨语言模型，特别是在英语—法语和英语—德语的神经机器翻译数据集上取得了 SOTA 的成绩，但是其性能并没有显著增长，可能是因为模型和训练数据规模较小。

4.5.4 基于前缀语言模型的预训练技术

前缀语言模型（Prefix LM）本质上是 Seq2Seq 语言模型的变体，标准的 Seq2Seq 语言模型，其编码器和解码器各自使用一个独立的 Transformer；而 Prefix LM，编码器和解码器通过分割的方式共享一个 Transformer 结构，这种分割占用是通过在 Transformer 内部的注意力掩码机制来实现的。Prefix LM 编码器端采用 AE 语言模型结构，解码器端采用 AR 语言模型结构。以 UniLM 为例，模型结构如图 4.10 所示。

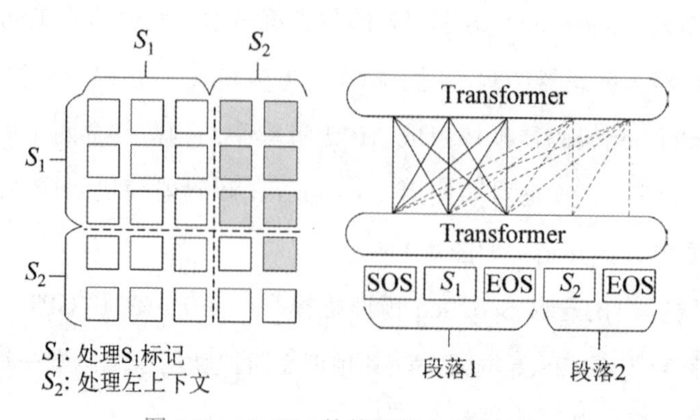

图 4.10 UniLM 的前缀语言模型结构

UniLM是微软在BERT的基础上提出的统一预训练语言模型，并首次应用了PrefixLM，它集合了AR语言模型和AE语言模型的优点，能够同时完成单向、双向和Seq2Seq语言模型3种预训练任务，在自然语言理解和自然语言生成任务上都表现出色。

UniLM直接复用BERT的网络结构，每一层通过掩码矩阵***M***来控制每个词的注意力范围，0表示关注，负无穷表示被掩盖，直接采用BERTlarge的参数进行初始化。它采取混合训练方式，在同一个批次内，1/3的时间采用双向语言模型训练任务，1/3的时间采用Seq2Seq语言模型训练任务，1/3的时间平均分配给前向和后向语言模型训练任务。掩码方式与BERT基本相同，只做了很小改进，80%的时间只掩盖一个词，20%的时间掩盖二元文法或三元文法。

UniLM巧妙地利用3个掩码矩阵实现了3种预训练任务的统一：单向语言模型训练任务，被掩盖词的上文或下文是其单侧的词序列，利用掩码矩阵***M***将不可见的词在***M***中对应位置的值置为负无穷；双向语言模型训练任务，被掩盖词的上下文是左右两侧的词序列，将***M***的值都置为0；Seq2Seq语言模型训练任务，预测的是目标序列，其上下文是所有的源序列和其左侧已预测的子目标序列。训练时，源序列和目标序列的词都会被随机替换为[MASK]，在预测[MASK]的同时，输入的语句对被打包在一起，因此模型可以提取语句之间存在的依赖关系。

UniLM可以同时处理自然语言理解和自然语言生成任务，在GLUE上首次不加外部数据超越了BERT，后续的改进可以考虑加入跨语言任务的预训练。

谷歌在2019年提出了一种探索迁移学习边界的模型T5，其核心思想是对NLP任务建模，将所有预训练任务构造成异步的Seq2Seq模型，对每个任务使用相同模型、目标函数、训练流程和解码步骤，可以比较不同迁移学习目标、未标记数据集和其他因素的有效性，同时可以通过扩展模型和数据集探索迁移学习的边界。

为了实现在多个任务上的输入输出格式的统一，T5在原始输入序列上增加任务专用前缀，例如将“That is good.”翻译成德语，输入序列为“Translate English to German：That is good.”

T5主体框架采用原始的Transformer模型，对比了3种网络架构（Seq2Seq结构、LM结构、PrefixLM结构），这3种网络架构对应3种注意力掩码机制（全视野掩码、因果掩码、前缀因果掩码）。

全视野掩码机制是Transformer编码器的掩码机制，因果掩码机制是Transformer解码器的掩码机制，前缀因果掩码机制是前两者的结合，前半段是全视野掩码机制，后半段是因果掩码机制。在自监督的预训练方法方面，重点比较了LM、降噪自编码、顺序还原3种。预训练阶段参考了SpanBERT，对比加入噪声的不同方式：MLM；小段替换法，类似于MASS的序列屏蔽；丢弃法，随机丢弃一些字符。通过实验发现，Seq2Seq结构配合降噪自编码预训练方法，采用段长为3的小段替换掩码方法，达到了最好效果。微调阶段参考了 MT-DNN，利用 GLUE 和 SuperGLUE 任务进行多任务微调充分利用有监督数据缓解了过拟合。具有 1100 亿参数规模的 T5 在 GLUE 上取得了 SOTA 的成绩。

4.5.5 基于排列语言模型的预训练技术

BERT 主要存在两个问题：预训练阶段引入了 [MASK] 标记，导致预训练和微调两个阶段的训练信息不一致；BERT 在预训练阶段的 MLM 任务是建立在被掩盖的词之间是相互独立的假设之上，与现实有差距。

排列语言模型（Permutation Language Model，PLM）同样采用 Transformer 模型作为主干结构，从训练方法上看，表面上遵循 AR 语言模型，符合一般生成任务的外在表现形式，但是在内部通过注意力掩码机制把 AE 语言模型隐藏在 Transformer 内部。PLM 与 AE 语言模型主要有两个区别：首先，PLM 在预训练过程中，输入句子去掉了 [MASK] 标记，改为内部 Attention 掩码机制，以保持预训练和微调的一致性；其次，PLM 认为被掩盖掉的词之间不是相互独立的。

XLNet 的主要创新点在于采用了 PLM、双流自注意力机制和 Transformer-XL 特征提取器。PLM 的目的是在保留 AR 语言模型优点的同时捕获双向上下文信息。假设输入序列 $(x_a x_b x_a x_b)$，根据 AR 语言模型，若要预测 x_c，只能利用 $x_a x_b$ 信息，而在 PLM 中，对输入序列做全排列，则有 4! 种排列可能，再选择一部分作为预训练的输入，表面上仍是从左到右的 AR 语言模型，但是通过排列组合把一部分下文排到被预测词的上文位置，就可以同时利用上下文信息。对于长度为 T 的输入序列 Z_T，PLM 的目标是最大化似然函数，如式（4-18）所示。

$$\max_{\theta} E_{z\sim Z_t}\left(\sum_{t=1}^{T}\log p_{\theta}(x_{Z_t} \mid x_{z<t})\right) \tag{4-18}$$

其中，z 是该序列排列组合的一种排列方法，Z_t 表示 z 的第 t 个词，$z<t$ 表示 z 的第 1 到第 $t-1$ 个词。实际上，PLM 并不会改变原始序列的物理位置，而是使用与原始序列相对应的位置编码，依靠注意力掩码机制实现不同的排列组合方法，具体的实现方法必须依靠双流自注意力机制。

为了解决位置不确定性（在不同位置的同一个词有相同的模型预测结果）问题，设计了双流自注意力机制。双流是内容信息流和位置信息流。排列组合后的输入序列位置信息非常重要，对每个位置，为了预测内容信息，必须输入其位置信息，但是不能包含内容本身的信息，否则模型只需要直接从输入复制到输出即可，无法学习有用特征，但是为了预测下文内容，又必须包含内容信息。因此在类似于 BERT 的位置信息加内容信息输入的内容信息流之外，增加了只有位置信息的位置信息流。利用位置信息流就能对需要预测的位置进行预测，而不会泄露当前位置的内容信息。

Transformer-XL 特征提取器是 Transformer 的改进模型，主要进行了两个方面的改进：

段循环状态重用和相对位置编码。在训练期间，前一段的隐状态将被固定并缓存，在模型处理新段时将其复用。这种缓存预定长度为 M 的跨越多个段的旧隐藏状态，并和相对位置编码一起应用的机制，增强了模型对长距离依赖的提取能力。Transformer-XL 仅在隐状态下对相对位置信息进行编码，以相对方式定义时间偏差，通过将相对距离动态地注入到注意力分数中，查询向量可以将不同段同一位置的词表征有效区分，从而使状态重用机制可行。

XLNet 凭借对上下文信息更加精细的建模和更大的数据规模，在自然语言理解类任务中性能大幅超过 BERT，尤其擅长长文本的阅读理解，并且在 NLP 领域打开了新的思路。

4.5.6 预训练技术的改进方法

预训练技术几乎在所有的 NLP 任务中都获得了成功，成为了 NLP 领域的研究热点，很多学者做了大量的改进工作。这里主要在精细调参、引入知识、改进训练方法、引入多任务学习 4 个方面介绍预训练技术的改进工作。

BERT 在调参和消融研究方面并没有做太多工作，OpenAI 团队在 BERT 的基础上进行了更加精细的调参，提出了 RoBERTa 模型，具体如下：去除 NSP 训练任务，获得了更好的效果；动态改变掩码策略，把数据复制 10 份，然后统一进行随机掩码；对学习率的峰值和预热更新步数作出调整；不对输入序列进行截断，使用全长度序列；延长预训练时间，增加预训练步数；增大预训练的批次大小；采用字节对编码（Byte Pair Encoding，BPE），可以编码任何输入文本而不会引入 [UNKOWN] 标记。在消融研究中发现，更加充分的训练过程对模型性能提升效果最大，其次是数据规模的增加，可以说，RoBERTa 是加强版的 BERT，为后续以 BERT 为基础的研究工作提供了更强的基准。

在引入知识方面，预训练技术通常从通用大型文本语料库中自监督地学习通用语言表示，缺少特定领域的知识。设计辅助的预训练任务，将外部领域知识整合到预训练模型中被证明是有效的。ERNIE1.0 将实体向量与文本表示融合；ERNIE-THU 引入知识图谱中的多信息实体作为外部知识改善语言表征；LIBERT 通过附加的语言约束任务整合了语言知识；SenseBERT 使用英语词汇数据库 WordNet 作为标注参照系统，预测单词在语境中的实际含义，显著提升词汇消歧能力。

在改进训练方法方面，BERTwwm 采用全词掩码机制；SpanBERT 采用随机段掩码机制，去掉 NSP 任务；RoBERTa 采用动态掩码机制，去掉 NSP 任务，改进优化函数，提高了模型性能。

多任务学习是指同时进行多个训练任务，且在训练中共享知识，利用多个任务之间的相关性来改进模型的性能和泛化能力。在引入多任务学习方面，MT-DNN 在下游任务中引入多任务学习机制，用多个任务微调共享的文本编码层和任务特定层的参数；ERNIE2.0 在预训练阶段引入多任务学习，与先验知识库进行交互，增量地引入词汇、语法、语义预训练任务。

本章小结

本章通过对 n-gram 语言模型的介绍给出了三元模型流行的原因，并且介绍了确定语言模型好坏的评价指标——困惑度。接下来介绍了 3 种主流的平滑技术，Good-Turing 折扣法由于未考虑高阶模型和低阶模型之间的关系，因此一般作为其他平滑技术的一个配套方法。对于语言模型的训练，首先需要足量的训练文本，其次要考虑领域相关性，最后还要考虑书面语和口语的区别。

本章重点在于预训练语言模型，其核心思想是放弃模型的随机初始化，先用大语料库对模型进行预训练，得到蕴含上下文信息的通用语言表示，然后对相应的下游任务进行微调。随后介绍了 5 种预训练方法。其中谷歌团队于 2018 年提出的 BERT 降噪自编码语言模型综合了 Word2Vec、ELMo、GPT-1、Transformer 等的思想，其在自然语言理解类任务上表现更加优异，是一个里程碑式的工作。基于排列语言模型的预训练技术 XLNet 创新性地采用了 PLM、双流自注意力机制和 Transformer-XL 特征提取器，使其对上下文信息建模更精细，且拥有更大的数据规模。

课后习题

一、选择题

1．占用空间最少的语言模型是（　　）。

A．2-gram　　B．3-gram　　C．4-gram

2．语言模型的评价指标为（　　）。

A．鲁棒性　　B．困惑度　　C．平滑性

3．语言模型的平滑技术是（　　）。

A．Good-Turing 折扣法　　B．Jelinek-Mercer 插值法

C．Kneser-Ney 插值法　　D．Katz 回退法

二、判断题

1．目前 n-gram 语言模型是语音识别领域最常见的语言模型。（　　）

2．鲁棒性是语言模型的评价指标。（　　）

3．Katz 回退法是语言模型的一种平滑技术。（　　）

第5章　加权有限状态解码器

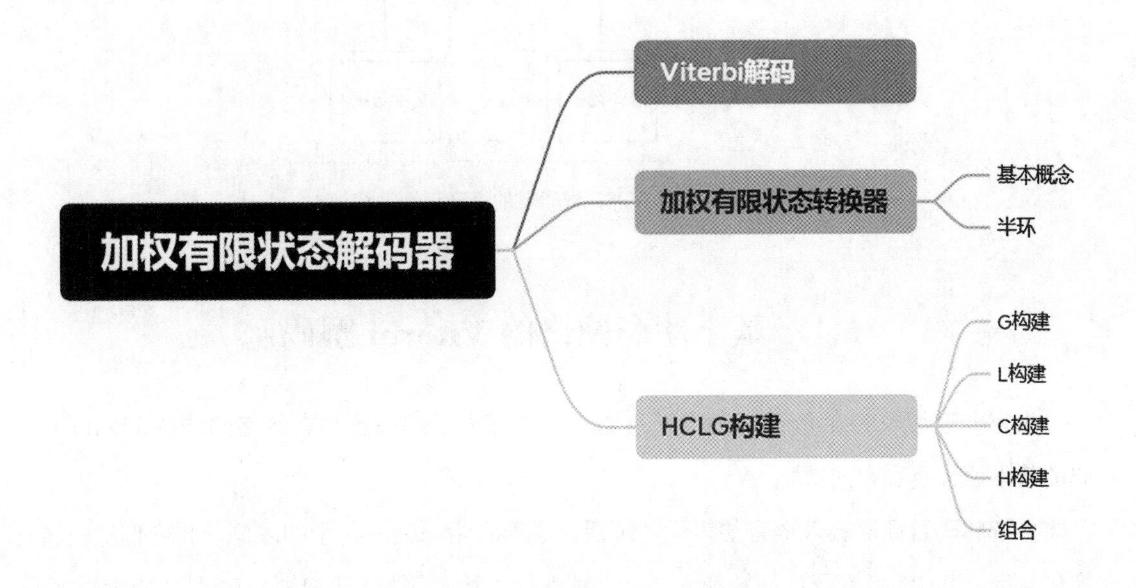

本章导读

本章重点介绍现代语音识别系统的关键部分——WFST解码器。加权有限状态转换器（WFST）在2008年由AT&T的Mohri提出。它实现了输入序列到输出序列的转换，现已成为大规模连续语音识别（LVCSR）系统最高效的解码算法。

本章要点

- 理解Viterbi解码。
- 掌握加权有限状态转换器。
- 掌握HCLG构建。

图5.1所示是基于WFST解码器的语音识别系统，其中声学模型由语音数据训练而成，语言模型由文本数据训练而成，将这两个模型与发音词典一起编译形成WFST解码器。测试语音经特征提取后，利用WFST解码器解码得到识别结果。

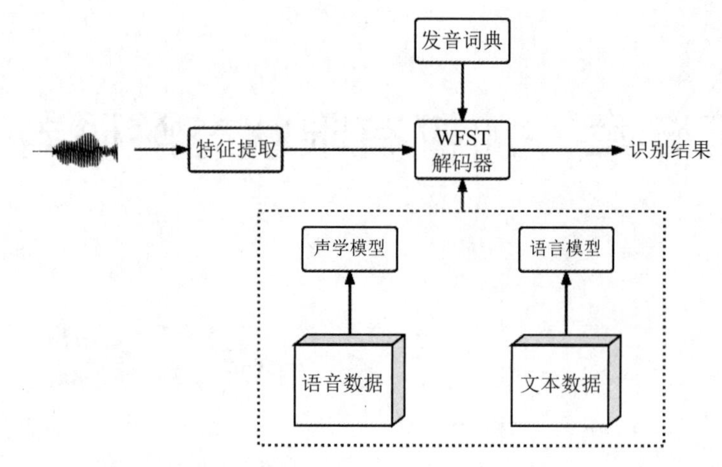

图 5.1 基于 WFST 解码器的语音识别系统

5.1 基于动态网络的 Viterbi 解码

为方便理解 WFST 解码器的设计思路，我们先来了解基于动态网络的传统 Viterbi 解码的基本流程及存在的缺陷。

传统解码器提取输入语音的声学特征后，遵循音素→词→句子的顺序，将它们解码转换成文字。其中，音素到词的转换需要发音词典的支撑。例如，要识别一句话，内容是“今天是几号”，基于以下发音词典：

今天 j inl t ian1

是 sh i4

几 j i3

号 h ao4

传统解码器先根据发音词典把每个词用对应的音素 HMM 组合串接起来，形成词级别的 HMM，对此构建解码网络如图 5.2 所示。词与词之间的组合可以用语言模型来约束，出现“今天是”的概率用 P(是 | 今天) 表示，出现“号是”的概率用 P(是 | 号) 表示，这些概率大小最终会影响识别结果。

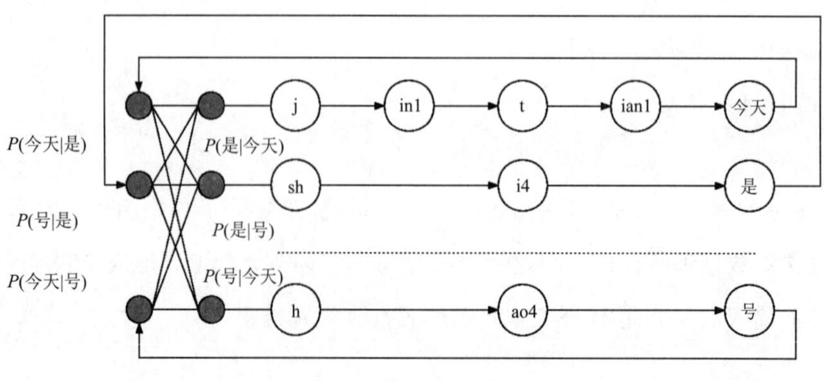

图 5.2 构建解码网络

传统的解码器采用 Viterbi 算法，把语音特征帧序列 $\{o_1,o_2,\cdots,o_T\}$ 与 HMM 的状态直接对齐，即对 HMM 状态进行遍历，寻求最佳的一一对应关系，然后由匹配后的 HMM 状态序列顺序得到音素序列，再把音素序列组合成词。特征帧序列与单个 HMM 的状态之间的 Viterbi 对齐，这在前面已有介绍。图 5.2 中包含多词的解码网络，其解码过程是一个更复杂的 Viterbi 动态解码过程，如图 5.3 所示。

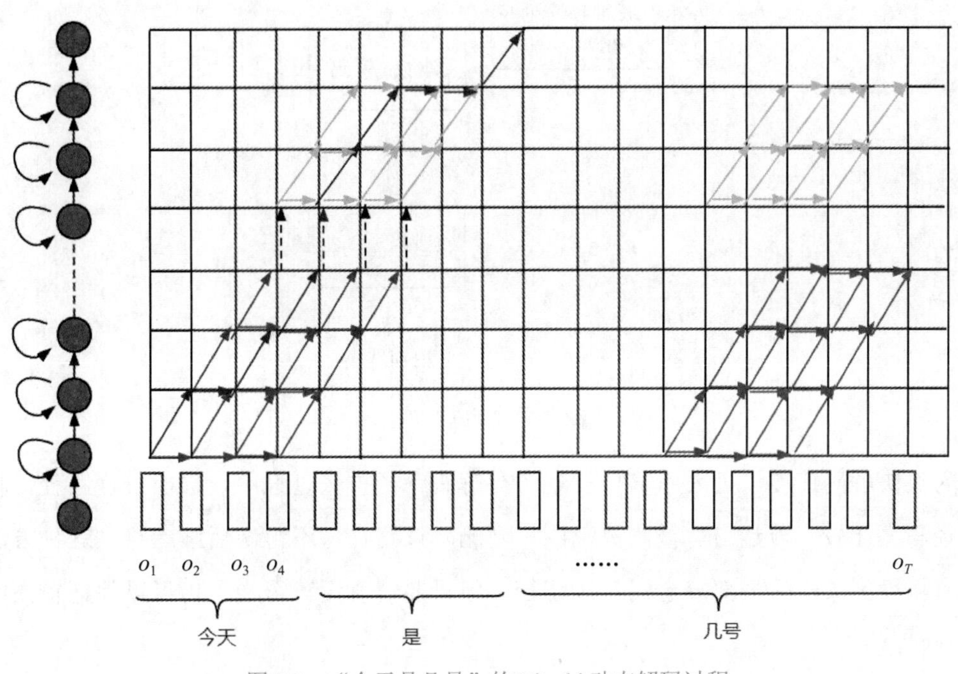

图 5.3 “今天是几号”的 Viterbi 动态解码过程

在 Viterbi 解码过程中，随着时间的推移，即帧的移动，它会逐渐对齐到词尾音素的最后一个状态，如图 5.3 所示，第 5 帧 o_5 会对齐到“号”“几”“今天”等词 HMM 的最后状态，分别有对应的累计概率。再对比这些累计概率，挑选出值最高的记录，并保存生成新的词，如 o_5 对应“今天”。以此类推，可由这些词组合出不同的词序列，从而使识别结果有很多个候选，如“几号”“今天是号”“今天几号”“今天是几号”等，因此需要语言模型来进一步区分，筛选出最优路径。

假如训练语言模型的文本语料只有两句“今天是几号”和“今天几号”，则 P(是 | 今天)、P(几 | 今天)、P(几 | 是)、P(号 | 几) 概率均较大，而 P(是 1 号) 非常小，可认为其不存在，再结合声学模型分数，就可有效区分不同路径，这样最后可识别出正确答案“今天是几号”。

如图 5.4 所示，传统解码器的词典导入和词 HMM 构建、特征帧与 HMM 状态的 Viterbi 对齐、语言模型约束是分开独立的模块，其中只有词典被预先编译成状态网络从而构成搜索空间，其他部分只有在解码过程中才被动态集成，因此系统需要考虑各个模块及模块之间的约束关系。从状态序列到词序列的整个转换过程非常复杂，匹配效率比较低，而且有些生僻组合，如语言模型概率 P(是 1 号) 非常小，根本没必要将其整合到解码路径计算。再加上词汇量很大，无效组合太多，存在大量不必要的运算，最终会导致解码速度变得很慢。

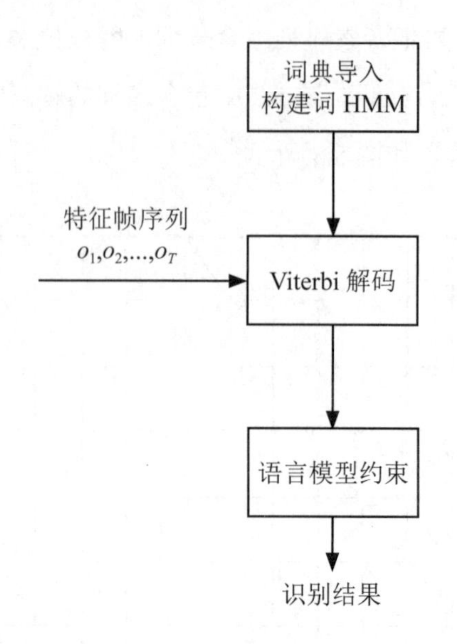

图 5.4　传统解码器

为加快解码速度，可采用剪枝策略。在解码路径扩张过程中，选出最优路径，将其他路径与之比较，若超出剪枝阈值范围，则删除该路径，不再做后续运算。这种方法可能会有精度损失，丢失部分全局最优路径，但只要阈值设置得当，仍可以保证较高的识别准确率。

还有一种有效的加速方法，是把语音识别需要动态集成的知识源预先编译好，形成一个静态网络，然后加载到内存，在解码过程中直接调用。如图 5.5 所示，WFST 解码器就基于这种原理，预先把 HMM、词典、语言模型等模块按 WFST 或其兼容的形式编译在一起，生成 WFST 静态网络。这个网络包含了所有可能的搜索空间，由数量众多的状态和转移弧组成，其中转移弧给出了除声学模型得分外的权重信息。

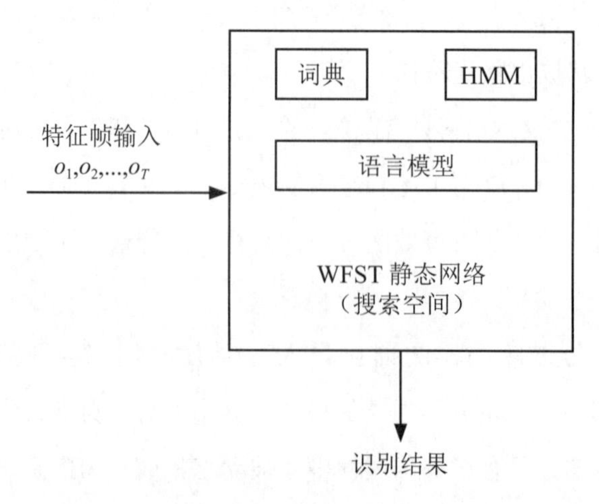

图 5.5　WFST 解码器

除了声学模型得分仍然需要根据输入特征帧单独计算，WFST 解码过程不再需要考虑词典和语言模型信息，以及 HMM 涉及的上下文关系。因为已经将它们全部融合到一个静态网络里面了，并通过转移弧的输入、输出信息和权重来体现，只需要在网络节点间传递更新累计分数，因此 WFST 解码速度非常快。

需要注意的是，WFST 是一个整体的识别网络，所有信息均通过网络节点和转移弧来体现，而原来的 HMM、词典、语言模型有各自独立的格式，因此不能直接合并它们，必须先转换成 WFST 或其兼容形式，才能将它们最终整合在一起。每个 WFST 都包含一个状态集，状态集中有一个具有明显区分性的起始状态，在 WFST 的两个状态之间放置一条有方向的弧，代表从一个状态到另一个状态的转移，弧上包括了输入标签、输出标签以及该弧的权重（代价）。接下来我们首先介绍 WFST 的理论知识，然后分别针对 HMM、音素上下文、词典、语言模型讲解如何构建相应的 WFST（包含 H、C、L、G 四部分）以及最终 HCLG 的合并过程。

加权有限状态转换器理论

5.2 加权有限状态转换器理论

传统语音识别模型的组件（如 HMM、发音词典、语言模型等）都可以用 WFST 来表示。有限状态转换器（Finite State Transducer，FST）与有限状态接收器（Finite State Acceptors，FSA）相比每条边多了一个输出字符串，这样 FST 可以看成一个关系，把输入字符串映射成另外一个字符串（可能是完全不同的字母表）输出。而 WFST 在 FST 的基础上，每条边以及结束状态上有一个权重，从而每一个可接受输入字符串都对应一条路径，路径上的权重以及结束状态（可接受的字符串最终要走到结束状态）的权重通过某个运算整合起来（最常见的是加起来）就是输入字符串对应的权重。在语音识别里权重通常用来表示概率，但 WFST 的理论其实不要求它有什么具体意义。

5.2.1 基本概念

WFST 在 FSA 的基础上输出一个权重，图 5.6 所示是在语音识别中使用 WFSA 的几个例子。图 5.6（a）是语言模型的例子，图 5.6（b）是发音词典，而图 5.6（c）是一个音素的 HMM，每个音素都有一个从左到右的三态 HMM，因此它可以接受“d1+d2+d3+”，“+”表示出现一次或多次。

我们这里不用形式化的定义，而用自然语言来描述：一个 WFSA 有很多状态，有一个起始状态（图中一般画成粗的圆圈），一个或多个结束状态。边表示状态的跳转，除了对应的起点和终点，边上还有一个原标签（也叫输入标签）和一个权重。我们可以把 WFSA 看作一个 Python 的字典，键为字符，值为浮点数，输入一个字符串，首先可以告诉你这个字符串是否在字典里（WFSA 是否接受这个字符串），如果在字典里，还可以知道它对应的权重。

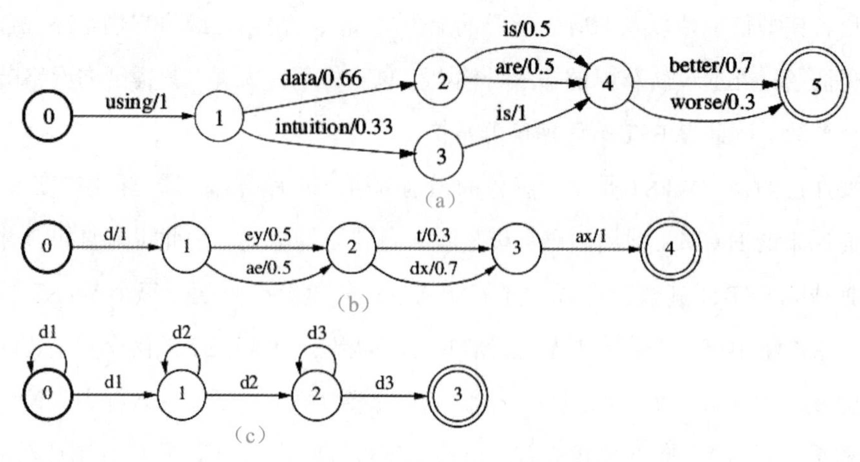

(a)

(b)

(c)

图 5.6 WFSA 在语音识别中的应用

在语音识别中我们通常使用 WFST，因为我们通常需要把语言模型和发音词典“融合”起来使用。WFST 和 WFSA 类似，只是边上除输入标签之外还多了一个输出标签。在图 5.7 中，图 5.7（a）是语言模型的 WFST，和 WFSA 基本一样，输入和输出字符串一模一样，因为语言模型是最终的输出，所以我们这样来构造。而图 5.7（b）是发音词典的 WFST，输入是音素，输出是单词。注意，这个 WFST 不是确定的，因此我们看到输入“d”的时候，两条边都要尝试，若接下来我们输入的是“uw”，则输出“dew”+“eps”=“dew”。后面我们会讲到 WFST 的确定化，确定的 WFST 在每个状态的每个输入字母最多只有一条边，这样识别就会非常简单（和 NFA → DFA 的确定化类似）。因此 WFST 可以看成输入和输出的二元关系（注意它不是函数，因为一个输入可能有多条路径从而对应多个输出，如果对抽象代数不了解的读者可以忽略这些形式化的术语，简单来说就是给定一个输入字符串，WFST 可以输出 0 个或多个）。

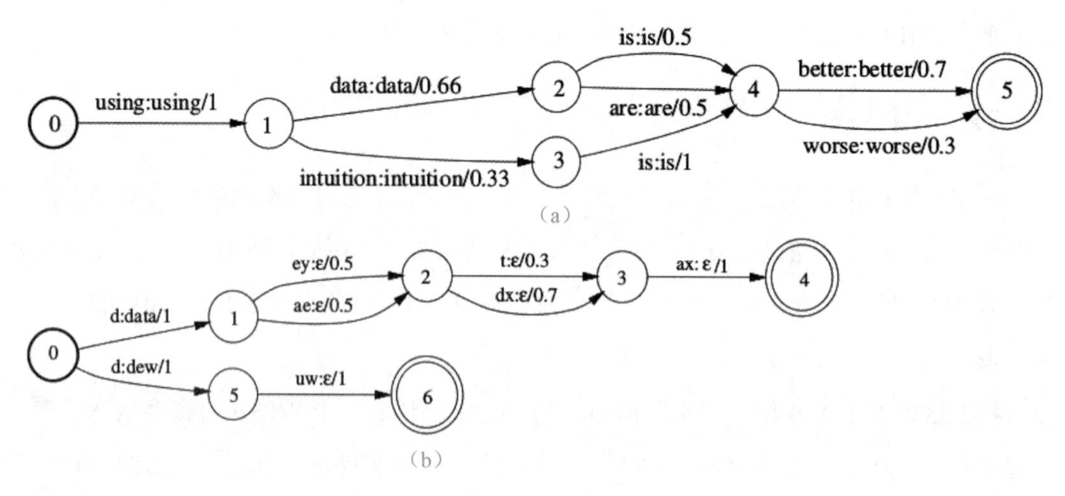

(a)

(b)

图 5.7 加权有限状态转换器实例

下面介绍 WFST 的常见运算。

复合操作用来把两个不同层级的 WFST“整合”成一个 WFST。例如，发音词典会告诉我们一个单词对应的因素，因此我们可以构造一个 WFST L 来把音素的序列转换成单词的序列以及对应的概率，如图5.7（b）所示。此外有一个文法（或统计语言模型）告诉我们单词序列概率，我们也可以构造一个G来表示这个文法或统计语言模型，如图5.7（a）所示，不过G的特点是输入和输出是一样的，我们其实只关心其权重（概率），这样我们通过复合操作L◦G来得到一个新的WFST，它的输入是一个音素的序列，输出是（所有）单词序列及其对应概率。

下面来非形式化地定义复合操作T1◦T2：如果在T1中有一条路径把输入字符串u映射到输出字符串w，并且在T2中有一条路径把输入字符串从w映射成v，那么在T1◦T2中就存在一条路径把输入字符串u映射到v，而且其权重是由T1映射的权重与T2映射的权重计算出来的，如果我们认为权重是概率，那么这个操作通常就是乘法，如果权重是取对数之后的概率，那么操作就是加法。当然这是对于语音识别任务来说的，从数学上来讲，任何二元操作（函数）都是可以的，只要它和路径权重的计算操作可以构成一个半环即可。

下面来看一个复合操作的例子，参考图5.8请读者自己动手做一做简单的练习，这个图是把图（a）和图（b）的WFST复合成图（c）的WFST。为了简单，我们把图（a）、图（b）和图（c）的WFST叫作A、B、C。首先我们构造C的状态，理论上A的每一个状态和B的每一个状态都可以组成一个C中的状态，例如A有4个状态，B有3个状态，那么C就有4×3=12个状态，但是因为很多状态都不能从初始化状态走达，其实也就没有意义存在，所以实际我们可以从初始化状态开始，需要的时候才增加C的状态。

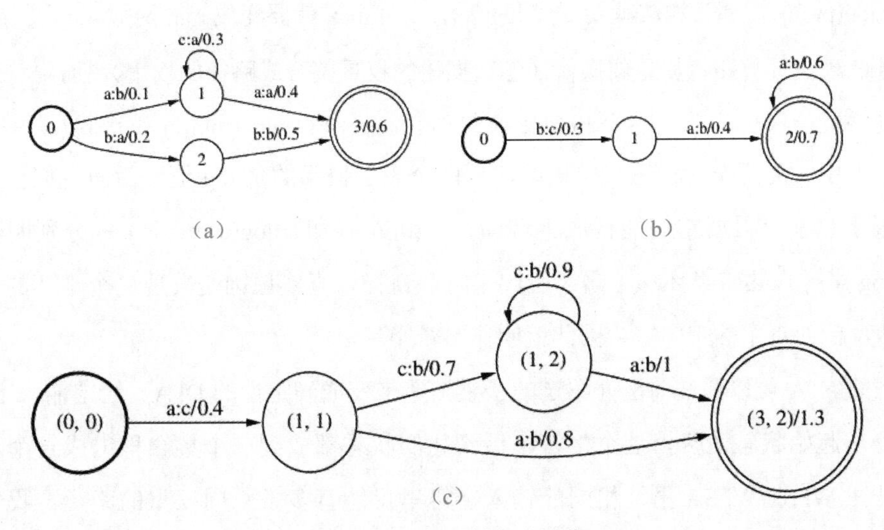

图5.8 WFST的复合操作

因此我们第一步把A的起始状态0和B的起始状态0“复合”成C的起始状态(0,0)。在A中0 -> a:b/0.1 -> 1，而在B中有0 -> b:c/0.3 -> 1，因此在C中有(0,0) -> a:c/0.4 -> (1,1)。同理，在A中有1 -> c:a/0.3 -> 1，在B中有1 -> a:b/0.4 -> 2，因此在C中有(1,1) -> c:b/0.7 ->(1,2)。其他的边请读者一一验证。因为3是A的结束状态（之一），2是B的结束状态（之一），因此(3,2)是C的结束状态（之一）。(3,2)的权重是1.3，是3的权重0.6加上2的权重0.7。

最后来验证一下复合操作的效果。可以发现 WFST A 中会有映射 aca:baa/1.4（1.4=0.1+0.3+0.4+0.6），B 中有 baa:cbb/2，而在 C 中确实有 aca:cbb/3.4。

前文提到，若一个 WFST 具有 ϵ（epsilon）空转移边，或者从某状态出发存在两条或更多的边，且这些边对应于相同的输入，那么这个 WFST 就是非确定性的。与确定性的 WFST 相比，非确定性的 WFST/WFSA/FSA 在判断某个字符串是否被其接受方面更具挑战性。为了解决这种复杂性，确定化算法被应用于将非确定性的 WFST 转化为等价的确定性的 WFST。确定化的过程是为了消除在状态转移和映射过程中的模糊性。两个 WFST 被认为等价的定义如下：如果第一个 WFST 能够接受输入 x 并将其映射为输出 y，同时伴随权重 w，那么第二个 WFST 也必须能够接受输入 x 并将其映射为输出 y，且权重也是 w；反之亦然。这种等价性保证了两个 WFST 在处理相同输入时的一致性和可预测性。

我们可以采用类似 FSA/FST 的子集构造方法来实现从非确定 WFST 到等价确定 WFST 的转换，但是和 FSA/FST 不同，并不是所有的非确定的 WFST 都可以转换成一个等价的确定的 WFST，不过对于语音识别来说，大部分 WFST 都是可以的，某些即使不可以，我们也可以通过一些简单的变化使它可以。后面会介绍这些技巧。

为了消除冗余的路径，我们需要一个操作来合并相同标签的路径的权重。如果每条路径都代表不同的一个事件，而路径的权重表示事件的概率，那么操作就是加法。而如果我们只保留最可能的路径，那么操作就是 max 函数，这就叫 Viterbi 近似。如果权重表示概率的负 log（−log(prob)），那么加法就要变成 log 加法，而 max 就要变成 min 函数。一般情况，我们用符号 ⊗ 表示计算路径权重的操作（怎么把边的权重整合成路径的权重），而用符号 ⊕ 来合并相同路径的权重。常见的 ⊕ 和 ⊗ 组合包括 (max,+)、(+,*)、(min,+) 和 (−log(e−x+e−y),+)。在语音识别中，前两个的权重表示概率，后两个表示概率的负 log 值。后面我们会看到操作并不限于这些，只要它们能构成半环即可。(min,+) 和 (−log(e−x+e−y),+) 分别叫作热带半环和 log 半环。热带半环这个名字听起来有些奇怪，真实原因是发现这个半环的数学家来自巴西，巴西是个热带国家，因此就叫作热带半环。

普通的 NFA 可以通过前面介绍过的子集构造来变成确定性的 DFA，给定输入字符串，所有可以从起始状态消费掉这个字符串后到达的状态都放到一个集合里组成一个新的状态。但是在 WFST/WFSA 里，相同的输入字符串可能有多条不同权重的路径，我们也会把最终到达的状态合并成一个，边则采用最短的那条。但是我们还是需要把那些较长的边多余的权重记录下来。

如图 5.9 所示，图（a）是一个非确定的 WFST，而图（b）是与之等价的确定的 WFST。

从状态 0 出发输入 a 后可以进入 1 和 2 两个状态，路径的权重分别是 1 和 2，我们可以把状态 1 和 2 合并成一个状态 (1,2)，但是状态 0 到状态 (1,2) 的权重是 1，然后我们在合并后的状态 (1,2) 里记录剩下的权重，记为 ((1,0),(2,1))。它的意思是进入状态 1 之后剩下的权重就是 0 了，而如果进入的是状态 2，那么剩余的权重是 1。接下来我们发现图（a）

中状态 1 和状态 2 都可以进入状态 3，1->3 的权重是 5，2->3 的权重是 6，因此合并后的状态 ((1,0),(2,1)) 可以进入状态 (3,0)。1->3 的权重是 5，而 1 的剩余权重是 0，所以最终权重是 5+0=5；而 2->3 的权重是 6，2 的剩余权重是 1，因此最终的权重是 6+1=7。

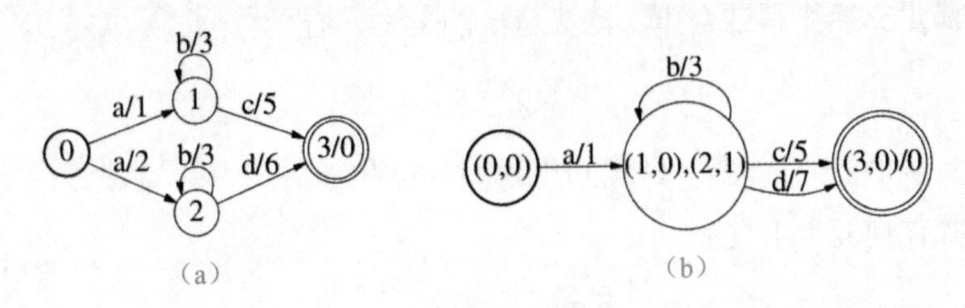

图 5.9 WFST 的确定化操作

和 DFA 一样，WFST 也可以通过最小化来进一步压缩空间和提高识别速度。通过把标签和权重对 (a,w) 都看成字符串，我们可以把一个加权的 FST/FSA 看成一个普通的 FST/FSA。如图 5.10（a）中，我们可以把“a/0”看成一个普通的标签，然后使用普通的 FSA 的最小化算法。

图 5.10（a）所示的 WFST 通过上面的方法进行最小化之后仍然不变，因为所有的标签都是不同的，但是我们可以通过值推移的方法进一步最小化。

如图 5.10（b）所示，我们可以把图（a）的 WFST 的权重往前推移。我们把 e/4 和 f/5 的权重往前推移到 d/0 和 e/1 中，这样状态 1 和状态 2 就可以合并成一个了。

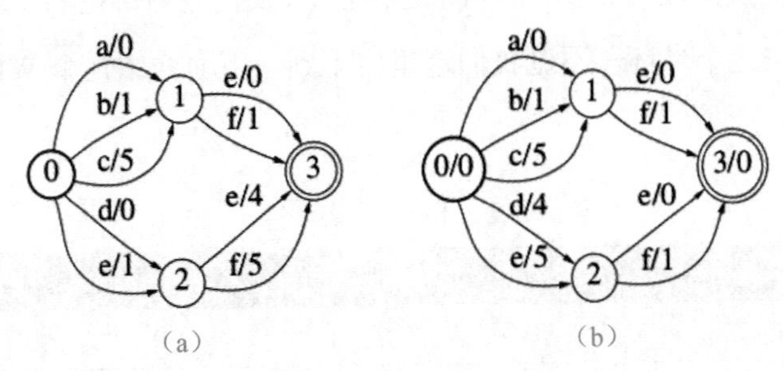

图 5.10 WFST 最小化

5.2.2 半环

前面通过非形式化的方式介绍了 WFST，下面来形式化地定义 WFST，但是先要了解一下半环的概念。这属于抽象代数（离散数学课程中可能会介绍），不感兴趣的读者可以跳过。

之前提到过，WFST 的路径上的权重需要通过两个操作“整合”起来，这两个操作在权重（实数集合）上就构成了一个半环，我们来正式地定义半环。

半环是一个五元组 $(K,\oplus,\otimes,\bar{0},\bar{1})$，其中 K 是一个集合，如实数集合 $\mathbf{R}$，$\oplus$ 和 $\otimes$ 是定义在 K 上的二元函数，分别叫作“加法”和“乘法”，注意这两个函数不（一定就）是我们学过的加法和乘法，但是它们和实数集上的加法和乘法有类似的结构，所以我们把它们也叫作加法和乘法，但是记号上用一个圈来区别一下。$\bar{0}$ 和 $\bar{1}$ 是属于 K 的两个特殊元素，分别叫作加法单位元和乘法单位元，因为它们和实数中的 0 和 1 有类似的性质，因此也叫零元和幺元。如果满足如下条件，那么这个五元组就是一个半环：

（1）加法满足交换律和结合律，也就是 $\forall x, y \in K$，有

$$x \oplus y = y \oplus x$$

$$(x \oplus y) \oplus z = x \oplus (y \oplus z)$$

（2）零元加任何元素不变：

$$\bar{0} \oplus x = x \oplus \bar{0} = x$$

（3）乘法满足结合律和对加法的分配率：

$$(x \otimes y) \otimes z = x \otimes (y \otimes z)$$

$$(x \oplus y) \otimes z = x \otimes z \oplus y \otimes z$$

$$x \otimes (y \oplus z) = x \otimes y \oplus x \otimes z$$

（4）幺元乘以任何数也不变：

$$\bar{1} \otimes x = x \otimes \bar{1} = x$$

（5）零元乘以任何数等于零（吸收律）：

$$\bar{0} \otimes x = x \otimes \bar{0} = \bar{0}$$

如果乘法满足交换律，那么这个半环叫交换半环。我们之后讨论的半环都是交换半环。实数上的加法和乘法是个半环，不过我们这里用不到，下面介绍几个 WFST 中可能用到的半环，如表 5.1 所示。

表 5.1 常用半环

名称	集合	$\oplus$	$\otimes$	$\bar{0}$	$\bar{1}$
布尔半环	0，1	$\vee$	$\wedge$	0	1
概率半环	$\mathbf{R}_+$	+	×	0	1
对数半环	$\mathbf{R} \cup \pm\infty$	$\oplus_{\log}$	+	$+\infty$	0
热带半环	$\mathbf{R} \cup \pm\infty$	min	+	$+\infty$	0

在半环理论的基础上，WFST 可以由一个八元组表示：$T = (A, B, Q, I, F, E, \lambda, \rho)$，其中 A 是一个有限的输入字母表，B 是一个有限的输出字母表，Q 是一个有限的状态集合，$I \subseteq Q$ 是起始状态集合，$F \subseteq Q$ 是结束状态集合，$E \subseteq Q \times (A \cup \epsilon) \times (B \cup \epsilon) \times K \times Q$，$\lambda: I \rightarrow K$，给起始状态一个权重；$\rho: F \rightarrow K$，给结束状态一个权重。

另外，我们用记号 $E(q)$ 表示离开状态 q 的所有转移（边），而 $|T|$ 表示 T 中所有状态和边的个数总和。给定一个转移 e，$p[e]$ 表示起点（状态），$n[e]$ 表示终点（状态），$i[e]$ 表示输入字母，$o[e]$ 表示输出字母，$w[e]$ 表示权重。一条路径 $\pi = e_1, \cdots, e_k$ 是一连串的边，并且前后两条边的点是连接在一起的（也就是说后一条边的起点是前一条边的终点），即

$n[e_{i-1}] = p[e_i]$，$i = 1,2,\cdots,k$。如果一条路径的起始状态和结束状态是同一个状态，那么这条路径就是一个环，即 $p[e_1] = n[e_k]$。如果一个环的所有边的输入和输出符号都是 ϵ，那么这个环就叫 ϵ- 环。

我们也可以把函数 n、p 和 w 从边扩展到路径上，$n(\pi) = n(e_k)$，$p(\pi) = p(e_1)$，$w[\pi] = w[e_1] \otimes \cdots \otimes w[e_k]$。

接着我们可以形式化地定义 WFST 的复合操作，假设 T1 和 T2 是两个 WFST，其中 T1 的输入字母表是 A，输出字母表是 B，而 T2 的输入字母表是 B，输出字母表是 C，则 T1 和 T2 的复合操作定义为

$$T_1 \circ T_2(x,y) = \oplus T_1(x,z) \otimes T_2(y,z), \forall z \in B$$

5.3 HCLG 构 建

5.3.1 语料准备

语料库中需要包含两个文件：train.txt 和 lexicon.txt。下面以一个简单的文本库为基础，对 HCLG 的构建过程进行介绍。

（1）train.txt：经过分词的中文语料。

```
语音 识别 技术
语音 识别 算法 公式
作战 防御 工事
```

（2）lexicon.txt：发音词典文件。

```
!SIL SIL
<SPOKEN_NOISE> SPN
<SPOKEN_NOISE> sil
<UNK> SPN
语音 vv v3 ii in1
识别 sh i2 b ie2
技术 j i4 sh u4
算法 s uan4 f a3
公式 g ong1 sh i4
作战 z uo4 zh an4
防御 f ang2 vv v4
工事 g ong1 sh i4
```

执行命令统计词频，获取到语法模型，如下所示，即获得一元语法模型、二元语法模型和三元语法模型：

```
ngram-count -text train.txt -order 1 -write train-1gram.count
ngram-count -text train.txt -order 2 -write train-2gram.count
ngram-count -text train.txt -order 3 -write train-3gram.count
ngram-count -read train-1gram.count -order 1 -lm train-1gram.arpa
```

```
ngram-count -read train-2gram.count -order 2 -lm train-2gram.arpa
ngram-count -read train-3gram.count -order 3 -lm train-3gram.arpa
```

5.3.2 构建语法模型

执行命令将ARPA格式一元语法模型转换为fst格式，如下所示，获得一元语法模型、二元语法模型和三元语法模型：

```
~/kaldi/src/lmbin/arpa2fst --disambig-symbol=#0 --read-symbol-table=words.txt train-1gram.arpa G-1gram.fst
~/kaldi/src/lmbin/arpa2fst --disambig-symbol=#0 --read-symbol-table=words.txt train-2gram.arpa G-2gram.fst
~/kaldi/src/lmbin/arpa2fst --disambig-symbol=#0 --read-symbol-table=words.txt train-3gram.arpa G-3gram.fst
```

执行如下命令将语法模型fst格式文件输出为dot格式文件：

```
/home/sine/kaldi/tools/openfst/bin/fstdraw --isymbols=words.txt --osymbols=words.txt G-1gram.fst > G-1gram.dot
/home/sine/kaldi/tools/openfst/bin/fstdraw --isymbols=words.txt --osymbols=words.txt G-2gram.fst > G-2gram.dot
/home/sine/kaldi/tools/openfst/bin/fstdraw --isymbols=words.txt --osymbols=words.txt G-3gram.fst > G-3gram.dot
```

其中，--osymbols=words.txt指定了fst的输出标识，words.txt的生成参见发音词典模型的构建中dict与lang文件的生成，鉴于大流程（HCLG）的统一，words.txt文件需要提前生成。

由于默认的dot文件定义的图像大小为size="8.5,11"，需要改变其大小，size="20,32"。

```
vim G-1gram.dot
digraph FST {
rankdir = LR;
size = "20,32";
label = "";
center = 1;
orientation = Landscape;
ranksep = "0.4";
nodesep = "0.25";
0 [label = "0/1.4663", shape = doublecircle, style = bold, fontsize = 14]
	0 -> 0 [label = " 作战 : 作战 /2.5649", fontsize = 14];
	0 -> 0 [label = " 公式 : 公式 /2.5649", fontsize = 14];
	0 -> 0 [label = " 工事 : 工事 /2.5649", fontsize = 14];
	0 -> 0 [label = " 技术 : 技术 /2.5649", fontsize = 14];
	0 -> 0 [label = " 算法 : 算法 /2.5649", fontsize = 14];
	0 -> 0 [label = " 识别 : 识别 /1.8718", fontsize = 14];
	0 -> 0 [label = " 语音 : 语音 /1.8718", fontsize = 14];
	0 -> 0 [label = " 防御 : 防御 /2.5649", fontsize = 14];
}
```

分别编辑并保存一元语法模型、二元语法模型和三元语法模型的dot文件，执行如下命令输出图像：

```
dot -Tjpg G-1gram.dot > G-1gram.jpg
dot -Tjpg G-2gram.dot > G-2gram.jpg
dot -Tjpg G-3gram.dot > G-3gram.jpg
```

语法模型图像如图 5.11 至图 5-13 所示。

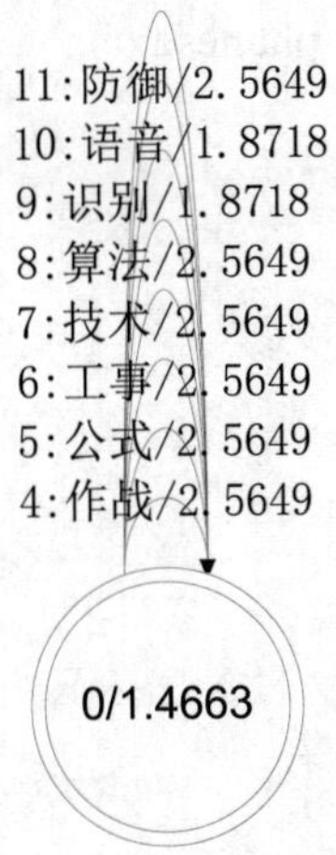

11:防御/2.5649
10:语音/1.8718
9:识别/1.8718
8:算法/2.5649
7:技术/2.5649
6:工事/2.5649
5:公式/2.5649
4:作战/2.5649

0/1.4663

图 5.11 一元语法模型

图 5.12 二元语法模型（扫码看图）

图 5.13 三元语法模型（扫码看图）

5.3.3 构建发音词典模型

手动创建 dict 文件夹，生成如下 7 个文件：

（1）发音词典文件：lexicon.txt，复制如上所述文件。

（2）发音词典概率文件：lexiconp.txt，即在 lexicon.txt 文件中词语与音素序列之间添加 1。

```
!SIL 1 SIL
<SPOKEN_NOISE> 1 SPN
<SPOKEN_NOISE> 1 sil
<UNK> 1 SPN
语音 1 vv v3 ii in1
识别 1 sh i2 b ie2
技术 1 j i4 sh u4
算法 1 s uan4 f a3
公式 1 g ong1 sh i4
作战 1 z uo4 zh an4
防御 1 f ang2 vv v4
工事 1 g ong1 sh i4
```

（3）音素问题划分文件：extra_question.txt，相同声调的不同音素放在一行，分组排列。

```
SIL SPN
vv ii sh b j s f g z zh
in1 ong1
ix2 ie2 ang2
```

```
v3 a3
v4 ix4 i4 u4 uan4 uo4 an4
```

（4）非静音音素文件：nonsilence_phones.txt。

```
vv
v3 v4
ii
in1
sh
ix2 ix4
b
ie2
j
i4
u4
s
uan4
f
a3
g
ong1
z
uo4
zh
an4
ang2
sil
```

（5）静音音素文件：silence_phones.txt。

```
SIL
SPN
```

（6）可选静音音素文件：optional_silence.txt。

```
SIL
```

（7）静音音素概率文件：silprob.txt，概率值来源于历史训练数据。

```
<s> 0.97
</s>_s 2.25287275463452
</s>_n 0.0751953756044114
overall 0.31
```

使用 Kaldi 脚本生成 lang 文件目录及相关文件。

```
cd ~/kaldi/egs/wsj/s5
utils/prepare_lang.sh ~/ngram-test/data/dict "<UNK>" ~/ngram-test/data/lang_tmp ~/ngram-test/data/lang
```

在 data/lang 目录下得到 L.fst 和 L_disambig.fst，其中 L_disambig.fst 为添加了消歧音素的发音词典模型。另外，还得到上述步骤需要的 words.txt 以及后续步骤需要的 topo、phones.txt、phones/disambig.int 文件。

执行如下命令将发音词典模型 fst 输出为 dot 格式文件：

```
~/kaldi/tools/openfst/bin/fstdraw --isymbols=phones.txt --osymbols=words.txt L.fst > L.dot
~/kaldi/tools/openfst/bin/fstdraw --isymbols=phones.txt --osymbols=words.txt L_disambig.fst > L_disambig.dot
```

修改 dot 文件中的 size 属性：

```
L.dot:size = "25,40"
L_disambig.dot:size = "25,40"
```

执行 dot 命令输出图像：

```
dot -Tjpg L.dot > L.jpg
dot -Tjpg L_disambig.dot > L_disambig.jpg
```

发音词典模型图像及消歧后的发音词典模型图像如图 5.14 和图 5.15 所示。

图 5.14　发音词典模型图像（扫码看图）

图 5.15　消歧后的发音词典模型图像（扫码看图）

5.3.4　合并发音词典与语法模型

执行如下命令将 L_disambig.fst 分别与 G-ngram.fst 合并，输出合并的 LdG-ngram.fst 模型，同样地，可以将 L.fst 分别与 G-ngram.fst 合并，得到对应的 LG-ngram.fst。

```
~/kaldi/tools/openfst/bin/fstcompose L_disambig.fst G-1gram.fst LdG-1gram.fst
~/kaldi/tools/openfst/bin/fstcompose L_disambig.fst G-2gram.fst LdG-2gram.fst
~/kaldi/tools/openfst/bin/fstcompose L_disambig.fst G-3gram.fst LdG-3gram.fst
~/kaldi/tools/openfst/bin/fstcompose L.fst G-1gram.fst LG-1gram.fst
~/kaldi/tools/openfst/bin/fstcompose L.fst G-2gram.fst LG-2gram.fst
~/kaldi/tools/openfst/bin/fstcompose L.fst G-3gram.fst LG-3gram.fst
```

执行如下命令合并的 LdG-ngram.fst 输出为 dot 格式文件：

```
~/kaldi/tools/openfst/bin/fstdraw --isymbols=phones.txt --osymbols=words.txt LdG-1gram.fst > LdG-1gram.dot
~/kaldi/tools/openfst/bin/fstdraw --isymbols=phones.txt --osymbols=words.txt LdG-2gram.fst > LdG-2gram.dot
~/kaldi/tools/openfst/bin/fstdraw --isymbols=phones.txt --osymbols=words.txt LdG-3gram.fst > LdG-3gram.dot
```

执行如下 dot 命令输出图像：

```
dot -Tjpg LdG-1gram.dot > LdG-1gram.jpg
dot -Tjpg LdG-3gram.dot > LdG-2gram.jpg
dot -Tjpg LdG-3gram.dot > LdG-3gram.jpg
```

合并的 LG 模型图像如图 5.16 至图 5-18 所示。

图 5.16　一元语法 LG 模型（扫码看图）

图 5.17　二元语法 LG 模型（扫码看图）

图 5.18　三元语法 LG 模型（扫码看图）

5.3.5　构建上下文模型与发音词典模型和语法模型

执行如下命令将 LdG-ngram 模型进行确定化：

```
~/kaldi/tools/openfst/bin/fstdeterminize LdG-1gram.fst > det-LdG-1gram.fst
~/kaldi/tools/openfst/bin/fstdeterminize LdG-2gram.fst > det-LdG-2gram.fst
~/kaldi/tools/openfst/bin/fstdeterminize LdG-3gram.fst > det-LdG-3gram.fst
```

执行如下命令构建 CLG 模型：

```
~/kaldi/src/fstbin/fstcomposecontext --context-size=1 --central-position=0  --read-disambig-syms=lang/phones/disambig.int --write-disambig-syms=disambig_ilabels.int disambig_ilabels < ../LdG-1gram.fst > CLdG-1gram.fst
~/kaldi/src/fstbin/fstcomposecontext --context-size=1 --central-position=0  --read-disambig-syms=lang/phones/disambig.int --write-disambig-syms=disambig_ilabels.int disambig_ilabels < ../LdG-2gram.fst > CLdG-2gram.fst
~/kaldi/src/fstbin/fstcomposecontext --context-size=1 --central-position=0  --read-disambig-syms=lang/phones/disambig.int --write-disambig-syms=disambig_ilabels.int disambig_ilabels < ../LdG-3gram.fst > CLdG-3gram.fst
```

使用上述与 LdG.fst 模型可视化相同的命令将 fst 模型转为 dot 格式文件，修改对应 dot 文件中的 size 大小（相同），使用 dot 命令输出图像，如图 5.19 和图 5.20 所示。

图 5.19　一元语法 CLG 模型（扫码看图）

图 5.20　二元语法 CLG 模型（扫码看图）

5.3.6　构建 HCLG

构建 HMM，需要先初始化定义 GMM-HMM 结构，确定音素绑定树结构，执行如下命令生成初始化的 GMM-HMM 和音素绑定树：

```
~/kaldi/src/gmmbin/gmm-init-mono lang/topo 40 gmm-init.mdl phone.tree
~/kaldi/src/bin/make-h-transducer --disambig-syms-out=disambig_tid.int disambig_ilabels phone.tree gmm-init.mdl > Ha.fst
```

执行如下命令将 Ha.fst 模型输出为 dot 格式文件：

```
~/kaldi/tools/openfst/bin/fstdraw --osymbols=phones.txt Ha.fst > Ha.dot
```

执行 dot 命令输出图像，隐马尔可夫 H 图如图 5.21 所示。

图 5.21　隐马尔可夫 H 图（扫码看图）

执行如下命令合并 Ha.fst 与 CLdG-ngram.fst 模型：

```
~/kaldi/src/fstbin/fsttablecompose Ha.fst CLdG-1gram.fst > HaCLdG-1gram.fst
~/kaldi/src/fstbin/fsttablecompose Ha.fst CLdG-2gram.fst > HaCLdG-2gram.fst
~/kaldi/src/fstbin/fsttablecompose Ha.fst CLdG-3gram.fst > HaCLdG-3gram.fst
```

执行如下命令确定化 HCLG.fst 模型：

```
~/kaldi/src/fstbin/fstdeterminizestar HaCLdG-1gram.fst > det-HaCLdG-1gram.fst
~/kaldi/src/fstbin/fstdeterminizestar HaCLdG-2gram.fst > det-HaCLdG-2gram.fst
~/kaldi/src/fstbin/fstdeterminizestar HaCLdG-3gram.fst > det-HaCLdG-3gram.fst
```

执行如下命令去除 HCLG.fst 模型中与消歧相关的转移：

```
~/kaldi/src/fstbin/fstrmsymbols data/disambig_tid.int det-HaCLdG-1gram.fst > det-HaCLG-1gram.fst
~/kaldi/src/fstbin/fstrmsymbols data/disambig_tid.int det-HaCLdG-2gram.fst > det-HaCLG-2gram.fst
~/kaldi/src/fstbin/fstrmsymbols data/disambig_tid.int det-HaCLdG-3gram.fst > det-HaCLG-3gram.fst
```

执行如下命令最小化 HCLG.fst 模型：

```
~/kaldi/tools/openfst/bin/fstminimize det-HaCLG-1gram.fst > min-det-HaCLG-1gram.fst
~/kaldi/tools/openfst/bin/fstminimize det-HaCLG-2gram.fst > min-det-HaCLG-2gram.fst
~/kaldi/tools/openfst/bin/fstminimize det-HaCLG-3gram.fst > min-det-HaCLG-3gram.fst
```

执行如下命令为 HaCLG.fst 模型添加自环：

```
~/kaldi/src/bin/add-self-loops --self-loop-scale=0.1 --reorder=true data/gmm-init.mdl < min-det-HaCLG-1gram.fst > min-det-HCLG-1gram.fst
~/kaldi/src/bin/add-self-loops --self-loop-scale=0.1 --reorder=true data/gmm-init.mdl < min-det-HaCLG-2gram.fst > min-det-HCLG-2gram.fst
~/kaldi/src/bin/add-self-loops --self-loop-scale=0.1 --reorder=true data/gmm-init.mdl < min-det-HaCLG-3gram.fst > min-det-HCLG-3gram.fst
```

执行如下命令合并的 LdG-ngram.fst 输出为 dot 格式文件：

```
~/kaldi/tools/openfst/bin/fstdraw --osymbols=words.txt min-det-HCLG-1gram.fst > min-det-HCLG-1gram.dot
~/kaldi/tools/openfst/bin/fstdraw --osymbols=words.txt min-det-HCLG-2gram.fst > min-det-HCLG-2gram.dot
~/kaldi/tools/openfst/bin/fstdraw --osymbols=words.txt min-det-HCLG-3gram.fst > min-det-HCLG-3gram.dot
```

执行 dot 命令输出图片，最后的 HCLG 图像如图 5.22 所示。

图 5.22　HCLG 图像（扫码看图）

本章小结

本章主要介绍了 WFST 解码器的关键概念、算法和理论。首先，本章重点介绍了基于动态网络的 Viterbi 解码算法，它是一种基于 WFST 的高效解码算法，能够在实时应用中快速处理大规模语音和文本数据，给出了动态网络的构建方法以及 Viterbi 解码的流程和优化技巧。实验结果证明了基于动态网络的 Viterbi 解码算法在准确性和效率方面的优势。

接着，本章介绍了 WFST 的概念，并详细介绍了它的构造。此外，本章还介绍了 WFST 的理论，包括 HCLG 构建方法和解码策略。通过 HCLG 的构建过程，本章将语言模型、发音模型和声学模型进行组合，并生成一个高效的识别网络。

最后，我们总结了本章的主要内容和贡献。通过本章的学习，读者可以深入了解 WFST 解码器的理论和实践，以及它在语音识别和 NLP 领域的广泛应用。

课后习题

一、选择题

1．在基于动态网络的 Viterbi 解码中，动态网络是指（　　）。

A．一个随时间变化的有向图，其中每个节点表示一个状态，每条边表示从一个状态到另一个状态的转移

B．一个静态的有向图，其中每个节点表示一个状态，每条边表示从一个状态到另一个状态的转移

C．一个随时间变化的无向图，其中每个节点表示一个状态，每条边表示从一个状态到另一个状态的转移

D．一个静态的无向图，其中每个节点表示一个状态，每条边表示从一个状态到另一个状态的转移

2．加权有限状态转换器（WFST）用于表示（　　）。

A．有限状态自动机　　B．图灵机

C．无限状态自动机　　D．有限状态自动机与带权重的转移

二、判断题

1．有限状态转换器（FST）与有限状态接收器（FSA）相比每条边多了一个输出字符串，这样 FST 可以看成一个关系，把输入字符串映射成另外一个字符串输出。（　　）

2．半环不能满足交换律与结合律。（　　）

第 6 章　深度神经网络模型

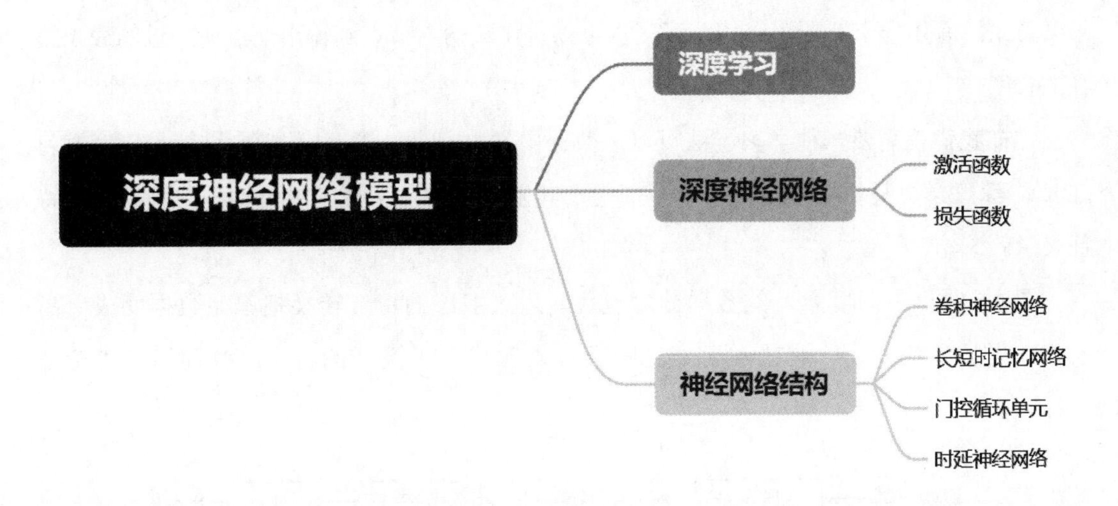

本章导读

本章主要介绍深度神经网络—隐马尔可夫模型（DNN-HMM），首先介绍深度神经网络的发展历程，然后介绍在 DNN-HMM 中常见的几种神经网络结构。

本章要点

- 理解深度学习。
- 掌握深度神经网络。
- 掌握神经网络结构。

近 20 年来，人工智能最具突破性的技术当属深度学习，深度学习具有强大的建模和表征能力，在图像和语音处理等领域得到了很好的应用。由于深度学习在语音识别领域的成功应用，苹果、科大讯飞、百度、亚马逊、谷歌、阿里巴巴等国内外知名公司先后推出了语音助手、语音输入法、语音搜索、智能音箱等产品，受到消费者的普遍欢迎。本章围绕深度学习所采用的深度神经网络（DNN）来讲解，重点介绍 DNN-HMM 的基本结构和训练流程，并介绍不同的 DNN 结构，包括卷积神经网络（CNN）、长短时记忆网络（LSTM）、门控循环单元（GRU）和时延神经网络（TDNN）等。

6.1 深度学习

为了学习一种好的表示，需要构建具有一定“深度”的模型，并通过学习算法来让模型自动学习出好的特征表示（从底层特征，到中层特征再到高层特征），从而最终提升预测模型的准确率。所谓“深度”是指原始数据进行非线性特征转换的次数。如果把一个表示学习系统看作一个有向图结构，深度也可以看作从输入节点到输出节点所经过的最长路径的长度。

这样我们就需要一种学习方法可以从数据中学习一个“深度模型”，这就是深度学习（DL）。深度学习是机器学习的一个子问题，其主要目的是从数据中自动学习到有效的特征表示。

图 6.1 给出了深度学习的数据处理流程，通过多层的特征转换把原始数据变成更高层次、更抽象的表示。这些学习到的表示可以替代人工设计的特征，从而避免“特征工程”。

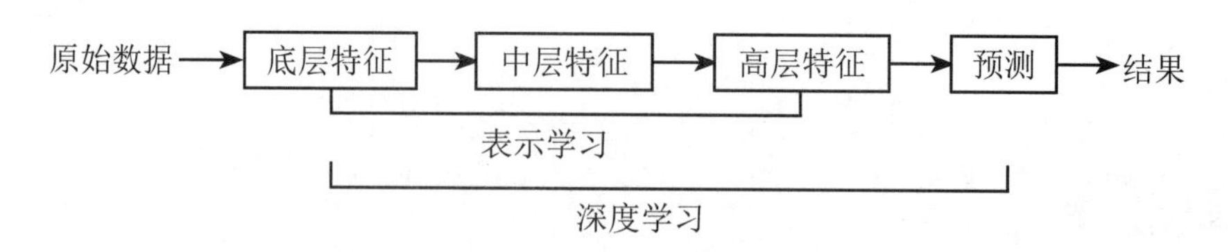

图 6.1 深度学习的数据处理流程

深度学习是将原始的数据特征通过多步的特征转换得到一种特征表示，并进一步输入到预测函数得到最终结果。和“浅层学习”不同，深度学习需要解决的关键问题是贡献度分配问题，即一个系统中不同的组件或其参数对最终系统输出结果的贡献或影响。以下围棋为例，每当下完一盘棋，最后的结果要么赢要么输。我们会思考是哪几步棋导致了最后的胜利，或者又是哪几步棋导致了最后的败局。如何判断每一步棋的贡献就是贡献度分配问题，这是一个非常困难的问题。从某种意义上讲，深度学习可以看作一种强化学习（Reinforcement Learning，RL），每个内部组件并不能直接得到监督信息，需要通过整个模型的最终监督信息（奖励）得到，并且有一定的延时性。

目前，深度学习采用的模型主要是神经网络模型，其主要原因是神经网络模型可以使用误差反向传播算法，从而可以比较好地解决贡献度分配问题。只要是超过一层的神经网络都会存在贡献度分配问题，因此可以将超过一层的神经网络都看作深度学习模型，随着深度学习的快速发展，模型深度也从早期的 5 ～ 10 层增加到目前的数百层，随着模型深度的不断增加，其特征表示的能力也越来越强，从而使后续的预测更加容易。

在一些复杂任务中，传统机器学习方法需要将一个任务的输入和输出之间人为地切割成很多子模块（或多个阶段），每个子模块分开学习。例如一个自然语言理解任务，一般需要分词、词性标注、句法分析、语义分析、语义推理等步骤。这种学习方式有两个问题：一是每一个模块都需要单独优化，并且其优化目标和任务总体目标并不能保证一致；二是错误传播，即前一步的错误会对后续的模型造成很大的影响。这样就增加了机器学习方法在实际应用中的难度。

端到端学习也称端到端训练，是指在学习过程中不进行分模块或分阶段训练，直接优化任务的总体目标。在端到端学习中，一般不需要明确地给出不同模块或阶段的功能，中间过程不需要人为干预。端到端学习的训练数据为“输入—输出”对的形式，无须提供其他额外信息。因此，端到端学习和深度学习一样，都要解决贡献度分配问题。目前，大部分采用神经网络模型的深度学习也可以看作一种端到端学习。

6.2 神经网络

神经网络

随着神经科学、认知科学的发展，我们逐渐知道人类的智能行为都和大脑活动有关。人类大脑是一个可以产生意识、思想和情感的器官。受到人脑神经系统的启发，早期的神经科学家构造了一种模仿人脑神经系统的数学模型，称为人工神经网络，简称神经网络。在机器学习领域，神经网络是指由很多人工神经元构成的网络结构模型，这些人工神经元之间的连接强度是可学习的参数。

6.2.1 人脑神经网络

人类大脑是人体最复杂的器官，由神经元、神经胶质细胞、神经干细胞和血管组成。其中，神经元是携带和传输信息的细胞，是人脑神经系统中最基本的单元。人脑神经系统是一个非常复杂的组织，包含近 860 亿个神经元，每个神经元有上千个突触和其他神经元相连接。这些神经元和它们之间的连接形成巨大的复杂网络，其中神经连接的总长度可达数千公里。人造的复杂网络，如全球的计算机网络，和人脑神经网络相比要“简单”得多。

早在 1904 年，生物学家就已经发现了神经元的结构。典型的神经元结构大致可分为细胞体和细胞突起。

（1）细胞体中的神经细胞膜上有各种受体和离子通道，胞膜的受体可与相应的化学物质神经递质结合，引起离子通透性及膜内外电位差发生改变，产生相应的生理活动：兴奋或抑制。

（2）细胞突起是由细胞体延伸出来的细长部分，又可分为树突和轴突。树突可以接收刺激并将兴奋传入细胞体。每个神经元可以有一个或多个树突。轴突可以把自身的兴奋状态从胞体传送到另一个神经元或其他组织，每个神经元只有一个轴突。

神经元可以接收其他神经元的信息，也可以发送信息给其他神经元。神经元之间没有物理连接，两个“连接”的神经元之间留有 20 纳米左右的缝隙，并靠突触进行互联来传递信息，形成一个神经网络，即神经系统。突触可以理解为神经元之间的连接“接口”，将一个神经元的兴奋状态传到另一个神经元。一个神经元可被视为一种只有两种状态（兴奋和抑制）的细胞。神经元的状态取决于从其他的神经细胞收到的输入信号量以及突触的强度（抑制或加强）。当信号量总和超过了某个阈值时，细胞体就会兴奋，产生电脉冲。电脉冲沿着轴突并通过突触传递到其他神经元。图 6.2 给出了一种典型的神经元结构。

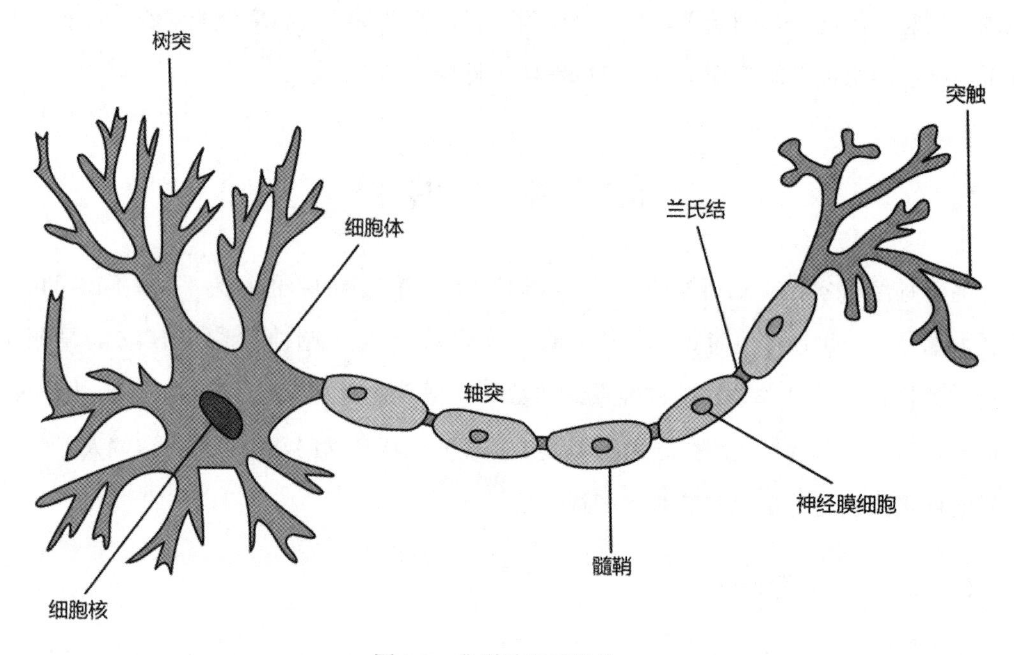

图 6.2 典型神经元结构

我们知道，一个人的智力不完全由遗传决定，大部分来自于生活经验。也就是说人脑神经网络是一个具有学习能力的系统。那么人脑神经网络是如何学习的呢？在人脑神经网络中，每个神经元本身并不重要，重要的是神经元如何组成网络。不同神经元之间的突触有强有弱，其强度是可以通过学习（训练）来不断改变的，具有一定的可塑性。不同的连接形成了不同的记忆印痕。1949 年，加拿大心理学家 Donald Hebb 在 *The Organization of Behavior* 一书中提出突触可塑性的基本原理，“当神经元 A 的一个轴突和神经元 B 很近，足以对它产生影响，并且持续地、重复地参与了对神经元 B 的兴奋，那么在这两个神经元或其中之一会发生某种生长过程或新陈代谢变化，以致神经元 A 作为能使神经元 B 兴奋的细胞之一，它的效能加强了。”这个机制称为赫布理论。如果两个神经元总是相关联地受到刺激，它们之间的突触强度增加。这样的学习方法被称为赫布型学习。Hebb 认为人脑有两种记忆：长期记忆和短期记忆。短期记忆持续时间不超过一分钟。如果一个经验重复足够的次数，此经验就可储存在长期记忆中。短期记忆转化为长期记忆的过程就称为凝固作用。人脑中的海马区为大脑结构凝固作用的核心区域。

6.2.2 人工神经网络

人工神经网络是为模拟人脑神经网络而设计的一种计算模型，它从结构、实现机理和功能上模拟人脑神经网络。人工神经网络与生物神经元类似，由多个节点（人工神经元）互相连接而成，可以用来对数据之间的复杂关系进行建模。不同节点之间的连接被赋予了不同的权重，每个权重代表了一个节点对另一个节点的影响大小。每个节点代表一种特定函数，来自其他节点的信息经过其相应的权重综合计算，输入到一个激活函数中并得到一个新的活性值（兴奋或抑制）。从系统观点看，人工神经网络是由大量神经元通过极其丰富和完善的连接而构成的自适应非线性动态系统。

虽然我们可以比较容易地构造一个人工神经网络，但是如何让人工神经网络具有学习能力并不是一件容易的事情。早期的神经网络模型并不具备学习能力。首个可学习的人工神经网络是赫布网络，其采用一种基于赫布规则的无监督学习方法。感知器是最早的具有机器学习思想的神经网络，但其学习方法无法扩展到多层的神经网络上。直到1980年左右，反向传播算法才有效地解决了多层神经网络的学习问题，并成为最为流行的神经网络学习算法。

人工神经网络诞生之初并不是用来解决机器学习问题的。由于人工神经网络可以用作一个通用的函数逼近器（一个两层的神经网络可以逼近任意的函数），因此我们可以将人工神经网络看作一个可学习的函数，并将其应用到机器学习中。理论上，只要有足够的训练数据和神经元数量，人工神经网络就可以学到很多复杂的函数。我们可以把一个人工神经网络塑造复杂函数的能力称为网络容量，这与可以被存储在网络中的信息的复杂度和数量相关。

6.2.3 神经网络的发展历史

神经网络的发展大致经历了5个阶段。

（1）第一阶段（1943—1969年）：模型提出，是神经网络发展的第一个高潮期。在此期间，科学家们提出了许多神经元模型和学习规则。

1943年，心理学家 Warren McCulloch 和数学家 Walter Pitts 最早提出了一种基于简单逻辑运算的人工神经网络，这种神经网络模型称为 MP 模型，自此开启了人工神经网络研究的序幕。1948年，Alan Turing 提出了一种“B 型图灵机”。B 型图灵机可以基于赫布规则来进行学习。1951年，McCulloch 和 Pitts 的学生 Marvin Minsky 建造了第一台神经网络机 SNARC，提出了一种可以模拟人类感知能力的神经网络模型，称为感知器，并提出了一种接近于人类学习过程（迭代、试错）的学习算法。

在这一时期，神经网络以其独特的结构和处理信息的方法在许多实际应用领域（自动控制、模式识别等）中取得了显著的成效。

（2）第二阶段（1969—1983年）：冰河期，是神经网络发展的第一个低谷期。在此期间，神经网络的研究处于长年停滞及低潮状态。

1969年，Marvin Minsky出版《感知器》一书，指出了神经网络的两个关键缺陷：一是感知器无法处理“异或”回路问题；二是当时的计算机无法支持处理大型神经网络所需要的计算能力。这些论断使人们对以感知器为代表的神经网络产生质疑，并导致神经网络的研究进入了十多年的“冰河期”。

但在这一时期，依然有不少学者提出了很多有用的模型或算法。1974年，哈佛大学的Paul Werbos发明反向传播算法，但当时未受到应有的重视。1980年，福岛邦彦提出了一种带卷积和子采样操作的多层神经网络：新知机（Neocognitron）。新知机的提出是受到了动物初级视皮层简单细胞和复杂细胞的感受野的启发。但新知机并没有采用反向传播算法，而是采用了无监督学习的方式来训练，因此也没有引起足够的重视。

（3）第三阶段（1983—1995年）：反向传播算法引起的复兴，是神经网络发展的第二个高潮期。在这个时期中，反向传播算法重新激发了人们对神经网络的兴趣。

1983年，物理学家John Hopfield提出了一种用于联想记忆的神经网络，称为Hopfield网络。Hopfield网络在旅行商问题上取得了当时的最好结果，并引起了轰动。1984年，Geoffrey Hinton提出一种随机化版本的Hopfield网络，即玻尔兹曼机。

真正引起神经网络第二次研究高潮的是反向传播算法。20世纪80年代中期，一种连接主义模型开始流行，即分布式并行处理模型。反向传播算法也逐渐成为PDP模型的主要学习算法。这时，神经网络才又开始引起人们的注意，并重新成为新的研究热点。随后，将反向传播算法引入了CNN，并在手写体数字识别上取得了很大的成功。反向传播算法是迄今最为成功的神经网络学习算法。目前在深度学习中主要使用的自动微分可以看作是反向传播算法的一种扩展。

然而，梯度消失问题阻碍了神经网络的进一步发展，特别是循环神经网络（RNN）。为了解决这个问题，采用两步来训练一个多层的RNN：

1）通过无监督学习的方式来逐层训练每一层RNN，即预测下一个输入。

2）通过反向传播算法进行精调。

（4）第四阶段（1995—2006年）：流行度降低，在此期间，支持向量机和其他更简单的方法（如线性分类器）在机器学习领域的流行度逐渐超过了神经网络。

虽然神经网络可以很容易地增加层数、神经元数量，从而构建复杂的网络，但其计算复杂性也会随之增长。当时的计算机性能和数据规模不足以支持训练大规模神经网络。在20世纪90年代中期，统计学习理论和以支持向量机为代表的机器学习模型开始兴起。相比之下，神经网络的理论基础不清晰、优化困难、可解释性差等缺点更加凸显，因此神经网络的研究又一次陷入低潮。

（5）第五阶段（2006年开始至今）：深度学习的崛起，在这一时期研究者逐渐掌握了训练 DNN 的方法，使神经网络重新崛起。Hinton 等研究者通过逐层预训练的方式来学习深度置信网络，并将其作为多层前馈神经网络的初始化权重，随后再运用反向传播算法进行精细调整。这种“预训练 + 精调”的方式可以有效地解决 DNN 难以训练的问题。随着 DNN 在语音识别和图像分类等任务上的巨大成功，以神经网络为基础的深度学习迅速崛起。近年来，随着大规模并行计算以及 GPU 设备的普及，计算机的计算能力得以大幅提高。此外，可供机器学习的数据规模也越来越大。在强大的计算能力和海量的数据规模支持下，计算机已经可以端到端地训练一个大规模神经网络，不再需要借助预训练的方式。各大科技公司都投入巨资来研究深度学习，神经网络迎来了第三次高潮。

6.2.4 深度神经网络

深度神经网络（DNN）包含输入层、多个隐藏层、输出层，每层都有固定的节点，相邻层之间的节点实现全连接，如图 6.3 所示

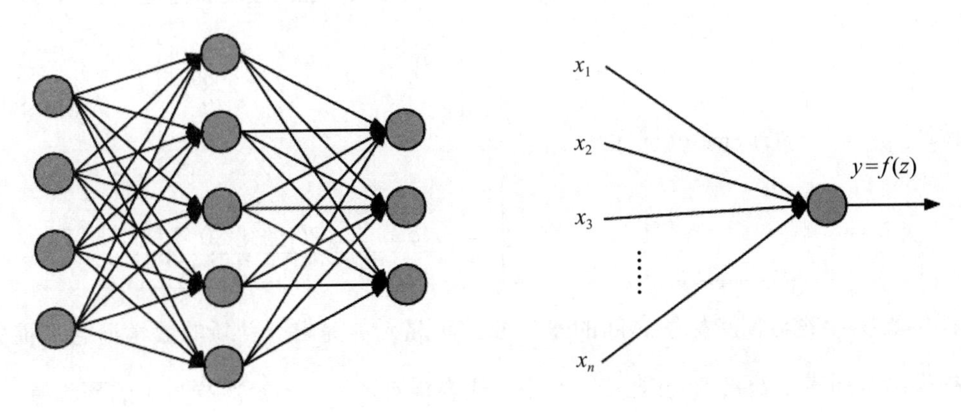

图 6.3 全连接结构

图 6.3 右边部分表示全连接层每一个神经元进行的运算，其数学公式为

$$z = w_1x_1 + w_2x_2 + \cdots + w_nx_n + b \tag{6-1}$$

$$y = f(z) \tag{6-2}$$

式中，$w_1,w_2,\cdots,w_n$ 为权重，$x_1,x_2,\cdots,x_n$ 为输入，b 为偏置，f 为激活函数。激活函数在神经元中非常重要，为了增强网络的表示能力和学习能力，激活函数需要具备以下几点性质：

（1）激活函数是连续并可导（允许少数点上不可导）的非线性函数。可导的激活函数可以直接利用数值优化的方法来学习网络参数。

（2）激活函数及其导函数要尽可能地简单，有利于提高网络计算效率。

（3）激活函数的导函数的值域要在一个合适的区间内，不能太大也不能太小，否则会影响训练的效率和稳定性。

表 6.1 列出了常用激活函数的数学表达式及函数图像。

表 6.1　常用激活函数

激活函数	数学表达式	函数图像
Sigmoid 函数	$f(z)=\frac{1}{1+\mathrm{e}^{-z}}$	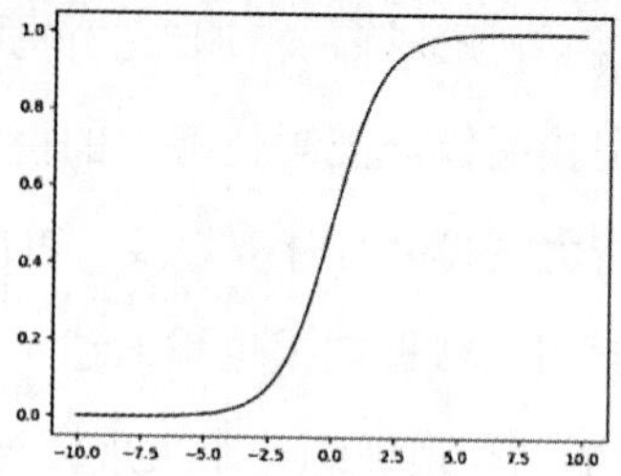
tanh 函数	$f(z)=\frac{\mathrm{e}^{z}-\mathrm{e}^{-z}}{\mathrm{e}^{z}+\mathrm{e}^{-z}}$	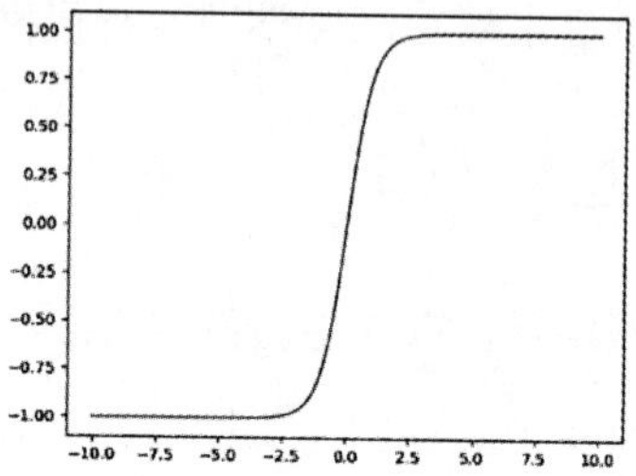
ReLU 函数	$f(z)=\max(0,z)$	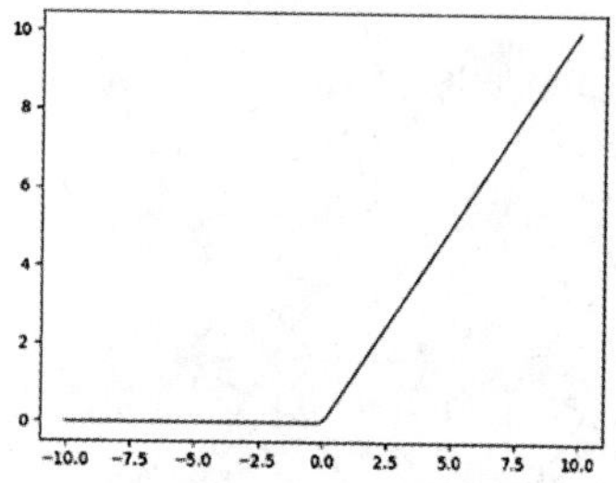

为评价真实标签与预测标签之间的差异性，研究人员提出一种新的数学概念：损失函数。损失函数通常用 $L(Y,f(x))$ 表示，其中 x 代表样本数据，$f(x)$ 为样本 x 的预测值，Y 为样本 x 的真实标签。损失函数的值域为 $[0,+\infty)$。损失函数有很多种，其中应用最多的 3 种是均方误差损失函数 MSE、L2 损失函数、交叉熵损失函数。

（1）均方误差损失函数（MSE），形式如下：

$$L(Y,f(x))=\frac{1}{N}\sum_{i=1}^{N}(Y_i-f(x_i))^2 \tag{6-3}$$

均方误差损失函数通常应用于回归问题，以样本点到回归曲线的距离作为损失，通过减少最小化均方误差损失函数的值来拉近样本点与回归曲线之间的距离。MSE 的值越接近 0，代表回归曲线的拟合效果越好，也就是各样本点与拟合曲线的距离越近。MSE 中使用欧氏距离的平方作为评估真实标签与预测标签之间距离的评价指标，符合人类对差异性的直观理解，这在一定程度上促进了 MSE 的推广。在回归问题中，MSE 是最经典、最有效的评价指标。

（2）L2 损失函数，形式如下：

$$L(Y,f(x))=\sqrt{\frac{1}{N}\sum_{i=1}^{N}(Y_i-f(x_i))^2} \tag{6-4}$$

L2 损失是采用欧氏距离来作为评价指标，是 MSE 的开平方版本。与 MSE 一样，L2 损失函数是可微的，有助于模型的反向传播。在高斯噪声环境下，L2 损失函数仍然具备较高的识别准确率，这使其广泛应用于回归问题和图像领域。

（3）交叉熵损失函数，形式如下：

$$L(Y, f(x)) = -\sum_{i=1}^{N} Y_i \log f(x_i) \qquad (6\text{-}5)$$

交叉熵原本是信息论中评估平均编码长度的一个概念，后被引入深度学习领域，用于评估当前训练得到的概率分布与真实分布的差异情况。为了提高模型预测精度，模型中不能只有线性层，因此在模型中添加激活函数对特征进行非线性变换。在神经网络中通常采用 tanh、Sigmoid、Softmax 或 ReLU 作为激活函数。交叉熵损失函数刻画了真实标签与预测标签之间的差异性，交叉熵的值越大，两个标签之间的差异性越大；反之，交叉熵的值越接近 0，两个标签之间的差异性越小，甚至无差异。另外，对于一些数据分布不平衡的任务，也经常采用交叉熵作为损失函数。在语音识别领域，语音识别模型通常是由 RNN 构建的，RNN 容易出现梯度消失或梯度爆炸等现象导致模型不稳定，交叉熵损失函数可以在一定程度上弥补 RNN 的影响，使训练的模型更为稳定。

结构风险损失函数是在经验风险损失函数的基础上添加正则项，防止模型出现过拟合。常见的正则项：L0 正则项、L1 正则项、L2 正则项。

L0 正则项是模型参数中非零参数的个数。要想减少 L0 的值，就要减少非零参数的个数，增加零参数的个数，使参数稀疏化，防止模型过拟合。

L1 正则项的数学表达式为

$$\frac{\lambda}{n}\sum_{\omega}|\omega| \qquad (6\text{-}6)$$

式中，n 为参数个数，λ 为超参数，$|\omega|$ 为参数的绝对值。将 L1 正则项添加到损失函数，在模型训练过程中会使模型参数稀疏化，参数接近于 0，减小模型复杂程度，防止模型过拟合。

L2 正则项的数学表达式为

$$\frac{\lambda}{2n}\sum_{\omega}\omega^2 \qquad (6\text{-}7)$$

式中，n 为参数个数，λ 为超参数，ω^2 为参数的平方。在模型训练过程中，L2 正则项会使参数尽可能地靠近 0，简化模型，防止过拟合。L2 正则化也被称为“岭回归”。

6.3 正向学习过程

深度学习的基本过程就是用神经网络的结构模型去训练数据并得到所需模型，它主要包括正向学习和反向调整两个过程。正向学习的过程就是从输入层开始，自底向上进行特征学习，最后在输出层输出预测结果，主要是特征的学习过程。反向调整的过程是通过将带标签的数据和正向学习的结果作对比，将两者的误差自顶向下传输，对网络进行微调，主要是参数调整的过程。本节主要讲述深度学习的正向学习过程。

6.3.1 正向学习概述

在了解正向学习之前，先明确两点。

第一，深度学习的学习结构就是一个网络。网络有输入层、隐藏层、输出层。中间的隐藏层由多层网络组成，具体层数可视情况而定。每层节点之间没有连接，相邻层之间的节点相互连接。

第二，深度学习的模型训练分为两个过程：正向学习和反向调整。

正向学习，通常也叫作正向传播，过程如下：样本数据经输入层传入第一层网络，网络学习到输入数据的自身结构，提取出更有 表达力的特征，作为下一层网络的输入，以此类推，逐层向前提取特征，最后得到各层 的参数，在输出层输出预测的结果。

正向学习的过程如图 6.4 所示。

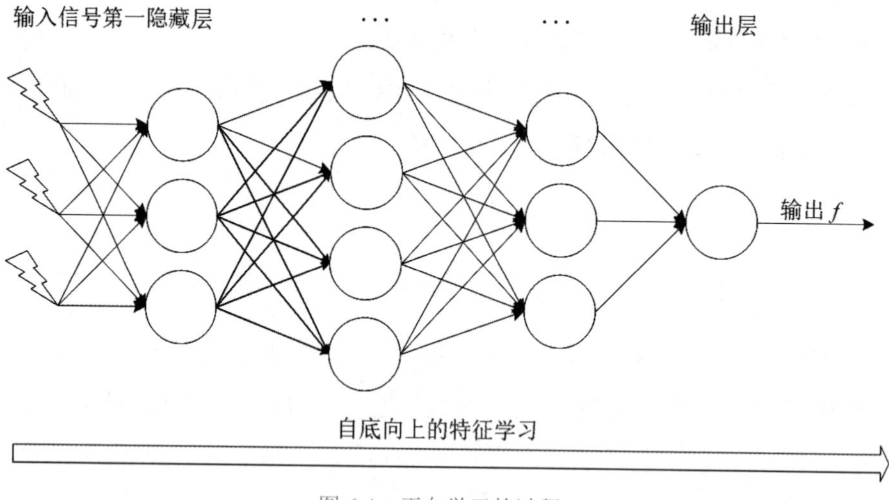

图 6.4 正向学习的过程

6.3.2 正向传播的流程

首先要对正向传播有一个整体的感知。正向传播是数据从输入层到输出层的一个处理过程。可以将其看作一个无监督训练的过程，也就是我们常说的特征学习的过程。

可以把深度学习网络看作一个系统，该系统由很多层组成，每层的功能固定，但是用参数可以调整功能的效果。这与深度学习网络中每层网络都由神经元构成，神经元的权重参数可调整相对应。系统最开始是输入层，结束是输出层，可以忽略中间的各个层的细节，暂且将其看作一个整体。正向传播的过程就相当于系统从输入到输出的过程。

假设系统为 S，如图 6.5 所示，它有 n 层（$S_1,\cdots,S_n$），它的输入是 I，输出是 O，形象地表示为：$I \Rightarrow S_1 \Rightarrow S_2 \Rightarrow \cdots \Rightarrow S_n \Rightarrow O$。如果输出 O 等于输入 I，即输入 I 经过这个系统变化之后没有任何的信息损失，保持不变，那么可以认为系统找到了一个规律（$S_1 \Rightarrow S_2 \Rightarrow \cdots \Rightarrow S_n$）来正确表达此次传播中的输入信息 I。传播的过程就对应着特征学习的过程，$S_1 \Rightarrow S_2 \Rightarrow \cdots \Rightarrow S_n$ 中的一系列参数就对应着在深度学习中训练的模型文件，这里将它叫作 model。

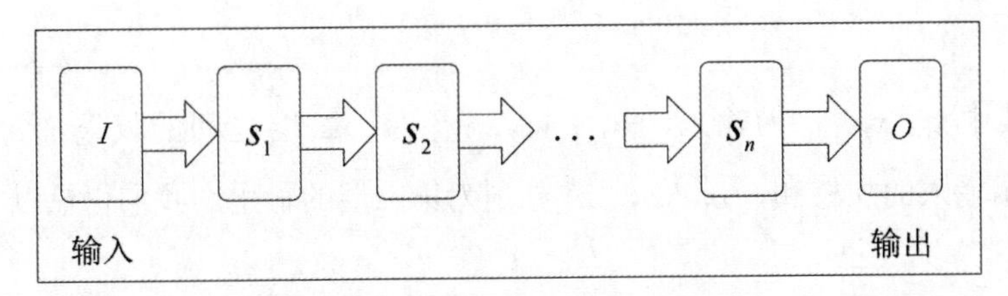

图 6.5　类比网络结构的系统结构

当然深度学习的训练过程绝不是只有正向传播的过程，它的训练过程是个循环迭代、调整参数的过程。系统能够一次性正确表达输入的情况还是很少见的，所以当系统的输出与输入相差较大时，就需要根据误差对 model 进行参数调整。参数调整的过程实际上就是反向传播的过程，后面将会详细介绍，这里不再赘述。

6.3.3　正向传播的原理

知道了正向传播的作用是什么，接下来再深入了解一下正向传播的数学原理。

深度学习的网络是由人工神经网络发展过来的，可以将其理解为有很多隐藏层的神经网络。每个神经元的结构如图 6.6 所示。

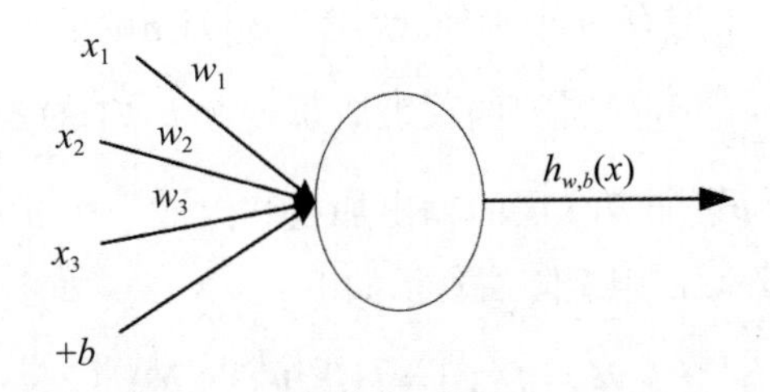

图 6.6　神经元结构

其输出 $h_{w,b}(x)$ 满足式（6-8），其中 x_1、x_2、x_3 为输入，b 为偏置，z 为输入的加权和，f 为非线性的激活函数，将线性关系转换为非线性关系。

$$h_{w,b}(x) = f(z) = f\left(\sum_{i=1}^{3} w_i x_i + b\right) \tag{6-8}$$

了解了神经元从输入到输出的传播方式，再看一个三层的神经网络结构，如图 6.7 所示，图中参数未全部标出。

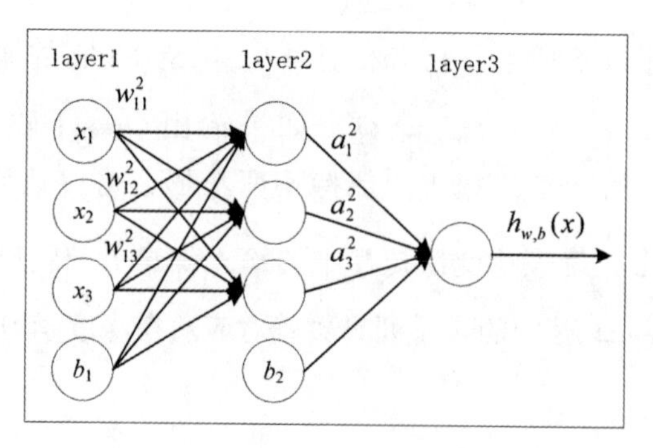

图 6.7 三层神经网络结构

同样，其中 x_1、x_2、x_3 为输入，w_{11}^2、w_{12}^2、w_{13}^2 为一二层之间的权重，b_1、b_2 为偏置，z_1、z_2、z_3 表示输入的加权和，a_1^2、a_2^2、a_3^2 分别为第二层的输出。我们仍然以 f 代表激活函数，则有

$$a_1^2 = f(z_1^2) = f(w_{11}^2 x_1 + w_{12}^2 x_2 + w_{13}^2 x_3 + b_1) \tag{6-9}$$

$$a_2^2 = f(z_2^2) = f(w_{21}^2 x_1 + w_{22}^2 x_2 + w_{23}^2 x_3 + b_1) \tag{6-10}$$

$$a_3^2 = f(z_3^2) = f(w_{31}^2 x_1 + w_{32}^2 x_2 + w_{33}^2 x_3 + b_1) \tag{6-11}$$

则第三层输出为

$$a_1^3 = f(z_1^3) = f(w_{11}^3 a_1^2 + w_{12}^3 a_2^2 + w_{13}^3 a_3^2 + b_2) \tag{6-12}$$

以此类推，神经网络的层次较深时，假设第 l-1 层共有 m 个神经元，则对于第 l 层的第 j 个神经元有

$$a_j^l = f(z_j^l) = f(\sum_{i=0}^{m} w_{jk}^l a_k^{l-1} + b_j^l) \tag{6-13}$$

由上述推导过程可以看出，代数法的表述还是比较复杂的。如果使用矩阵法表示，过程会简洁得多。假设第 l-1 层有 m 个神经元，第 l 层有 n 个神经元，则第 l 层的线性系数 w 组成了一个 $n \times m$ 的矩阵 $\boldsymbol{w}^l$，l 层的偏置组成了一个 $n \times 1$ 的矩阵 $\boldsymbol{b}^l$，第 l-1 层的输出 a 组成了一个 $m \times 1$ 的向量 $\boldsymbol{a}^{l-1}$，第 l 层的输出加权和组成一个 $n \times 1$ 的向量 $\boldsymbol{z}^l$，第 l 层的输出 a 组成一个 $n \times 1$ 的矩阵 $\boldsymbol{a}^l$，则矩阵法表示如下：

$$\boldsymbol{a}^l = f(\boldsymbol{z}^l) = f(\boldsymbol{W}^l \boldsymbol{a}^{l-1} + \boldsymbol{b}^l) \tag{6-14}$$

有了以上的推导，深度学习正向传播的详细原理就更好理解了。正向传播是利用一系列的权重矩阵和偏置向量对输入数据进行一系列的线性和非线性变换。数据从输入层开始，逐层传播，向后计算，最后通过一个激活函数（如 Softmax）输出预测的结果。这里 Softmax 的作用可以简单理解为是将线性预测值转化为类别概率，当然 Softmax 可以用其他激活函数代替。正向学习预测结果示意图如图 6.8 所示。

到网络在输出层输出预测结果为止，深度学习的正向学习过程已经讲完了。在正向学习的过程中，无数神经元组合在一起，发现了数据结构自身的规律，最后输出网络的预测结果。至于判断预测的结果是否正确，以及如何调整模型，将在后面介绍。

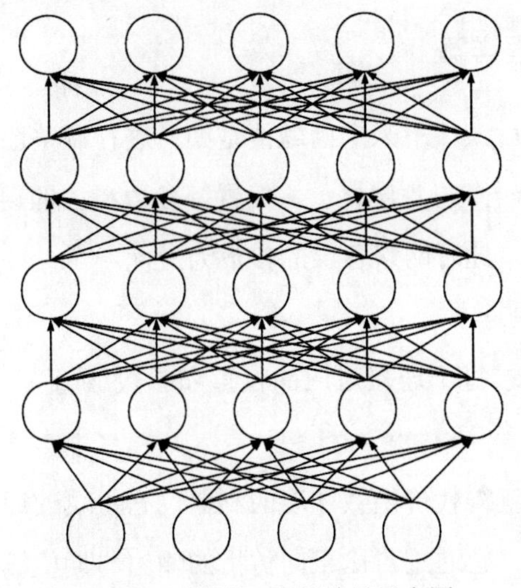

图 6.8 正向学习预测结果示意图

6.4 反向调整过程

6.4.1 反向调整概述

如果说正向传播是“机器大脑”接收信息、作出判断的过程，那么反向调整（也叫反向传播）便是它根据判断结果作出的反思和纠正。当重复且大量地进行这种调整时，“机器大脑”对学习对象的认知便更加准确、深刻。这也是深度学习的核心目标所在。

深度学习网络在正向传播的输入部分是通过学习无标签数据得到初始值的，而传统神经网络则是采用随机初始化的方法。因此，深度学习的初始值比较接近全局最优。但是若只有正向传播，模型的效果达不到优化。深度学习通过有标签的数据与正向传播的输出结果作对比，得到两者误差，两者的误差表示为一个与各层参数相关的函数，将误差向输入层方向逆推，分摊到各层中去，修正各层的参数，从而达到优化模型、提高预测准确度的目的。

反向调整的过程如图 6.9 所示。

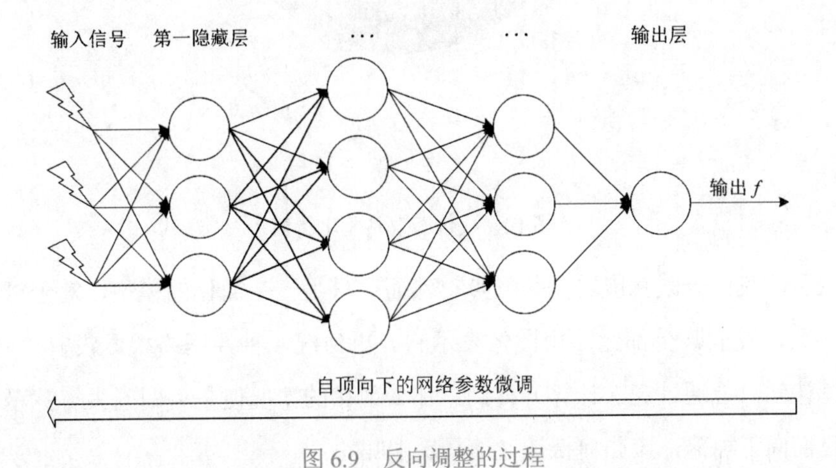

图 6.9 反向调整的过程

6.4.2 反向传播过程详解

明白何为反向调整之后，接下来的问题便是如何进行调整。

代价函数实际上就是一个与各层权重、偏置等参数相关的误差函数。当代价函数取最小值时，模型最接近正确，此时网络各层的参数为最优。

1. 反向传播算法原理

现在，问题转变成“求每个连接对应的权重和参数取值”。对此可以使用著名的反向传播算法来解决。

反向传播算法是快速获得代价函数梯度的利器，它主要使用误差向后传播法和梯度下降法调整网络各层的权重。它通过对比正向传播的输出与期望输出，得到两者的误差；再利用链式求导，将误差向前传播，分摊到各层；各层根据所得误差进行参数的调整，优化模型效果。

2. 梯度下降法

反向传播算法中有一个重要的概念——梯度，梯度方向可以通过对函数求导得到，它始终指向函数值上升最快的方向，所以梯度的反方向即为函数值下降最快的方向。沿着梯度相反方向修改参数值，结果就能落在函数的最小值附近。梯度下降法是很多模型的基础，在深度学习中运用广泛且卓有成效。

为了帮助读者理解梯度下降的概念，可以利用现实中的例子进行类比。可以把代价函数想象成一块盆地（图 6.10），现在我们置身其中，目标就是抵达盆地的最低点（全局最小值）。

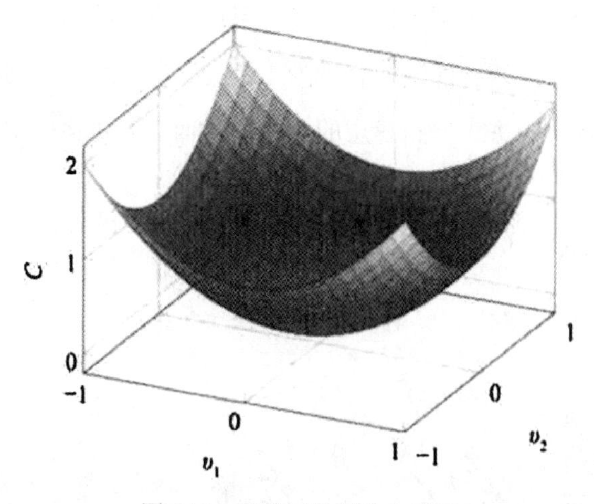

图 6.10 代价函数具象化示例

如此表示，我们一眼就能看到最低点。然而这只是一个简化的模型，对于可能更加复杂的多元函数，我们甚至都无法用图像表示它。更何况，神经网络根本没有“眼睛”，对盆地的整体认知只能通过走（计算）得到。那么现在的情况便是：四周大雾弥漫，也没有重力牵引我们向下掉落，该如何抵达盆地最底端呢？

这样看来，沿着最陡峭的方向向下走便是最好的判断准则了，只要沿着海拔下降最快的路走，最后总能抵达最底端。

神经网络对函数陡峭程度的认识便是通过对函数求导获得的变化率。当得到代价函数梯度时，也就得知了当前所处位置最陡峭的方向。当然，在快接近最底端的时候，我们会选择减慢步伐，小心试探。因为很有可能因为步子迈太大，跨过了最低点。以上的过程中，神经元节点 i 到节点 j 连接的权重 w_{ji} 更新如下：

$$w'_{ji} = w_{ji} - \eta \nabla f(x) \tag{6-15}$$

其中，η 为学习率，是很小的常数，用于控制向底端滑动的步长，根据训练进度的变化可以进行调整；$\nabla f(x)$ 为 $f(x)$ 的梯度。该式即梯度下降法，通过它就可以更新所有连接的权重，实现反向调整的目的。

有两种计算梯度的方法：一是数值梯度，二是解析梯度。

数值梯度是对每个维度在原始值上加上一个很小的数值（步长），然后计算这个维度的偏导，最后组合在一起得到梯度。数值梯度下降较慢，也比较简单。

与数值梯度相反，解析梯度的下降速度非常快，但也容易出错。

6.4.3 深层模型反向调整的问题与对策

1. 梯度弥散/梯度膨胀

按照上面的方法，乐观的人或许已经产生了这样的想法——只要尽可能多地反向调整，模型就可以无限接近绝对准确的完美状态。然而随着研究的深入，发现现实并没有那么简单，伴随着神经网络层数的增加，反向传播算法对模型的调整效果开始变差了。

由于 Sigmod 函数在趋于无限大时梯度会逐渐消失，我们会发现随着传播深度的增加（如 7 层以上），残差传播到底层时已经变得太小，梯度的幅度也会急剧减小，导致浅层神经元的权重更新非常缓慢，无法有效进行学习。深层模型也就变成了前几层几乎固定，只能调节后几层的浅层模型，形成梯度弥散。

另外，深层模型的每个神经元都是非线性变换，代价函数是高度非凸函数，与浅层模型的目标函数不同。所以采用梯度下降法容易陷入局部最优。如果套用之前的类比，就相当于我们走到了盆地坡面上的坑里，在坑的底部已经没有更陡峭的路走了，然而我们没有到达真正的最低点。

此问题正是深层模型训练的难点所在。究其根本，其实是梯度不稳定造成的。

对于这个问题，Geoffrey Hinton 提出了“逐层初始化”的解决方法。具体流程为，给定原始输入后，先训练模型的第一层编码器，将原始输入编码为第一层的初级特征，形成一种“认知”；同时引入一个对应的解码器，用来实现模型的“生成”，可以验证编码器提取的特征是否能够抽象地表示输入，且没有丢失太多信息；将原始输入编码再解码，可以大致还原为原始输入，如此就实现了让认知和生成达成一致。因此将原始输入与其编码再解码之后的误差定义为目标函数，同时训练编码器和解码器。训练收敛后，编码器就是我们要的第一层模型。接下来原始输入映射成第一层抽象，作为输入便可以继续训练出第二层模型。以此类推，直至训练出最高层模型。逐层初始化完成后，就可以用有标签的数据采用反向传播算法对模型进行训练。“逐层初始化”避免了深层模型陷入局部最优解，而是接近全局最优解。

模型初始化的位置很大程度上决定着最终模型的质量，所以在反向调整前务必要注意这一点。

2. 梯度下降的效率

在实践中，训练样本数量如果不够大，会导致分类器构造过于精细复杂，判断规则过于严格，深度学习为了防止这类过拟合问题的出现，往往会采用大规模数量的样本进行训练，避免与样本稍有不同的输入被认为不属于此类别的情况。此时若每个训练输入都单独地计算梯度值然后求平均值，将产生极大的时间开销，使学习速度变得相当缓慢。

对此，我们选择随机梯度下降法来加速学习。随机梯度下降的思想是，通过随机选取少量训练输入样本来计算，进而估算梯度。通过计算少量样本的平均值可以快速得到一个对于实际梯度很好的估算，这有助于加速梯度下降，进而加速学习过程。

更准确地说，随机梯度下降通过随机选取相对少量的 m 个输入来训练模型。我们将这些随机的训练输入称为一个小批量数据。假设样本数量 m 足够，样本梯度平均值是约等于整体梯度的平均值的，所以仅仅计算随机选取的小批量数据的梯度即可估算整体的梯度。

标准的随机梯度下降，有时会出现在谷底来回振荡，不能停止的情况，导致其收敛得比较缓慢。在下降的过程中，有一个超参数 momentum，叫作动量。它是一种方法，相当于物理意义上的摩擦，它降低了下降的速度，同时促使目标函数更快地向谷底逼近。其取值范围一般为 [0.5，0.9，0.95，0.99]，常见的做法是在迭代初始的时候设置为 0.5，经过若干次迭代后将其更新到 0.99。

神经网络结构

6.5 神经网络结构

DNN-HMM 的 HMM 架构是通用的，其中 DNN 可使用不同的网络模型，如 CNN、LSTM、GRU/PGRU、TDNN 等。

6.5.1 卷积神经网络

语音信号除了包含上下文关联信息，还包含各种频率特征，这些频率特征在不同帧之间有差别，在每一帧内部也有差异。这些局部差异用传统的建模方式不能很好地捕捉到，那么如何用神经网络提取这些局部特征呢？

CNN 对频率信息具有较强的学习能力，也可用来对音素的观测值序列（声学特征）进行建模，与 HMM 相结合，被称为卷积神经网络—隐马尔可夫模型（CNN-HMM）。

1962 年，Hubel 和 Wiesel 研究猫的大脑视觉皮层，提出“感受野”这一概念，可以简单地理解为视野范围。1980 年，Fukushima 受此启发，提出卷积神经层。卷积神经层与现今的 CNN 具有很大的相似性，每一层网络参数的权重都是共享的。1989 年，LeCun 首次将 CNN 成功应用于手写字符识别系统中，并获得不错的识别结果。CNN 应用于语音识别不仅可以提取上下文信息，而且可以考虑同一帧的频率信息。本书应用的 CNN 结构如图 6.11 所示。

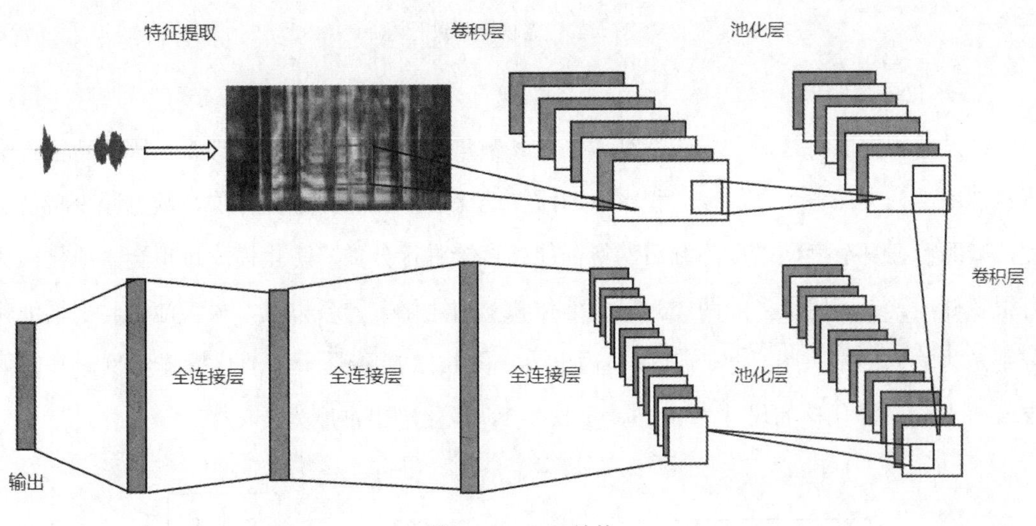

图 6.11　CNN 结构

CNN 由卷积层、池化层、全连接层 3 部分构成。下面分别介绍 3 种结构所对应的运算过程。

1. 卷积层

卷积运算的数学表达式为

$$s(t) = x(t) * w(t) \tag{6-16}$$

式中，$x(t)$ 为输入信号，* 为卷积运算符，$w(t)$ 为卷积核，$s(t)$ 为输出信号。

这里使用的卷积操作是二维卷积运算，其运算公式如下：

$$S(i,j) = (X * W)(i,j) = \sum_m \sum_n X(i+m, j+n)W(m,n) \tag{6-17}$$

式中，$S(i,j)$ 为输出信号在位置 (i,j) 处的值，$X(i+m, j+n)$ 为输入信号在位置 $(i+m, j+n)$ 处的值，$W(m,n)$ 为卷积核在位置 (m,n) 处的权重值。

图 6.12 所示是卷积运算的图像表示。

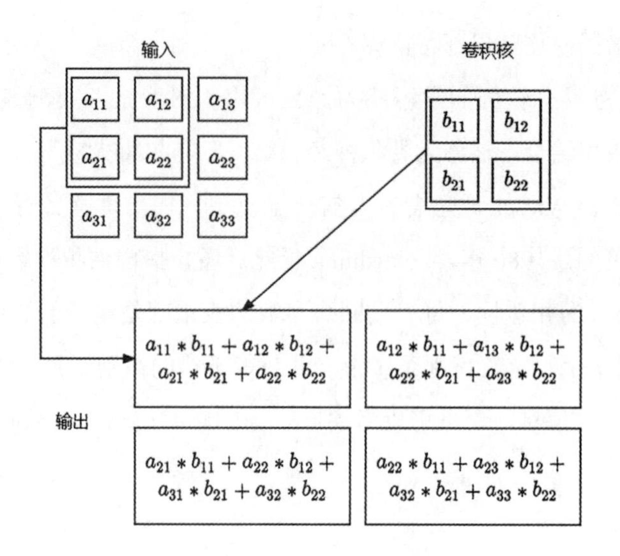

图 6.12 卷积运算过程

2. 池化层

经过卷积提取特征后，由于特征太多、参数量太大、容易发生过拟合，因此特征不会直接被用于分类任务。一般在卷积层后面添加池化层，又称为下采样层，故意减少特征维度，减弱特征复杂度，以便降维后的特征能够直接进行分类，防止模型过拟合。池化操作有很多种，其中应用最多的两类为最大池化和平均池化。顾名思义，最大池化与平均池化分别是将输入的最大值、平均值作为输出值。图 6.13 所示是一个池化操作实例，其输入维度为 4×4，池化核的尺寸为 3×3，步长为 1，池化输出维度为 2×2。

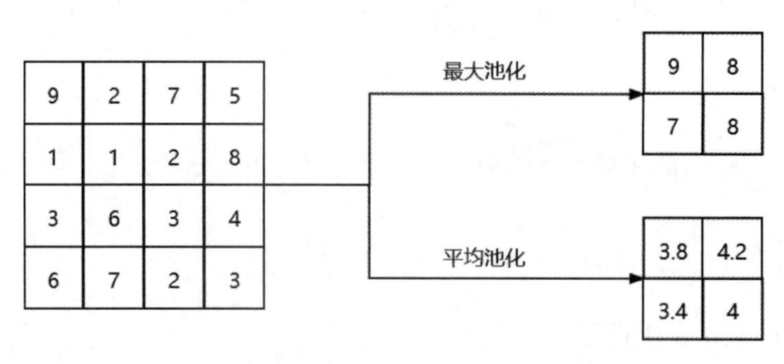

图 6.13 池化操作实例

3. 全连接层

CNN 的卷积层和池化层分别进行特征提取和数据降维，将语音的声学特征映射到抽象空间。在全连接层进行特征分类，实现抽象空间到样本标签的转换。全连接神经网络是多层感知机的构成组件。从特征提取的角度出发，全连接层是对上一层提取的特征进行线性组合和非线性变换，进一步融合特征。

CNN 是受生物学上感受野机制启发而提出的。1959 年，Hubei 等发现在猫的初级视觉皮层中存在两种细胞：简单细胞和复杂细胞。这两种细胞承担不同层次的视觉感知功能。简单细胞的感受野是狭长型的，每个简单细胞只对感受野中特定角度的光带敏感，而复杂细胞对于感受野中以特定方向移动的某种角度的光带敏感。受此启发，福岛邦彦提出了一种带卷积和子采样操作的多层神经网络：新知机。但当时还没有反向传播算法，新知机采用了无监督学习的方式来训练。LeCun 等将反向传播算法引入了 CNN，并在手写体数字识别上取得了很大的成功。

AlexNet 是第一个现代深度卷积网络模型，可以说是深度学习技术在图像分类上真正突破的开端。AlexNet 不用预训练和逐层训练，首次使用了很多现代深度网络的技术，如使用 GPU 进行并行训练，采用 ReLU 作为非线性激活函数，使用 Dropout 防止过拟合，使用数据增强来提高模型准确率等。这些技术极大地推动了端到端深度学习模型的发展。

在 AlexNet 之后，出现了很多优秀的 CNN，如 VGG 网络、Inception 网络、残差网络等。

目前，CNN 已经成为计算机视觉领域的主流模型并在语音识别领域有广泛应用。通过引入跨层的直连边，可以训练上百层乃至上千层的 CNN。随着网络层数的增加，卷积层越来越多地使用 1×1 和 3×3 大小的小卷积核，也出现了一些不规则的卷积操作，如空洞卷积、可变形卷积等。网络结构也逐渐趋向于全卷积网络，减少汇聚层和全连接层的作用。

6.5.2 长短时记忆网络

RNN 对上下文信息具有较强的学习能力，也可用来对音素的观测值序列（声学特征）进行建模，与 HMM 相结合，被称为循环神经网络—隐马尔可夫模型（RNN-HMM）。

RNN 是 LSTM 的前身。RNN 单个神经元的结构如图 6.14 所示，图中 x、y、h h' 分别代表输入、输出、上一时刻神经元传递的状态信息、当前时刻神经元传递给下一时刻神经元的状态信息。

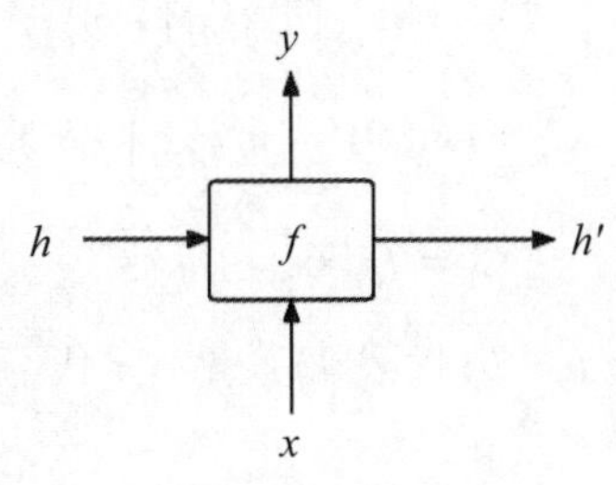

图 6.14 RNN 单个神经元的结构

RNN 内部的运算机理：

$$h' = \sigma(\boldsymbol{W}^h h + \boldsymbol{W}^i x) \tag{6-18}$$

$$y = \sigma(\boldsymbol{W}^o h') \tag{6-19}$$

式中，$\boldsymbol{W}^h$、$\boldsymbol{W}^i$、$\boldsymbol{W}^o$ 都是待学习的参数矩阵，σ 代表激活函数，一般采用 tanh 函数。在模型训练过程中，利用较小的非零数据对参数进行初始化，有利于提高模型的稳定性，但是反向传播用到链式求导，这是一个累乘的过程，会导致导数过大或过小，这就是梯度爆炸或梯度消失。普通 RNN 的另一个缺点是对长时间依赖问题学习能力弱。为了解决以上问题，研究人员对 RNN 结构进行调整，出现了许多 RNN 的变种，其中 LSTM 应用范围最广。LSTM 的内部结构如图 6.15 所示。

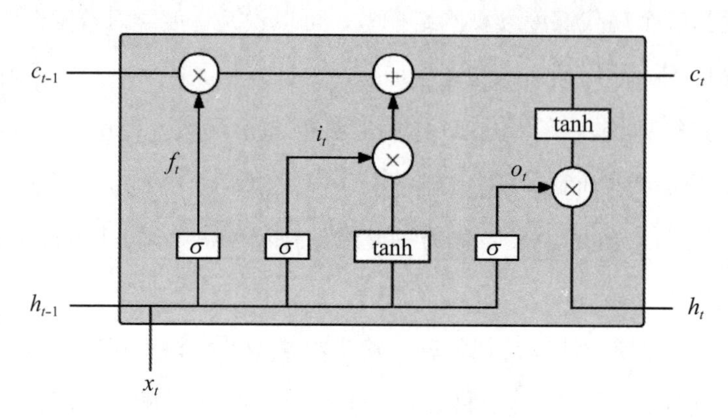

图 6.15 LSTM 的内部结构

在结构上，LSTM 在 RNN 基础上添加了遗忘门、输入门、输出门。

遗忘门以上一时刻的输出 h_{t-1} 和当前时刻的输入 x_t 为输入，然后通过激活函数产生一个 0 和 1 之间的数字，数字的大小决定前一时刻输出 c_{t-1} 的保留权重，0 表示全部“忘记”，越接近于 1 表示保留的比例越大。遗忘门的数学表达式为

$$f_t = \sigma(W_f \cdot [h_{t-1}, x_t] + b_f) \tag{6-20}$$

式中，σ 代表激活函数（一般采用 Sigmoid 函数），W_f 代表权重，b_f 代表偏置量。

输入门由两部分构成：一部分以上一时刻的输出 h_{t-1} 和当前时刻的输入 x_t 为输入，经过 Sigmoid 激活函数决定信息的更新；另一部分，h_{t-1} 和 x_t 经过 tanh 函数激活，对状态 c_t 产生影响。输入门的数学表达式为

$$i_t = \sigma(\boldsymbol{W}_i \cdot [h_{t-1}, x_t] + b_i) \tag{6-21}$$

$$\tilde{C}_t = \tanh(\boldsymbol{W}_c \cdot [h_{t-1}, x_t] + b_c) \tag{6-22}$$

$$C_t = f_t * C_{t-1} + i_t * \tilde{C}_t \tag{6-23}$$

式中，$\boldsymbol{W}_i$、$\boldsymbol{W}_c$ 代表权重矩阵，b_i、b_c 代表偏置量，σ 代表 Sigmoid 激活函数，tanh 代表 tanh 激活函数。

输出门以 h_{t-1} 和 x_t 为输入，通过 Sigmoid 激活函数得到 o_t，然后与经过 tanh 函数处理的状态 C_t 相融合，作为整体输出 h_t。输出门的数学表达式为

$$o_t = \sigma(\boldsymbol{W}_o \cdot [h_{t-1}, x_t] + b_0) \tag{6-24}$$

$$h_t = o_t * \tanh(C_t) \tag{6-25}$$

式中，$\boldsymbol{W}_o$ 代表权重矩阵，b_o 代表偏置量。

与 RNN 一样，LSTM 具备通用计算能力；与 RNN 不一样的是，LSTM 在结构上添加

遗忘门、输入门、输出门，使模型对长期依赖问题具有更好的学习能力，提升模型对序列进行分类的能力。

6.5.3 门控循环单元

LSTM 三个门控结构的学习能力不尽相同，为了进一步简化模型结构、提升学习效率，研究人员尝试将对学习能力贡献率较低的门控结构删除。2014 年，K.Cho 等人提出门控循环单元（GRU）。GRU 的结构如图 6.16 所示。

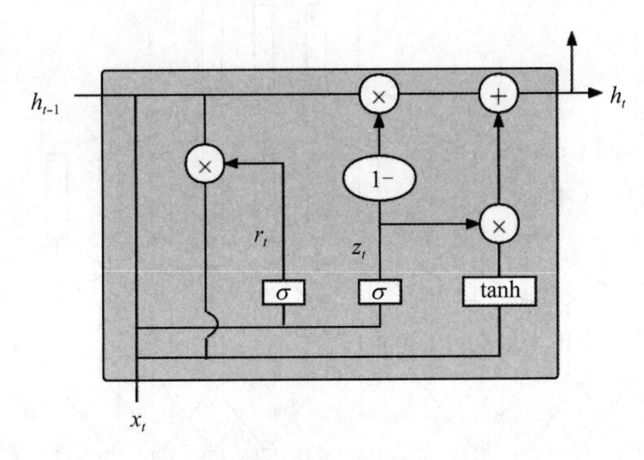

图 6.16　GRU 的结构

GRU 的计算流程如下：

$$z_t = \sigma(W_z \cdot [h_{t-1}, x_t]) \tag{6-26}$$

$$r_t = \sigma(W_r \cdot [h_{t-1}, x_t]) \tag{6-27}$$

$$\tilde{h}_t = \tanh(W \cdot [r_t * h_{t-1}, x_t]) \tag{6-28}$$

$$h_t = (1 - z_t) * h_{t-1} + z_t * \tilde{h}_t \tag{6-29}$$

相比于 LSTM，GRU 结构更简单，只有两个门控结构：复位门、更新门。打乱、融合 LSTM 的输入门和遗忘门合并得到 GRU 的更新门，另外 GRU 结构添加了一些 LSTM 没有的结构。上述操作简化结构、减少训练参数，使 GRU 更为简洁、轻便。

在实际应用中，LSTM 与 GRU 两者差别并不大，因此选择使用 LSTM 还是 GRU 要根据实际情况具体分析。有实验表明，GRU 相比 LSTM 在模型收敛速度方面更胜一筹，这是由于 GRU 结构简单、训练参数少。在训练数据量较少的情况下，GRU 甚至可能取得比 LSTM 更好的效果。

6.5.4 时延神经网络

1989 年，A.Waibel 提出了时延神经网络即 TDNN，并在实验中证实 TDNN 相比于 HMM 有更好的表现。TDNN 的两个最主要的特点是可以适应动态时域特征变化和具有较少的参数。传统 DNN 的层与层之间是全连接的，TDNN 的改变在于隐藏层的特征不仅与当前时刻的输入有关，还与过去时刻和未来时刻的输入有关。TDNN 每层的输入都通过下层的上下文窗口获得，因此其能够描述上下层节点之间的时间关系。图 6.17 所示就是一个典型的 TDNN。

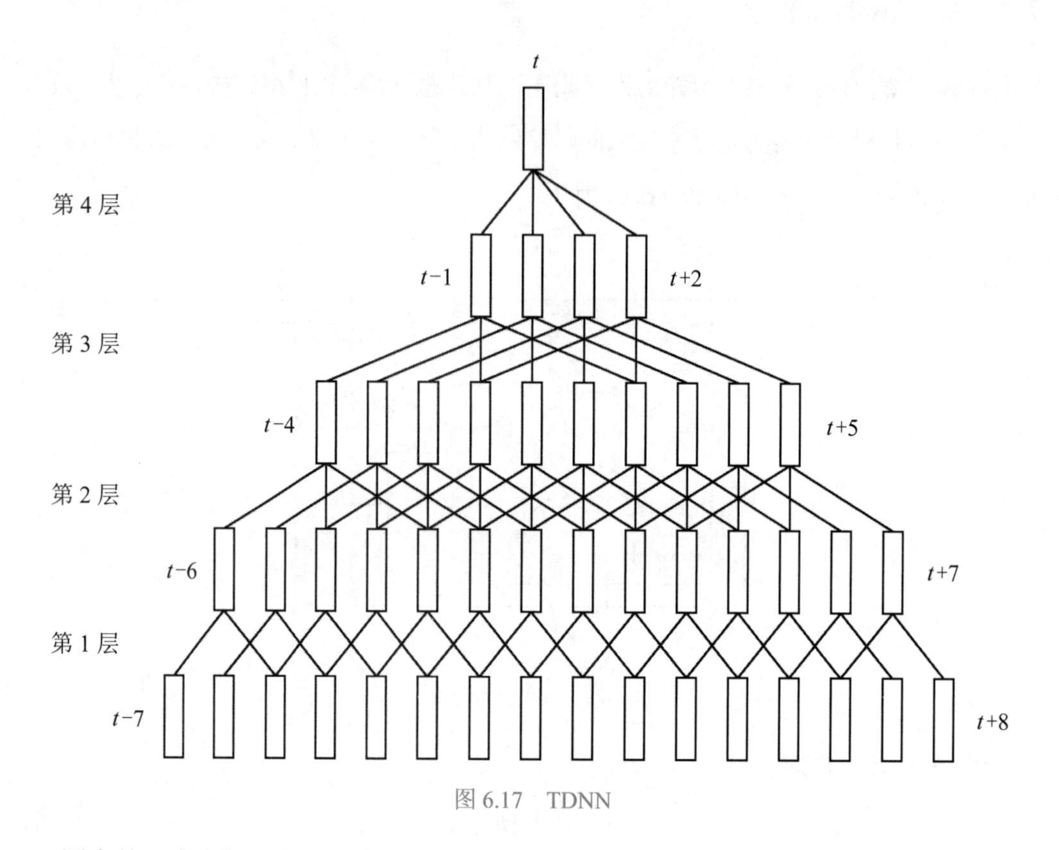

图 6.17 TDNN

图中的一个小矩形表示一个时间段内的所有节点，连接线则代表两层之间的权重矩阵。网络上下文关系描述为 (−1,+1)、(−2,0,+2)、(−3,0,+3)、(−1,0,+1,+3)。(−1,+1) 的意义就是从第 1 层开始将当前帧与过去一帧和未来一帧的节点拼接成 3 帧的节点作为第 2 层的输入节点，其相当于一维的 CNN（卷积核为 3×1）。第 2 层的输出节点数可以自己定义，输出通过仿射变换得到。第 1 层和第 2 层的权重矩阵是一个 $M \times N$ 的矩阵，M 是第 2 层的输出节点数，N 是拼接帧后的第 1 层的输出节点数。

假设使用 40 维的 Fbank 特征，第 1 层是输入层，那么第 1 层的节点为 40×3=120 维，如果定义第 2 层的输出层为 512 维，那么这两层之间的权重矩阵是一个 512×120 的矩阵。每层经过仿射变换后，与 DNN 一样，会有一个激活函数作为该层的总输出，以此增加非线性因素。(−3,0,+3) 与 (−1,0,+1) 类似，是将下一层的当前帧与过去的第 3 帧和未来的第 3 帧节点数据拼接，作为下一层的输入节点。上层也是同理，这里的 $(-m,0,+n)$ 表示当前时刻与当前时刻的前 m 时刻和当前时刻的后 n 时刻，是一个 3 刻度的离散时刻序列。这样可以使 TDNN 既有时间信息，又能使 TDNN 保持非全连接，从而降低复杂度。

除此之外，还可以对网络进行降采样，这能快速提升 TDNN 训练的效率，还能在保持识别性能的情况下精简网络模型。

TDNN本质上可以被看作一维形式的卷积神经网络（1-dimension CNN），其因为自身优良的性能和高效的运算机制而备受好评，在语音相关的许多研究方向都有用武之地，并且取得了很大的成功。

本章小结

本章详细介绍了用于语音识别的DNN-HMM的架构，其中所有的音素HMM共用一个DNN，DNN的输出层节点对应HMM的每个发射状态。DNN相比统计模型GMM，具有更强的表征能力，能够对复杂的语音化情况进行建模。本章还具体描述了DNN-HMM的训练步骤，包括帧与状态的对齐过程、DNN的后向传播过程等。

DNN可以有不同的网络结构，本章重点介绍了语音识别中常用的CNN、LSTM、GRU、TDNN等模型。其中，CNN把语音模拟为二维“图像”，通过比较小的感受视野提取时域、频域的局部特征。而TDNN的每层的输入都通过下层的上下文窗口获得，因此其能够描述上下层节点之间的时间关系。

课后习题

一、选择题

1．神经网络中常见的激活函数包括（　　）。

A．Sigmoid函数　B．tanh函数　C．ReLU函数　D．Sign函数

2．深度神经网络包含（　　）三部分。

A．输入层　B．隐藏层　C．输出层　D．激活层

3．应用于语音识别领域的DNN结构包括（　　）。

A．CNN　B．LSTM　C．GRU　D．TDNN

二、判断题

1．DNN包含输入层、多个隐藏层、输出层，每层都有固定的节点，相邻层之间的节点实现全连接。（　　）

2．相对于LSTM，CNN对语音的上下文信息具有更好的提取能力。（　　）

3．TDNN可以看作是一维卷积神经网络。（　　）

第7章　端到端语音识别

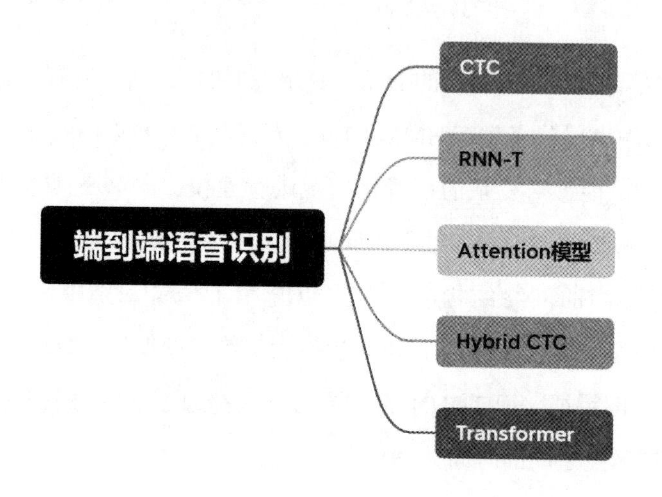

本章导读

端到端语音识别系统是语音识别领域最新的技术，也是最火热的研究领域。本章介绍在端到端语音识别领域应用最为广泛的网络模型结构。

本章要点

- 了解 CTC。
- 掌握 RNN-T。
- 掌握 Transformer。

语音识别技术从最基础的动态时间规整（Dynamic Time Warping，DTW）到使用混合高斯模型的 GMM-HMM，再到应用各类神经网络的 DNN-HMM，已经有了长足的发展。但是 GMM-HMM 没有利用帧的上下文信息，不能充分描述声学特征的状态空间分布，而 DNN-HMM 需要使用 GMM-HMM 的结果，对帧与状态进行对齐，这两种方法都有其局限性。同时传统的 HMM 框架基于贝叶斯决策理论，需要声学模型、语言模型和发音词典这三大组件，需要分开设计每个组件，且不同模型要分开训练，然后通过 WFST 等解码器再融合在一起，步骤甚为烦琐。由于每个组件的训练或设计均需要专业知识和技术积累，一部分没调好就会导致整体效果欠佳，因此传统的语音识别系统入门难，维护也难，迫切需要更简洁的框架。

自 2015 年以来，端到端模型开始应用于语音识别领域，并日益成为研究热点。E2E

语音识别只需要输入端的语音特征和输出端的文本信息，传统语音识别系统的三大组件被融合为一个网络模型，直接实现输入语音到输出文本的转换，如图 7.1 所示。

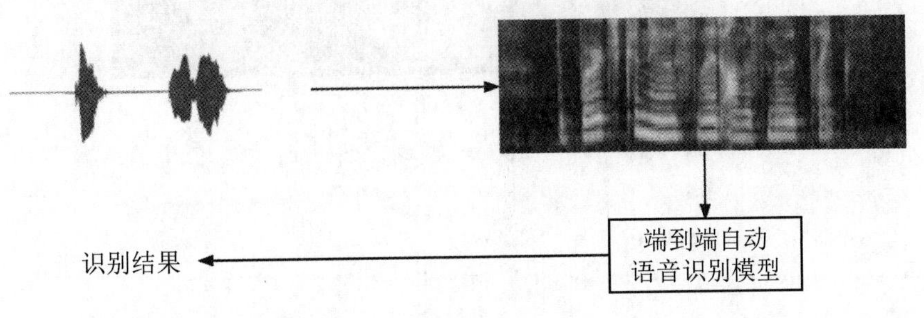

图 7.1 端到端语音识别

由于没有词典，也就没有分词，E2E 语音识别系统一般以字符（中文用字，英文用字母）作为建模单元。根据优化目标不同，E2E 系统主要有连接时序分类（CTC）和注意力（Attention）两种模型。2006 年，Graves 等人在 ICML2006 上首次提出 CTC 方法，该方法直接自动对齐输出标签和输入序列，不再像 DNN-HMM 那样需要对齐标注。CTC 假定输入符号是相互独立的，输出序列与输入序列是按时间顺序单调对齐的，然后通过动态规划来解决序列对齐问题。对于一段语音，CTC 最后的输出是尖峰（spike）的序列，而不关心每一个字符对应的时间长度。2012 年，Graves 等人又提出了循环神经网络变换器（RNN Transducer2），它是 CTC 的一个扩展，能够整合输入序列与之前的输出序列，这相当于同时对声学模型和语言模型进行优化。2014 年，基于 Attention 的 Encoder-Decoder 方案在机器翻译领域得到了广泛应用，并取得了较好的实验结果，之后很快被大规模商用。J.K.Chorowski 等人在 2015 年将 Attention 的应用扩展到了语音识别领域，并且大放异彩。近几年来，基于 Attention 的语音识别模型（特别是 Transformer）在学术界引起极大关注，相关研究取得了较大的进展。这种模型无须对输入、输出序列的对齐做任何预先假设，而可以同时学习编码、解码和如何对齐。

7.1 CTC

CTC 在输入序列 $X=\{x_1,x_2,\cdots,x_t\}$ 和输出序列 $Y=\{y_1,y_2,\cdots,y_u\}$ 之间直接建立多对一的映射关系，寻求最佳匹配。如图 7.2 所示，输出序列（“Hello”）的字符个数和输入序列 X 的长度（这里是帧数 10）并不相等，无法将它们直接匹配，但通过中间的重复字符和空白字符（“-”），可建立与输入序列的一一对应关系。在 CTC 识别后，需要去除空白字符和连续重复字符，如“ee”变为“e”，最后得到精简后的输出序列 Y。

CTC 直接对序列数据进行学习，不需帧级别的标注，而在输出序列和最终标签之间增加了多对一的空间映射，并在此基础上定义了 CTC 的损失函数，在训练过程中自动对齐并使损失函数最小化。

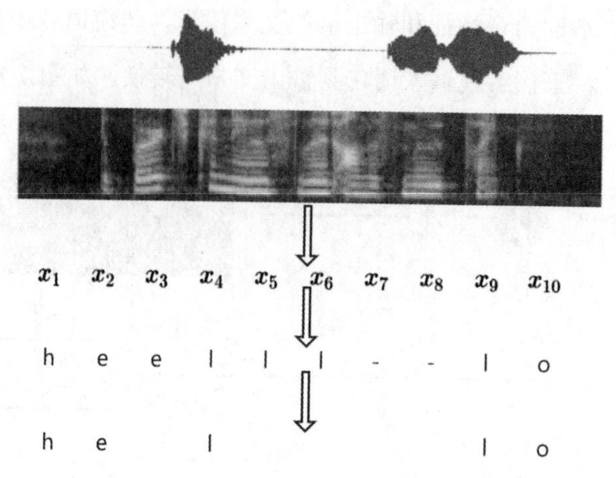

图 7.2 CTC 输入序列与输出序列的对齐关系

定义 L 为建模单元集，建模单元可以是字符，如英文字母 {a,b,⋯,z}，也可以是音素，如汉语普通话的声韵母。为了对静音、字间停顿、字间混淆进行建模，CTC 引入额外的“空白”标签（表示为“-”），把 L 扩展为 L'（即 L'=LU"-"）。在识别最后需要剔除“空白”标签，如 (a,-,b,-,-,c) 和 (a,-,-,b,-,c) 均表示（a，b，c）。

假设训练集为 S，每个样本 (X,Y) 由输入序列 $X=\{x_1,x_2,\ldots,x_T\}$ 和输出序列 $Y=\{y_1,y_2,\ldots,y_U\}$ 组成。其中，T 是输入序列的长度，U 是输出序列的长度，Y 的每个标注来自于建模单元集 L。如图 7.3 所示，CTC 的训练目标是使 X 和 Y 尽量匹配，即最大化输出概率 $P(Y|X)$。

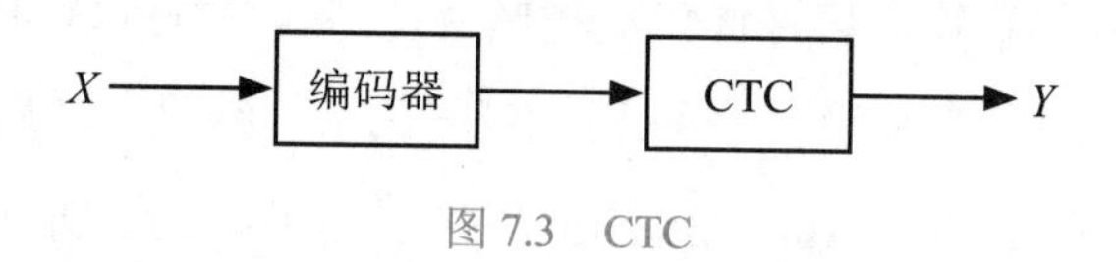

图 7.3 CTC

和 DNN-HMM 相比，基于 CTC 的端到端语音识别系统主要利用 CTC 作为损失函数，输入的序列经过解码之后，通过 CTC 衡量其和真实的序列是否接近。

输出序列 Y 可由各种 CTC 路径 $A_{\text{CTC}}(X,Y)$ 生成，这些路径包含了标注重复与空白标签各种可能的组合，如输出序列（a，b，c）可能来自以下序列：

a	a	b	b	b	c
a	b	b	c	c	c
a	-	b	-	-	c
-	a	-	b	-	c
-	a	b	b	-	c

其中，“-”表示空白，连续多个重复字符表示连续多帧特征均对应同一个字符，如“aa”表示一个“a”。若要表示“aa”，则序列为“a-a”。

穷举所有可能的路径 $A_{\text{CTC}}(X,Y)$，则 Y 由 X 生成的概率为

$$P(Y|X)=\sum_{\hat{Y}\in A_{\text{CTC}}(X,Y)} P(\hat{Y}|X) \tag{7-1}$$

其中，$\hat{Y}$表示X和Y在CTC网络下的某条对齐路径，其长度和输入序列X一致，即$\hat{Y}=\{\hat{y}_1,\hat{y}_2,\cdots,\hat{y}_T\}$。去除$\hat{Y}$的重复和空白标签后得到$Y$。

路径$\hat{Y}$出现的概率是每个时刻的输出概率的乘积：

$$P(\hat{Y}\mid X)=\prod_{t=1}^{T}P(\hat{y}_t\mid x_t),\forall\hat{Y}\in L'^{T} \tag{7-2}$$

其中，$\hat{y}_t$表示$\hat{Y}$路径在t时刻的输出标签（L'中一个），$P(\hat{y}_t\mid x_t)$是其对应的输出概率。

CTC从原始输入x_t到最后输出的计算过程如图7.4所示。

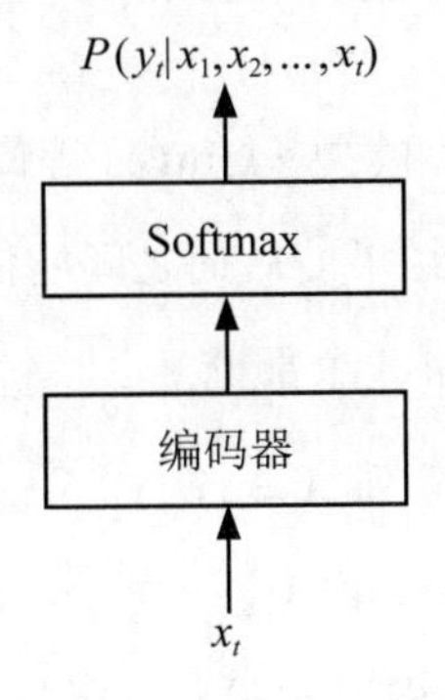

图7.4 CTC从原始输入x_t到最后输出$\hat{y}_t$的计算过程

假如扩展建模单元集L'的个数为K，则CTC输出层对应K个节点。每个节点的最后输出p_t^k对应t时刻第k个建模单元的概率，其是由编码器的隐藏层输出h_t^k经过Softmax转换得到的：

$$p_t^k=\frac{\mathrm{e}^{h_t^k}}{\sum_{k'=1}^{K}\mathrm{e}^{h_t^{k'}}} \tag{7-3}$$

式中，h_t^k表示在时间步t上，对于类别k的logit（事件的成功概率与失败概率的比值的自然对数），$\sum_{k'=1}^{K}\mathrm{e}^{h_t^{k'}}$表示对所有类别的logit的指数运算后的求和，用于计算归一化因子。

对于在某个时刻的输出$\hat{y}_t$，根据其在建模单元集的索引选择K个输出值的其中一个，如对应的索引是3，则其值为p_t^3，即$P(\hat{y}_t\mid x_t)=p_t^3$。

基于输入序列X，CTC的某条对齐路径$\hat{Y}$的输出概率$P(\hat{Y}\mid X)$完整的计算过程是指数归一化过程。为方便起见，对于每个时刻的输出，根据其在建模单元集的索引号，直接用$\hat{y}_t$表示。

针对输入序列$X=\{x_1,x_2,\cdots,x_T\}$，分别通过RNN得到隐藏层输出$\{h_1^{\hat{y}_1},h_2^{\hat{y}_2},\cdots,h_T^{\hat{y}_T}\}$，通过Softmax转换得到每个时刻的输出概率$p_t^{\hat{y}_t}$，再将这些概率连乘得到$P(\hat{Y}\mid X)$。

X和Y之间可能有很多条对齐路径，对于每条对齐路径$\hat{Y}\in A_{\mathrm{CTC}}(X,Y)$都要单独计算其输出概率，最后再通过公式（7-1）累加得到总概率$P(Y\mid X)$。

CTC 本质上还是声学模型，其损失函数被定义为训练集 S 所有样本的负对数概率之和：

$$L(S) = -\sum_{(X,Y)\in S} \ln P(Y|X) \tag{7-4}$$

CTC 训练优化的目标是使 $L(S)$ 最小化，但计算 $P(Y|X)$ 的复杂度非常高，需要穷举所有路径，类似 HMM 状态的遍历过程。为简化计算过程，我们可参照 HMM 的前向、后向算法来求解 CTC 的局部和全局概率。

7.2 RNN-T

为了联合优化声学模型与语言模型，Graves 等人在 2012 年提出了 RNN Transducer（RNN-T）。RNN-T 能更好地对输出结果前后词之间的依赖关系进行建模。

如图 7.5 所示，RNN-T 包含以下 3 个部分：

（1）编码器：把输入特征序列 $X=\{x_1,x_2,\cdots,x_T\}$ 转换为隐藏向量序列 $\boldsymbol{h}^{\text{enc}}=\{h_1^{\text{enc}},h_2^{\text{enc}},\cdots,h_T^{\text{enc}}\}$，此部分相当于声学模型。

（2）预测模型：RNN 把上一个输出标签 y_{u-1} 作为输入，并预测下一个标签 y_u，此部分相当于语言模型。

（3）联合模型：输入 $\boldsymbol{h}^{\text{enc}}$ 和 y_u，输出联合隐藏向量 $\boldsymbol{Z}=\{z_1,z_2,\cdots,z_T\}$。

最后通过 Softmax 层输出下一个标签 $\hat{y}_{t,u}$ 的概率。

RNN-T 输出序列 Y 由 X 生成的概率为

$$P(Y|X) = \sum_{\hat{Y}\in A_{\text{RNN-T}}(X,Y)} \prod_{t=1}^{T} P(\hat{y}_{t,u}|x_1,x_2,\cdots,x_t,y_1,y_2,\cdots,y_{u-1}) \tag{7-5}$$

其中，$\hat{Y}=\{\hat{y}_1,\hat{y}_2,\cdots,\hat{y}_T\}$ 是对 Y 扩充空白标签后得到的序列，表示 X 和 Y 在 RNN-T 网络下的某条对齐路径，$\hat{y}_{t,u}$ 表示 t 时刻的对齐标签（对应第 u 个非空标签）。注意 RNN-T 与 CTC 输入、输出的差异。

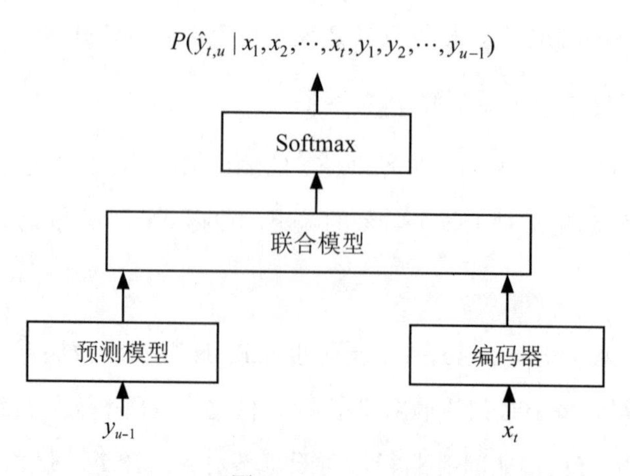

图 7.5 RNN-T

RNN-T 对声学模型和语言模型分别建模，同时又通过预测模型来联合优化，其损失函数与 CTC 的一致。因此，如果有足够的训练数据，RNN-T 就不需要另外的语言模型了，能真正实现端到端的建模。

由于 RNN-T 针对每帧输入特征进行预测输出，即不用等语音全部说完才出结果，因此可应用于流识别，特别是在嵌入式设备中。

RNN-T 除了可实现声学模型和语言模型的联合建模，还可进一步实现语音识别与说话人区分的联合建模。如图 7.6 所示，多个说话人的语音经过 RNN-T，实现了内容和说话人 ID 的识别，得到输出结果：

word1 word2 spk1 word3 spk2 word4 spk1

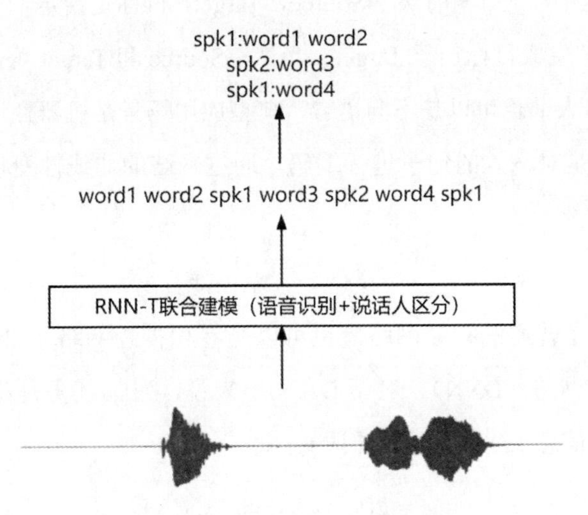

图 7.6　多说话人语音的联合建模和识别

进一步规整，得到区分说话人 ID 的识别结果：

spk1:word1 word2

spk2:word3

spk1:word4

训练多说话人 RNN-T 模型时，句子的标注要加上说话人 ID。预测模型把说话人信息与文本信息融合到一起，并送到联合模型中联合建模，整个框架与单说话人的 RNN-T 区别不大。

由于单说话人分离算法精度不高，一般只能达到 90% 的准确率，因此其难以应用到实际场景（如医生与病人之间的对话）。而 RNN-T 把说话人分离任务和语音识别任务融合在一起，兼顾了语言信息，提供了一种有效降低分离错误率的全新思路，同时还可进一步拓展 RNN-T 框架，实现标点预测等任务。

Encoder-Decoder 框架和 Attention 模型

7.3　Encoder-Decoder 框架和 Attention 模型

Encoder-Decoder 框架的应用非常广泛，常见的机器翻译模型就是 Encoder-Decoder 框架的一种实现。图 7.7 所示是 Encoder-Decoder 通用框架。

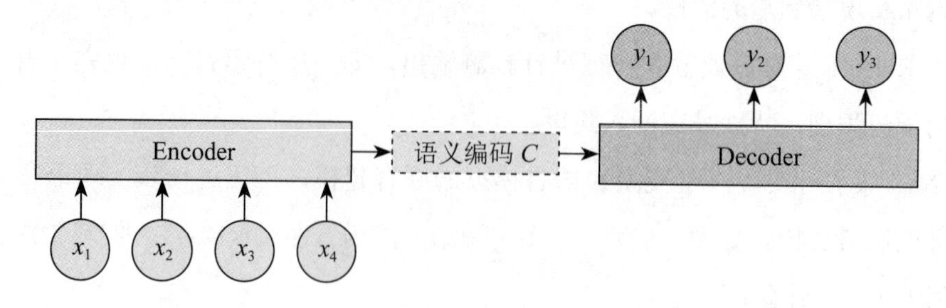

图 7.7 Encoder-Decoder 通用框架

在机器翻译模型中，对于句子对 <Source，Target> 目标是给定输入句子 Source，通过 Encoder-Decoder 框架生成目标句子 Target。当然，Source 和 Target 可以是同一种语言，典型的场景是对话机器人；也可以是不同语言，典型应用场景是机器翻译。

Encoder 的工作是对输入的句子进行编码，通过网络的非线性变换转化为中间语义表示 C，即

$$C = F(x_1, x_2, x_3, \cdots, x_m)$$

Encoder 既可以是普通的神经网络，也可以是卷积神经网络（CNN）、循环神经网络（RNN）等深度神经网络（DNN）。对于 Decoder 来说，它的任务是根据中间语义编码 C 和时刻 t 以前生成的信息来生成 t 时刻的词 y_t，即

$$y_t = g(C, y_1, y_2, y_3, \cdots, y_{t-1})$$

Encoder-Decoder 框架不仅在自然语言领域被广泛使用，在语音识别、图像处理等领域也被经常使用，是一种通用的语义编码解码模型。

Encoder-Decoder 框架和 Attention 机制之间的关系如下：虽然注意力机制是一种通用思想，不依赖于特定框架，但是图 6.19 所呈现的示例却未涵盖注意力机制。在这个示例中，解码器的每个步骤都依赖相同的语义编码 C，缺乏随着时间推移调整注意力焦点的核心特点。因此，这个示例更像是一种简单的“一刀切”模型，而并非体现了注意力机制所强调的分散注意力的特点。在生成 Target 的每个单词时，其生成过程的数学描述为

$$y_1 = g(C)$$
$$y_2 = g(C, y_1)$$
$$y_t = g(C, y_1, y_2, \cdots, y_{t-1})$$

从上面的数学描述可知，在生成 Target 句子单词时，无论生成哪个单词，它们都会使用相同的语义编码 C，没有任何 Attention 方面的体现。对于 Target 中生成的单词来讲，Source 中任意单词对生成目标单词 y_t 的影响都是相同的，类似于患有高度近视的人看蒙娜丽莎的图片，眼神中看不到任何注意焦点，模糊一片。

在传统的 RNN 或 CNN 中，由于没有 Attention 模型，当输入的句子较长时，语义完全通过一个中间语义编码 C 来表示，单词自身的信息已经消失，会失去很多细节信息。所以，

在 NLP 领域，对于没有采用 Attention 机制的长文本任务，识别效果会大打折扣，这也是引入 Attention 机制的原因。

类似机器翻译，语音识别也可被看作序列对序列（Seq2Seq）问题，即输入语音特征到识别结果的转化问题。大部分 Seq2Seq 模型无须对输入、输出序列的对齐做任何预先假设，而可以同时学习编码、解码和如何对齐。

如图 7.8 所示，Seq2Seq 通过 Encoder 和 Decoder 对输入特征和输出结果进行序列建模。

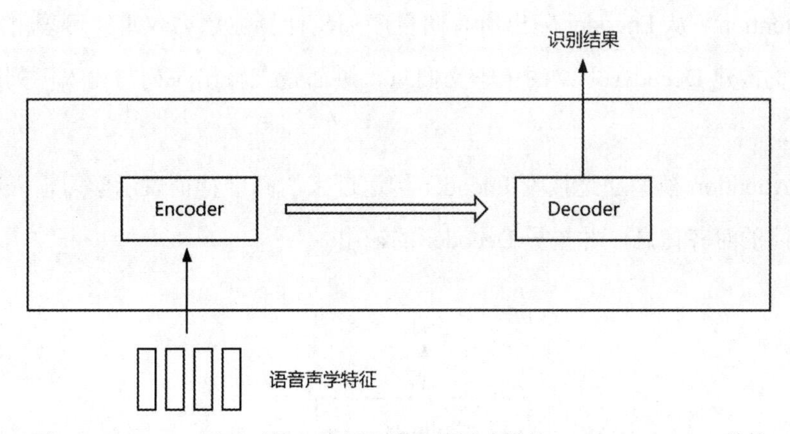

图 7.8 Seq2Seq 用于对输入特征和输出结果建模的 Encoder-Decoder 结构

Encoder 结果被直接传递给 Decoder，因此 Encoder 的信息完备性非常关键，若 Encoder 丢失很多细节信息，则 Decoder 的结果也将变得很差。

Encoder 和 Decoder 之间的关联可通过 Attention 机制加强。Attention 模仿人的视觉注意机制，通过聚焦某个特定区域得到更细节的信息，并根据重要性赋予相应的权重。

如图 7.9 所示，基于 Attention 的 Encoder-Decoder 模型是一种改进版的 Seq2Seq 方案。Attention 使 Decoder 的输出符号与 Encoder 各个阶段的编码建立关联。由于一般需要根据整句上下文环境来获取注意力权重，因此 Attention 与 Seq2Seq 方案是天作之合。

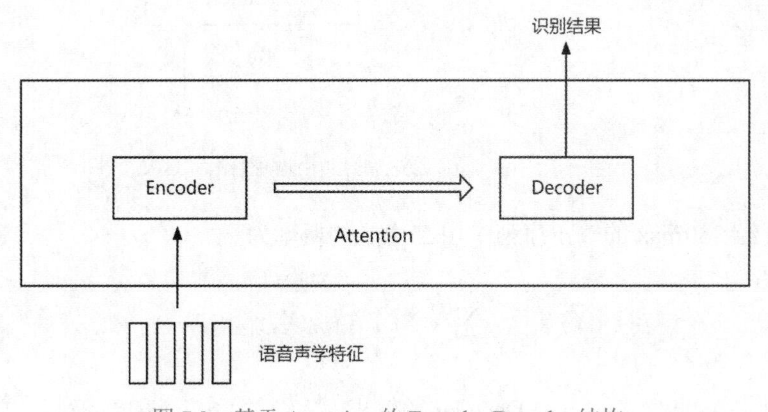

图 7.9 基于 Attention 的 Encoder-Decoder 结构

类似 RNN-T，基于 Attention 的 Encoder-Decoder 模型也不需要对输出序列做相互独立的假设。但不同于 CTC 和 RNN-T，Attention 不要求输出序列和输入序列按时间顺序对齐。

针对语音识别，图 7.10 给出了输入特征序列 X 和输出序列 Y 的编解码过程，包括以下 3 个部分：

（1）Encoder：通过 RNN 把输入特征序列 $X=\{x_1,x_2,\cdots,x_T\}$ 转为隐藏向量序列 $\boldsymbol{h}^{\text{enc}}=\{h_1^{\text{enc}},h_2^{\text{enc}},\cdots,h_T^{\text{enc}}\}$。这部分相当于声学模型。

（2）Decoder：计算输出符号 $\hat{y}_u$ 基于之前预测标签和输入特征序列的概率分布 $P(\hat{y}_u|X,y_1,y_2,\cdots,y_{u-1})$。这部分相当于语言模型。

（3）Attention：从 Encoder 输出所有向量序列，计算注意力权重（可理解为重要性），并基于此权重构建 Decoder 网络的上下文向量，进而建立输出序列与输入序列之间的对齐关系。

因此，Attention 模型通过接收 Encoder 传递过来的高层特征表示学习输入特征和模型输出序列之间的对齐信息，并指导 Decoder 的输出。

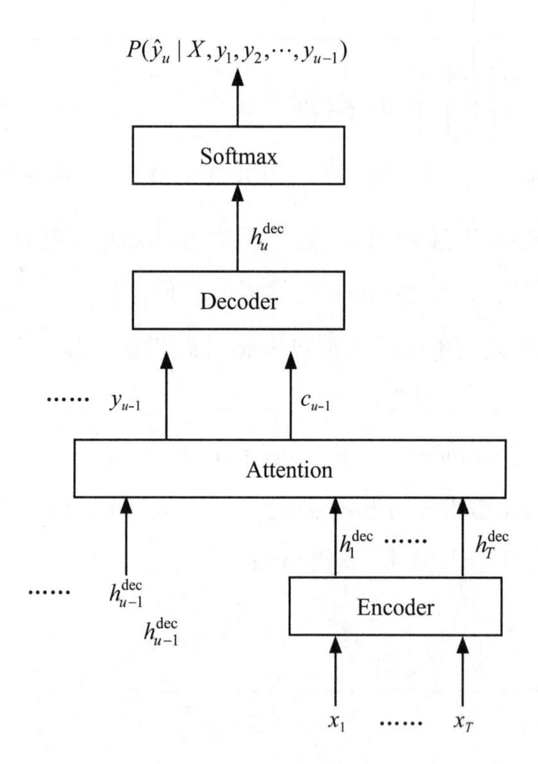

图 7.10　Attention 模型输出概率计算

Decoder 经 Softmax 的输出序列 Y 由 X 生成的概率为

$$P(Y|X)=\sum_{P\in A_{\text{Attention}}(X,Y)}\prod_{u=1}^{U}P(\hat{y}_u|X,y_1,y_2,\cdots,y_{u-1}) \tag{7-6}$$

其中，$P(\hat{y}_u|X,y_1,y_2,\cdots,y_{u-1})$ 由 Decoder 的输出 h_u^{dec} 经过 Softmax 层得到。

Decoder 一般采用 RNN，在每个输出标签 u 位置，RNN 基于上一个输出 y_{u-1}、上一个 RNN 隐藏状态 h_{u-1}^{dec} 和上一个上下文向量 $\boldsymbol{c}_{u-1}$ 产生当前的隐藏状态 h_u^{dec}。

$$h_u^{\text{dec}}=\text{RNN}(h_{u-1}^{\text{dec}},y_{u-1},\boldsymbol{c}_{u-1}) \tag{7-7}$$

其中，c_{u-1} 由注意力权重和隐藏向量相乘并累加所得，计算如下：

$$c_{u-1}=\sum_{t=1}^{T}\alpha_{u-1,t}h_t^{\text{enc}} \tag{7-8}$$

其中，$\alpha_{u-1,t}$ 是 h_{u-1}^{dec} 和 h_t^{enc} 之间的注意力权重，计算如下：

$$\alpha_{u-1,t}=\frac{\exp(e_{u-1,t})}{\sum_{t'=1}^{T}\exp(e_{u-1,t'})} \tag{7-9}$$

$$e_{u-1,t}=\text{score}(h_{u-1}^{\text{dec}},h_t^{\text{enc}})$$

其中，$\text{score}(h_{u-1}^{\text{dec}},h_t^{\text{enc}})$ 表示 Decoder 输出 h_{u-1}^{dec} 与编码输出 h_t^{enc} 的原始注意力分数，有多种方法可以计算，如

$$\text{score}(h_{u-1}^{\text{dec}},h_t^{\text{enc}})=\tanh(\boldsymbol{W}h_{u-1}^{\text{dec}}+\boldsymbol{V}h_t^{\text{enc}}+b) \tag{7-10}$$

从以上描述过程可以看出，Attention 模型是对整句进行建模，在 Encoder 层需要输入全部特征序列 $x_1,x_2,\cdots,x_T$，而每一个输出标签是基于整句来进行预测得到的。因此 Attention 模型的输出序列和输入序列不一定按顺序严格对齐，这一点类似机器翻译。Attention 机制比 RNN/CNN 具有更强的上下文建模能力，因此潜力巨大，会得到越来越多的应用。

抛开 Encoder-Decoder 框架来看，Attention 机制可以看作一种基于字典的查询。将 Source 中的元素看作 <Key,Value> 数据对类型，对于 Target 中的某个元素 Query，可以和 Source 中的各个 Key 计算相似度或相关性，归一化之后得到每个 Key 和 Query 的权重系数，最后进行加权求和，得到最后的 Attention 向量。

Attention 机制的本质对应的数学公式为

$$\text{Attention(Query,Source)}=\sum_{i=1}^{L}\text{Similarity}(\text{Query},\text{Key}_i)\times\text{Value}_i$$

式中，L 表示 Source 的长度。因此，Attention 的计算过程可以分为以下两个阶段：

（1）根据 Query 和 Key 计算权重系数。

（2）根据权重系数对 Value 进行加权求和。

自注意力机制是 Attention 机制的一种特例，这种机制不是 Target 和 Source 之间的 Attention 机制，而是 Source 内部元素之间或 Target 内部元素之间发生的 Attention 机制，可以理解为 Source=Target。引入自注意力机制后会更容易捕获句子中远距离的相互依赖的特征，因为若是 RNN，则需要按照序列计算，对于远距离的相互依赖的特征，要经过若干时间步骤的信息累积才能将两者联系起来，而距离越远，有效捕获的可能性就越小。但是自注意力机制在计算过程中会直接将句子中任意两个单词的联系通过一个计算步骤联系起来，所以远距离依赖特征之间的距离被极大缩短，有利于有效地利用这些特征。除此之外，自注意力机制对增加计算的并行性也有直接帮助作用，因为 RNN 串行的计算方式是非常

耗时的，而自注意力机制可以借助矩阵并行计算加速训练过程。基于这些特性，Attention 机制已经在图片描述、语音识别等方面显示出了不凡的实力。另外，BERT 模型和 XLNet 模型都采用了 Attention 机制。

7.4 Hybrid CTC/Attention

Attention 模型的对齐关系没有先后顺序的限制，如图 7.11 所示，完全靠数据驱动得到，这给 Attention 模型的训练带来困难，它需要足够多的数据，对齐的盲目性也会导致训练时间很长。

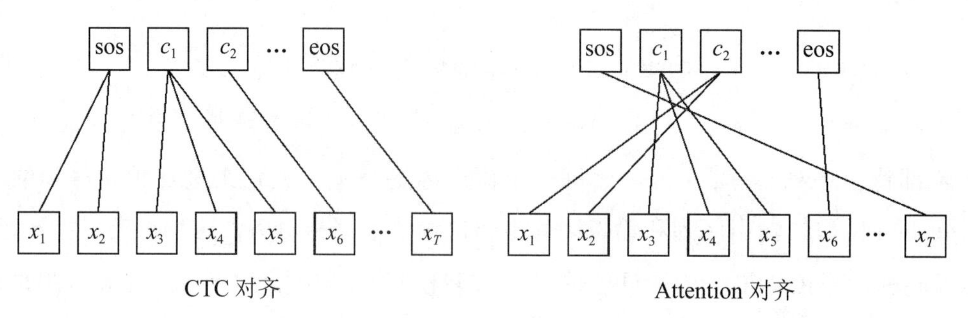

图 7.11 CTC 和 Attention 的对齐差异

CTC 的前向 - 后向算法可以引导输出序列与输入序列按时间顺序对齐。因此 CTC 和 Attention 模型各有优势，可把两者结合起来构建 Hybrid CTC/Attention 模型，采用多任务学习，通过 CTC 避免对齐关系过于随机，以加快训练过程。

如图 7.12 所示，Hybrid CTC/Attention 模型的损失计算是 CTC 损失与 Attention 损失做加权相加，其中 Encoder 部分由 CTC 和 Attention 共用。

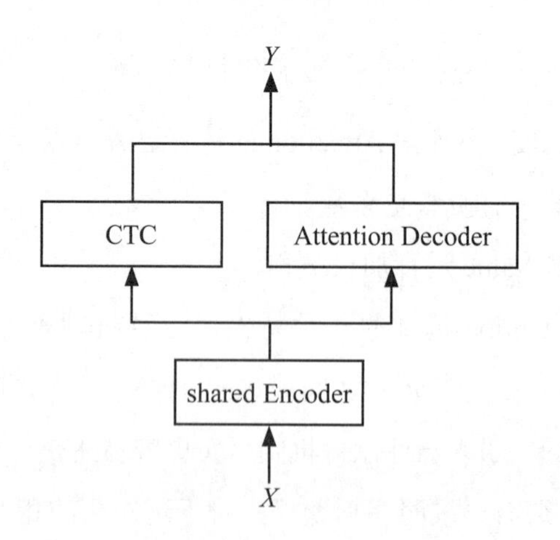

图 7.12 Hybrid CTC/Attention 模型

Hybrid CTC/Attention 模型的训练过程是多任务学习，将基于 CTC 与基于 Attention 机制的交叉熵 $L(\text{CTC})$ 和 $L(\text{Att})$ 相结合，如式（7-11）所示：

$$L = \lambda L(\text{CTC}) + (1-\lambda)L(\text{Att}) \tag{7-11}$$

在多任务学习中，CTC 是用来辅助 Attention 对齐的，因此 λ 一般小于 0.5，可设为 0.2 或 0.3。

Hybrid CTC/Attention 模型的解码过程仍然借助 CTC 来加快，因此所得结果是两者输出结果的融合。但由于 CTC 按输入帧计算分数，而 Attention 根据输出符号计算分数，因此对于两者的融合过程需要做专门的转换处理。

7.5 Transformer

2017 年，谷歌和多伦多大学在论文“Attention Is All you Need'”中提出一种称为 Transformer 的全新架构，这种架构在每个 Decoder 和 Encoder 中均采用 Attention 机制，特别是在 Encoder 层，把传统的 RNN 完全用 Attention 替代，从而在机器翻译任务中取得了更优的结果，引起了极大关注。随后，研究人员把 Transformer 应用到端到端语音识别系统中，也取得了非常明显的改进效果。

Transformer 建立输入语音特征和识别结果之间的序列对应关系，本质上还是 Seq2Seq 的结构，包含多组编码器和解码器，其完整结构如图 7.13 所示。编码器的每一层有 3 个操作，分别是自注意力机制、层归一化和前馈神经网络，而解码器的每一层有 4 个操作，分别是自注意力机制、层归一化、编码器—解码器注意力机制和前馈神经网络。其中，在注意力层都有残差连接，这样可直接将前一层的信息传递到下一层。层归一化通过对层的激活值进行归一化，可加速模型的训练过程，使其更快地收敛。

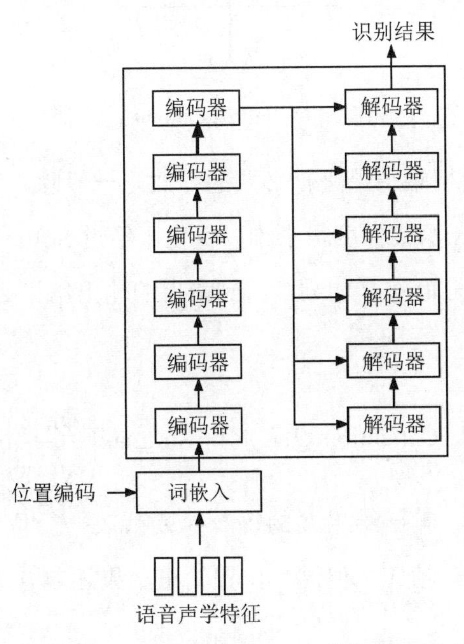

图 7.13　Transformer 完整结构

图中位置编码用来学习位置信息，并叠加到输入词嵌入中。注意该位置信息的获取是独立的，不需要依赖前后递归或卷积操作。

每个 Decoder 包含两级 Attention：第一级是 Self-Attention，其输入信息来自前一层 Decoder 的输出结果；第二级是 Encoder-Decoder Attention，其输入信息既有来自前一层 Decoder 的输出结果，也有来自 Encoder 的输出结果。

Transformer 的核心模块是 Self Attention，其结构如图 7.14 所示。输入 H（来自上一层的输出，最原始的输入来自语言特征 X）与代表 Query、Key、Value 的 3 个矩阵 $\boldsymbol{W}_{\mathrm{Q}}$、$\boldsymbol{W}_{\mathrm{K}}$、$\boldsymbol{W}_{\mathrm{V}}$ 相乘，分别得到 $\boldsymbol{Q}$、$\boldsymbol{K}$ 和 $\boldsymbol{V}$。图中 $\boldsymbol{Q}$ 是 2×3 矩阵，$\boldsymbol{K}$ 是 4×3 矩阵，$\boldsymbol{V}$ 是 4×2 矩阵。在网络中，首先对矩阵 $\boldsymbol{K}$ 通过转置操作进行转置，然后通过矩阵乘法操作与矩阵 $\boldsymbol{Q}$ 相乘，即 $\boldsymbol{QK}^{\mathrm{T}}$，注意 $\boldsymbol{Q}$ 的行数要与 $\boldsymbol{K}$ 的列数相等。

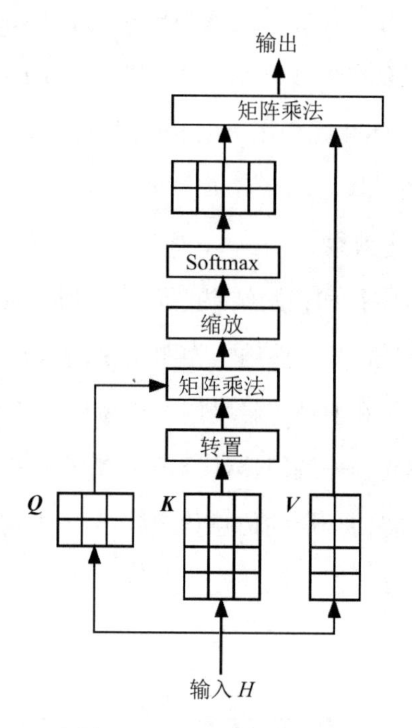

图 7.14 Self Attention 结构

通过缩放操作对 $\boldsymbol{QK}^{\mathrm{T}}$ 相乘结果进行必要的缩放，一般除以矩阵 $\boldsymbol{K}$ 的列数开平方，以避免值过大，导致 Softmax 函数梯度很小难以优化。经过 Softmax 层输出 0 ～ 1 分布的概率矩阵。这个概率矩阵再与矩阵 $\boldsymbol{V}$ 相乘，得到最后的输出结果 $\boldsymbol{Z}$。Self Attention 完整的计算公式如下：

$$\boldsymbol{Z}=\mathrm{Attention}(\boldsymbol{Q},\boldsymbol{K},\boldsymbol{V})=\mathrm{Softmax}\left(\frac{\boldsymbol{QK}^{\mathrm{T}}}{\sqrt{d_k}}\right)\boldsymbol{V} \tag{7-12}$$

其中，d_k 是矩阵 $\boldsymbol{K}$ 的列数。输出结果 $\boldsymbol{Z}$ 的每一行 Z_i 代表一个位置的结果，这个位置对应输入语音特征序列 X 的某一帧 X_i，但这个位置输出结果还包含了其他帧 X_j 的信息，其计算过程如下：

$$Z_i=\sum_j \mathrm{Softmax}\left(\frac{Q_i\cdot K_j}{\sqrt{d_k}}\right)V_j \tag{7-13}$$

因此当前节点输出结果包含了整个句子上下文信息，即不仅关注当前的帧，还能获取前后其他帧的信息，这些信息的重要性通过 Attention 来调节。

Transformer 还可通过多头注意力机制得到不同组的 ***Q***、***K*** 和 ***V*** 表示，它们相当于不同空间的特征，最后再将结果结合起来。

Transformer 用 Attention 代替需要上下文递归处理的 RNN，使所有的计算都可以并发进行，而不像 RNN 那样需要依赖前一时刻的输出来进行计算，因而大大加快了运行速度。

本章小结

端到端模型的创新和便捷之处在于它可以轻松地将之前传统系统的很多纷繁的步骤融合进一个模型里，而不需要再额外准备各种复杂的音素词典和声学语言模型，这是语音行业的重大技术革新，已促成部分产品的成功落地，同时也在一定程度上决定了智能语音在未来的发展方向。

本章详细介绍了 3 种典型的端到端模型：CTC、RNN-T 和 Transformer。端到端减少了对专业语言学知识的依赖，降低了语音识别系统的搭建难度，但是纯数据驱动的端到端语音识别系统需要大量的数据，至少需要数万小时的带标记语音才能得出最先进的结果。为了提高端到端的性能，需要耗费更多的标注语料、计算资源和时间代价来对神经网络进行训练，如何调整模型结构、改进算法成了端到端语音识别领域的研究难点。

课后习题

一、选择题

1．以下属于序列到序列语音识别模型框架的是（　　）。

A．CTC　　B．RNN-T　　C．LAS　　D．Transformer

2．RNN-T 是一种端到端的语音识别模型，它的特点有（　　）。

A．可以直接处理变长的输入序列

B．可以通过联合训练优化 CTC 损失和语音识别任务损失

C．可以直接生成目标文本序列，而无需额外的解码器

D．可以通过多个不同的解码器来处理不同的任务

二、判断题

1．CTC 语音识别框架的输入与输出之间的对应关系是一对一的。（　　）

2．Transformer 语音识别模型的编码器与解码器全部由 Attention 机制实现。（　　）

第 8 章　Kaldi 实战

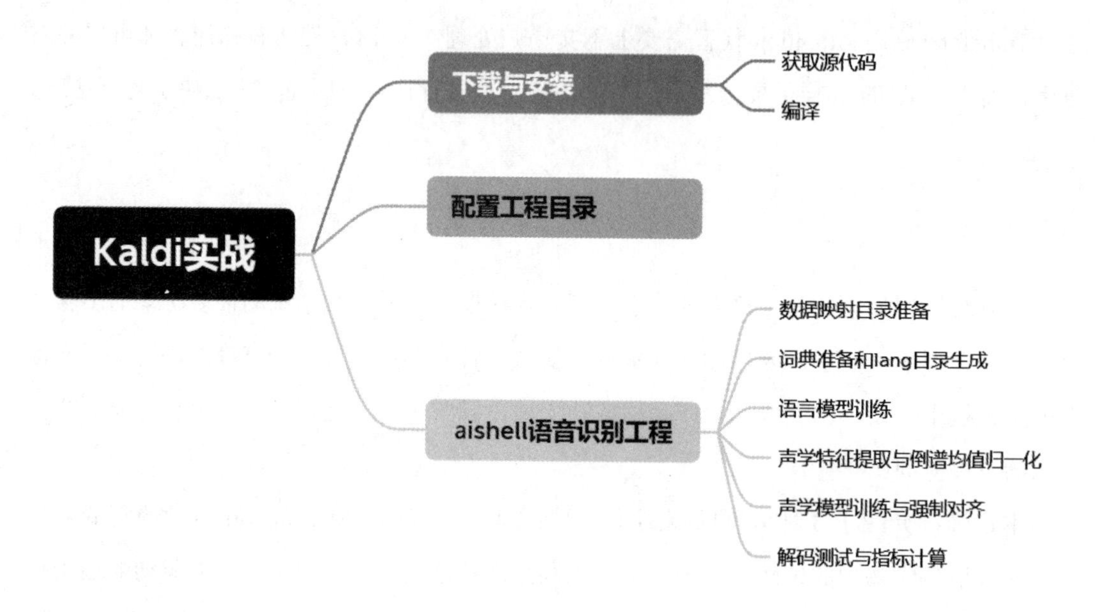

本章导读

本章主要介绍 Kaldi 开源工具包的安装与编译，并介绍 Aishell 语音识别工程的识别流程。

本章要点

- 掌握 Kaldi 的安装与编译。
- 了解 Aishell 语音识别工程。

Kaldi 是一个和 HTK 类似的开源语音识别工具包，底层基于 C++ 编写，可以在 Windows 和 Linux 平台上编译。Kaldi 使用 Apache 2.0 作为开源协议进行发行，目标是提供自由的、易修改和易扩展的底层代码、脚本和完整的工程示例，供语音研究者自由使用。

Kaldi 工具有很多特色，主要包括以下几个：

（1）在 C++ 代码级别整合了 OpenFst 库。

（2）支持基于 BLAS、LAPACK、OpenBLAS 和 MKL 的线性代数运算库。

（3）包含通用的语音识别算法、脚本和工程示例。

（4）底层算法的实现更可靠，经过大量有效测试，代码规范易理解、易修改。

（5）每个底层源命令功能简单，容易理解，命令之间支持管道衔接，工作流程分工明确，整个任务由上层脚本联合众多底层命令完成。

（6）支持众多扩展工具，如 SRILM、Sph2pipe 等。

虽然 Kaldi 相比 HTK 支持更多的特性，但 Kaldi 除官网的介绍和开源的工程示例外，没有一个类似 HTKBook 的完整使用文档，这使 Kaldi 的使用门槛更高，它要求使用者至少懂得 shell 脚本和一些语音知识。在本章中，我们将介绍基于 Linux 系统如何从零开始搭建一个完整的语音识别工程，并训练 GMM-HMM、DNN-HMM 和 Chain 模型。

8.1 下载与安装 Kaldi

Kaldi 实战

可以从 Kaldi 的官网下载。Kaldi 的安装非常简单，先获取源代码，然后进行编译。本示例将 Kaldi 安装于 /work 目录下。

8.1.1 获取源代码

获取源代码有以下两种方式：

（1）直接在终端利用 git 命令从 Kaldi 的 GitHub 代码库克隆：

```
[root@localhost work]# git clone https://github.com/kaldi-asr/kaldi.git kaldi --origin upstream
```

（2）从 Kaldi 开源地址 https:/github.com/kaldi-asr/kaldi 下载，获得源代码压缩包 kaldi-master.zip。

获取后，在安装目录下解压 kaldi-master.zip：

```
[root@localhost work]# unzip kaldi-master.zip
```

为了统一，本示例将 Kaldi 源代码目录名 kaldi-master 改为 kaldi：

```
[root@localhost work]# mv kaldi-master kaldi
```

8.1.2 编译

编译可依次按 kaldi/INSTALL、kaldi/tools/INSTALL 和 kaldi/src/INSTALL 这 3 个安装指示文件的说明进行，具体共分为两步：先编译依赖工具库 kaldi/tools，后编译 Kaldi 底层库 kaldi/src。

编译 kaldi/tools 之前检查依赖项：

```
[root@localhost work]# cd kaldi/tools
[root@localhost tools]# extras/check dependencies.sh
extras/check dependencies.sh:all OK.
```

在编译中可能因为系统环境不满足要求依赖项，如 gcc 版本问题等而导致编译失败。对于所有编译问题可查看 kaldi/INSTALL、kaldi/tools/INSTALL 和 kaldi/src/INSTALL 这 3 个安装指示文件以及安装失败时的报错信息。通常由于依赖工具未安装导致的编译失败在其报错信息中有相关依赖工具安装包的安装提示，可直接复制并进行安装，如 Ubuntu 系统为 apt-get install **，CentOS 系统为 yum install **。具体依赖工具列表可查看脚本 extras/check dependencies.sh。

报错示例如下：

```
[root@localhost tools]# extras/check dependencies.sh
extras/check_dependencies,sh:Intelis not installed,Download the installer package for your
..system from:https://software.intel.com/mkl/choose-download.
..You can also use other matrix algebra libraries,For information,see:
http://kaldi-asr.org/doc/matrixwrap.html
extras/check_dependencies,sh:The following prerequisites are missing;install them first:
g++zliblg-dev automake autoconf sox gfortran libtool
```

此时应该先安装 g+、zliblg-dev、automake、autoconf、sox、gfortran 和 libtool 等依赖项。

若希望使用 MKL 线性代数计算库加快计算速度（CPU 由 Intel 公司生产），则可以在编译 kaldi/tools 之前先安装 MKL（否则编译时将默认安装 ATLAS）：

```
[root@localhost tools]# extras/install mkl.sh
```

依赖检查通过后，使用多进程加速编译 kaldi/tools：

```
[root@localhost tools]# make -j 4
```

编译完 kaldi/tools 后，开始编译 kaldi/src 目录，在此之前先执行配置脚本：

```
[root@localhost tools]# cd ../src/
[root@localhost src]# ./configure --shared
```

配置检查通过后，进行最后的编译：

```
[root@localhost src]# make depend -j 4
[root@localhost src]# make -j 4
```

最后测试能否正常运行 yes/no 示例（需要连网，脚本会自动下载少量数据）：

```
[root@localhost src]# cd../egs/yesno/s5/
[root@localhost s5]# sh run.sh
...
WER 0.00 [0/232,0 ins,0 del,0 sub exp/mono0a/decode_test_yesno/wer_10_0.0
```

若运行成功，则最后会输出如上所示的 %WER 指标。至此，Kaldi 安装完毕。

8.2 创建与配置基本的工程目录

在 Kaldi 中，为了统一环境变量配置，所有工程目录均在 kaldi/egs 下创建。具体需要创建一个如 kaldi/egs/version 的工程目录，即工程目录 version 应是根目录 kaldi 的三级子目录。在正式通过 Aishell 示例工程介绍语音识别训练系统之前，这里先介绍如何从零开始准备自己的工程目录。

创建一个工程目录：

```
[root@localhost work]# cd /work/kaldi/egs/
[root@localhost egs]# mkdir -p speech/s5
[root@localhost egs]# cd speech/s5/
[root@localhost s5]
```

从官方 wsj 示例链接工具脚本集 utils 和训练脚本集 steps：

```
[root@localhost s5]# ln -s../../wsj/s5/utils/utils
[root@localhost s5]# ln -s../../wsj/s5/steps/steps
```

复制环境变量文件 path.sh，并根据之后构建训练总流程 un.sh 的需要复制并行配置文件 cmd.sh：

```
[root@localhost s5]# cp../../wsj/s5/path.sh.
[root@localhost s5]# cp ../../wsj/s5/cmd.sh./
```

path.sh 文件在调用 utils 和 steps 中的脚本时会默认用到。cmd.sh 文件中实质上保存了一些配置变量，供训练脚本用。如 run.sh，全局使用；queue.pl，一般用于联机环境，在单机情况下并行处理脚本应使用 run.pl（原脚本在 utils/parallel/ 下）。

在创建了基本的工程目录并配置了基本环境后，就可以开始在工程中添加工程相关的内容了。工程内容包括数据集映射目录、工程相关总流程脚本及其子脚本。对于前者需要根据自己的数据存储结构自行处理每个数据集并生成符合 Kaldi 映射规范的映射目录，而对于后者根据工程目的，一方面可借鉴已有的公开示例中的处理或训练脚本来解决自己工程的任务，另一方面可根据自己的需要灵活修改任何脚本和 C++ 底层。接下来将结合 Aishell 示例工程继续介绍语音识别相关的工程内容要点。

8.3 aishell 语音识别工程

在 Kaldi 工程中，除配置基本的工程目录以使用 Kaldi 自身提供的底层命令和脚本外，在实验开展之前还需要将数据集处理成符合 Kaldi 映射规范的映射目录。我们以 aishell 工程为例来了解一下工程相关的内容。

查看 aishell/s5 工程初始内容：

```
[root@localhost kaldi]# cd /work/kaldi/egs/aishell/s5/
[root@localhost s5]# ls
cmd.sh conf local path.sh RESULTS run.sh steps utils
```

其中，cmd.sh、path.sh、steps 和 utils 是如上所述的工程基本配置，而其余部分则是 aishell 工程的具体内容。

在 Kaldi 的开源工程示例中，所有的示例均有一个名为 run.sh 的总流程脚本，通过运行该脚本可直接跑完所有的步骤，包括数据准备、数据切分、特征提取、特征处理、模型训练、测试打分和结果收集等步骤。为了方便理解，接下来我们把 run.sh 包含的内容拆解成各个模块来逐一介绍。

8.3.1 数据映射目录准备

由于开源示例的开源特性，数据准备通常包括从网上自动下载数据集并生成相应数据集映射目录。在 aishell 工程中，也提供了这样的自动化脚本（注：如果在单机上运行本示例，则在运行相关脚本前先将 cmd.sh 中的所有 queue.pl 修改为 run.pl）。

修改 run.sh 中的数据存储路径变量，并通过在任何模块末尾添加终止命令来一个一个地执行各个模块。

自动下载数据并解压：

```
[root@localhost s5]#vi run.sh
>> run.sh
data=wavdata    # 修改数据存储路径
data_url=www.openslr.org/resources/33..
. ../cmd.sh
mkdir -p $data    # 添加创建目录命令
local/download_and_untar.sh Sdatasdata_url data_aishell || exit 1;
local/download_and_untar.sh SdataSdata_url resource_aishell || exit 1;
exit 1  # 添加终止命令，该模块执行完后，注释所有不相关已执行代码并进入下一个模块，重复操作
```

执行第一个模块并查看下载的数据内容：

```
[root@localhost s5]# sh run.sh
[root@localhost s5]# ls wavdata/
data_aishell README.txt resource_aishell resource_aishell.tgz s5
```

自动准备映射目录：

```
>>run.sh
local/aishell_data_prep.sh $data/data aishell/wav \
$data/data_aishell/transcript || exit 1;    # 自动准备映射目录
[root@localhost s5]# ls data/
dev local test train
[root@localhost s5]# ls data/train/
spk2utt text utt2spk wav.scp
```

在 aishell 工程中包含 3 个数据集：train、dev 和 test，而每一个数据集都包含了 4 个映射文件：wav.scp、utt2spk、spk2utt 和 text。

在 Kaldi 中，每个数据集都由映射文件来描述，而在语音识别工程中至少需要自行准备 wav.scp、utt2spk/spk2utt 和 text 这 3 个文件，其中 utt2spk 和 spk2utt 这两个文件可以使用 Kaldi 自带的工具脚本，例如 utils/spk2utt_to_ut2spk.pl 和 utils/utt2spk_to_spk2utt.pl 进行互相生成，故只需要准备其中一个即可。映射文件每行格式如下所示。

wav.scp = [utt-id]+[wav-path]

```
[rootelocalhost s5]#head -n 3 data/train/wav.scp
BAC009S0002W0122 wavdata/data_aishell/wav/train/S0002/BAC009S0002W0122.wav
BAC009S0002W0123 wavdata/data_aishell/wav/train/S0002/BAC009S0002W0123.wav
BAC009S0002W0124 wavdata/data_aishell/wav/train/S0002/BAC009S0002W0124.wav
```

utt2spk =[utt-id]+[spk-id]

```
[root@localhost s5]# head -n 3 data/train/utt2spk
BAC009S0002W0122  S0002
EAC009S0002W0123  S0002
BAC009S0002W0124  S0002
```

spk2utt =[spk-id]+[utt-id-1 utt-id-2 ...]

```
[rootelocalhost s5]# head -n 3 data/train/spk2utt
S0002 BAC009S0002W0122 BAC009S0002W0123 BAC009S0002W0124 …
S0003 BAC009S0003W0121 BAC009S0003W0122 BAC009S0003W0123 …
S0004 BAC009S0004W0121 BAC009S0004W0123 BAC009S0004W0124 …
```

text =[utt-id]+[transcript]

```
[root@localhost s5]# head -n 3 data/train/text
BAC009S0002W0122 而 对 楼市 成交 抑制 作用 最 大 的 限 购
BAC009S0002W0123 也 成为 地方 政府 眼中 的 顽疾
BAC009S0002W0124 自 六月 底 呼和浩特 市 率先 宣布 取消 限 购 后
```

由于在语音识别工程中，更重要的是文本标注 text 文件，因此实际上，在未用到说话人信息时，utt2spk 与 spk2utt 中的 utt-id 和 spk-id 可以总是一致的，即每句话都可以对应一个说话人，如音频 wav10001 的 spk-id 可以直接被命名为 wav10001，这样可以忽略有些数据集没有统计说话人信息的问题。另外，由于 Kaldi 一些排序算法的要求，utt-id 通常要包含 spk-id 字符串作为前缀，例如使用字符串 spk001-wav10001 作为 wav10001 的 utt-id，否则当合并多个有不同命名规范的数据集时可能出现一些数据映射检查通不过的问题。

8.3.2 词典准备和 lang 目录生成

在 aishell 语音识别工程中，由于其基于中文的普通话音素级别建模，而我们的标注通常为汉字形式的字词级别，因此需要有一个中文到普通话音素的词典以建立映射。

自动准备词典：

```
>>run.sh
local/aishell_prepare dict.sh $data/resource_aishell || exit 1;
```

词典每行格式如下所示。

lexicon.txt = [word] + [phone-sequence]

```
[root@localhost s5]#head -n 5 data/local/dict/lexicon.txt
SIL sil
<SPOKEN NOISE> sil
啊 aaa1
啊 aaa2
啊 aaa4
[root@localhost s5]#tail -n 5 data/local/dict/lexicon.txt
坐诊 z uo4 zh en3
坐庄 z uo4 zh uang1
坐姿 z uo4 z iy1
座充 z uo4 ch ong1
座驾 z uo4 j ia4
```

aishell 工程使用的普通话音素和 kaldi/egs/hchs30/s5 工程使用的一致，其中音素集即静音 sil 和所有拼音的声母和韵母集合。声母包含真声母和虚拟声母（如 aa），虚拟声母使整体音节也可分解为两个音节，从而每个拼音的音节个数均为 2，这样既方便处理，又有利于减少解码时音素映射到汉字时的边界混淆，如可认为“ao”是‘a’与‘o’或者“ao”，但“aa al oo o1”则显然有明确的含义。在英文等外语或方言识别中，若基于音素级别建模，同样也需要准备适合该语种的音素集和词典，如英语识别工程 kaldi/egs/librispeech/s5/以单词或词组为词，音标作为音素。同时，词典中允许包含多音词和同音词。此外，音素还可以按照声调进一步进行划分，因此建模的粒度非常细致。值得注意的是，与静音音素 sil 对应的词 <SIL> 和 <SPOKEN NOISE>，即使被添加到了词典中，但是如果语言模型中未添加这两个词，则解码时它们始终不会出现在搜索路径中。另外，静音音素除表示真正的静音外，还起到一个特殊的作用，即作为任何音素之间的可选插入音素。这意味着，即使两个音素之间出现一段静音，也不会影响解码时把一个音素序列合成一个特定的词，此时的 sil 并非对应到 <SIL> 这个词，而是对应到有限状态转换器中的 <eps>。如在英文识别中，一个单词可能很长，在念该单词中途即使出现停顿，也依然可以解码出这个单词。

在词典相关的准备中，最终目标是生成语法相关的 lang 目录，以使 Kaldi 程序能够将词和音素等信息联系起来。实际上只需要先准备 data/local/dict 就可以通过相关脚本自动生成 lang 目录。而 data/local/dict 中除包含上述所说的词典文件 lexicon.txt 或 lexiconp.txt（包含概率的词典，准备两者中其一即可）外，还需要包含另外 4 个文件。

查看 aishell 工程为生成 lang 目录准备的文件：

```
[rootelocalhost s5]#ls data/local/dict/
extra_questions.txt lexiconp.txt lexicon.txt nonsilence phones.txt optional_silence.txt silence phones.txt
```

额外需要准备的 4 个文件如下所示：

（1）silence_phones.txt：包含所有静音音素，一般仅有 sil。

```
[root@localhost s5]#cat data/local/dict/silence_phones.txt
sil
```

（2）nonsilence_phones.txt：包含所有非静音音素，在 aishell 工程中为所有声韵母。若音素出现在同一行，则在后面训练中生成决策树分支时会依据该定义先将它们划分成一个小类，这相当于在基于数据驱动的决策树聚类中加入了一些有明显联系的先验信息。显然，aishell 工程将声母分为了一类，并将不同音调的韵母分为了一类。如无特殊定义，每个音素可单独占一行。

```
[root localhost s5]#cat data/local/dict/nonsilence_phones.txt
al a2 a3 a4 a5
aa
ail ai2 ai3 ai4 ai5
anl an2 an3 an4 an5
angl ang2 ang3 ang4 ang5
...
```

（3）optional-silence.txt：可选音素，一般仅有 sil。

```
[root@localhost s5]#cat data/local/dict/optional_silence.txt
sil
```

（4）extra_questions.txt：问题集，用于产生决策树分支时定义一些音素之间的其他联系。如在 aishell 工程中，将 sil 先单独分为一类，然后将声母分为一类，最后将韵母按 5 种不同音调（后缀‘5’表示轻声）又各自分为一类。如无特殊定义，该文件可置空。

```
[root@localhost s5]#ls data/local/dict/
```

在准备好 data/local/dict 后，自动生成 lang 目录：

```
>>run.sh
utils/prepare_lang.sh --position-dependent-phones false data/local/dict\
"<SPOKEN NOISE>" data/local/lang data/lang || exit 1;
[root@localhost s5]#ls data/lang/
L_disambig.fst L.fst oov.int oov.txt phones phones.txt topo words.txt
```

在 lang 目录中，phones.txt 和 words.txt 文件分别定义了音素和词的索引（0-based），以方便程序使用。而集外词文件 oov.txt 包含了生成 lang 目录时脚本参数指定的 <SPOKEN NOISE> 词，其作用是在处理标注时将词典中没有的词统一映射到自己的音素（此处为 si1），以处理集外词情况。然而该词如前所述，通常在解码阶段不起作用，仅在训练阶段使用。

8.3.3 语言模型训练

在 Kaldi 中，语音识别解码用于构成静态搜索网络 HCLG 的语言模型为 n-gram 模型，而训练 n-gram 模型分为 3 个步骤：①收集并处理语料；②使用相关工具训练 n-gram 语言模型；③将语言模型转换为有限状态转换器形式。

1. 收集并处理语料

关于语料，应该收集适用于语音识别模型应用场景的文本，如对于一般的用于日常识别的语音识别模型，可下载公开的《人民日报》语料或收集日常口语等作为语言模型训练语料。语料收集完成后，先进行文本清洗，去除词典中不存在的字符，并将文本语料分句，最后再使用分词算法按词典中已有的词进行分词，如使用最大正向匹配分词算法。值得注意的是，词典的准备也可以在语料收集完成之后进行，并根据一些比较好的分词算法制作一个特殊的词典。总之，文本语料的分词应和词典保持一致。用于训练语言模型的语料应至少包含所有词典中的词，这样才能保证每个词在解码时都有概率出现。

2. 使用相关工具训练 n-gram 语言模型

训练 n-gram 语言模型的工具有很多。在 Kaldi 中，有两种工具比较好用：一种是经典的 SRILM 工具，另一种是 Kaldi 自带的语言模型训练工具。两者均需要在 kaldi/tools 中额外进行安装编译，并需要将它们添加到相关的环境变量文件 kaldi/tools/env.sh 中（安装时一般自动添加，若未添加则需要自行添加）。

安装 SRILM 工具：

```
[root@localhost s5]#cd /work/kaldi/tools
[rootelocalhost tools]#extras/install_srilm.sh
```

```
Installing libLBFGS library to support MaxEnt LMs
checking for a BSD-compatible install.../usr/bin/install-c
...
SRILM config is already in env.sh
Installation of SRILM finished successfully
```

安装 kaldi_im 工具：

```
[root@localhost tools]#extras/install_kaldi_lm.sh
Installing kaldi_lm
...
Installation of kaldi_lm finished successfully
please source tools/env.sh in your path.sh to enable it
```

在 aishell 工程中，默认使用 kaldi_im 工具训练语言模型。安装完成后，可以开始训练语言模型：

```
>>run.sh
local/aishell_train_lms.sh || exit 1;
```

3. 将语言模型转换为有限状态转换器形式

将语言模型转换为有限状态转换器形式后才能合成 HCLG。

```
>>run.sh
utils/format_1m.sh data/lang data/local/lm/3gram-mincount/1m_unpruned.gz \ data/local/dict/lexicon.txt
data/lang_test || exit 1;
```

将语言模型转换完成后，接下来开始提取声学特征并训练声学模型。而在训练完任一声学模型（如单音子和三音子等声学模型）后，就可将其和已准备好的词典、语言模型等合成 HCLG 并通过开发集和测试集的文本解码来测试当前声学模型的性能。

8.3.4 声学特征提取与倒谱均值归一化

Kaldi 支持的声学特征有很多种，如 Fbank、MFCC、PLP、语谱图和 Pitch 等特征。在语音识别中，通常使用 MFCC、Fbank 和 PLP 以获得更好的性能。不同的特征适合不同的模型。GMM-HMM 比较适合带差分的低维 MFCC 特征，而 DNN-HMM 适合有更多维度的 MFCC 或 Fbank 特征，甚至结合卷积网络可直接使用语谱图特征。由于在 Kaldi 中，DNN-HMM 的训练并不是端到端的，因此在训练时仍然需要帧级别的对齐标注。DNN-HMM 的训练属于有监督的判别式模型训练，为了保证 DNN-HMM 的效果，我们需要先额外训练几轮 GMM-HMM 以获得足够可靠的对齐标注。而如前所述，不同模型适合不同的声学特征，因此在整个训练流程中我们需要为 GMM-HMM 和 DNN-HMM 各自提取一份声学特征。可使用很多属性来配置声学特征，如是否计算能量、采样频率、上下截止频率、梅尔卷积核数等。

在 aishell 工程中可以查看声学特征配置文件：

```
[root@localhost s5]#1s conf/
decode.config mfcc.conf mfcc_hires.conf online_cmvn.conf online_pitch.conf pitch.conf
```

用于 GMM-HMM 训练的 MFCC 特征配置如下：

```
[root@localhost s5]#cat conf/mfcc.conf
--use-energy=false #only non-default option.
--simple-frequency=16000
```

用于 DNN-HMM 训练的高精度 MFCC 特征配置如下：

```
[root@localhost s5]#cat conf/mfcc_hires.conf
#config for high-resolution MFCC features, intended for neural network training
#Note:we keep all cepstra, so it has the same info as filterbank features,
#but MFCc is more easily compressible（because less correlated）which is why
#we prefer this method.
--use-energy=false  #use average of log energy, not energy.
--sample-frequency=16000 #Switchboard is sampled at 8kHz
--num-mel-bins=40 #similar to Google's setup.
--num-ceps=40 #there is no dimensionality reduction.
--low-freq=40 #low cutoff frequency for mel bins
--high-freg=-200 #high cutoff frequently, relative to Nyquist of 8000（=3800）
```

MFCC 额外附带的 Picth 特征配置如下：

```
[rootelocalhost s5]#cat conf/pitch.conf
--sample-frequency=16000
```

通常，Pitch 特征一共有三维，可附加在 MFCC、Fbank 等主要声学特征后。Pitch 特征的采样频率需要和主要声学特征的采样频率一致。

提取用于 GMM-HMM 训练的 MFCC+Pitch 特征及计算相应倒谱均值：

```
>>run.sh
mfccdir=mfcc
for x in train dev test;do
# 提取 MFCC+Pitch 特征
steps/make_mfcc_pitch.sh --cmd "strain_cmd" --nj 10 data/$x exp/make_mfcc/$x $mfccdir || exit 1;
  steps/compute_cmvn_stats.sh data/$x exp/make_mfcc/$x $mfccdir || exit 1;     # 计算倒谱均值
  utils/fix data dir.sh data/x||exit1;     # 检查映射目录
done
```

在提取特征和计算倒谱均值之后，在 3 个数据映射目录中会分别生成 feats.scp 和 cmvn.scp 文件，其中每行第二列的数据地址均指向已存储在 mfcc 目录中的以 ark 为后缀的数据文件，该数据文件中存储了压缩二进制矩阵数据。需要注意的是，倒谱均值是单独存储的，声学特征仍然还是最原始的声学特征，而不是被归一化后的，真正的归一化在训练时动态进行。

8.3.5 声学模型训练与强制对齐

在声学模型的训练中，最初的对齐标注是在训练单音子模型中进行强制对齐时产生的，而单音子模型的训练并没用对齐标注，而是采用等距切分的方法，将一句话的总帧数平均分配给该句话对应的每个音素，然后通过不断的迭代训练以获得更精准的对齐。有了最初的标注后，再通过几轮对基于三音子的 GMM-HMM 的继续优化，可以生成更精准的对齐标注，最终将这些对齐标注用于 DNN-HMM 的训练。

1．训练 GMM-HMM

训练单音子模型并强制对齐训练集，生成对齐标注：

```
>>run.sh
# 单音子模型训练
steps/train mono.sh –cmd "strain_cmd" --nj 10\
  data/train data/lang exp/mono || exit 1;
# 强制对齐
steps/align_si.sh --cmd "strain_cmd"--nj 10\
  data/train data/lang exp/mono exp/mono_ali || exit 1
```

训练三音子模型并强制对齐训练集，生成对齐标注：

```
# 三音子模型训练
steps/train_deltas.sh --cmd "strain_cmd" \
  2500 20000 data/train data/lang exp/mono_ali exp/tril || exit 1;
steps/align_si.sh --cmd "strain_cmd"--nj 10\
  data/train data/lang exp/tri1exp/tri1_ali || exit1;    # 强制对齐
```

反复训练三音子模型并强制对齐训练集，生成对齐标注：

```
# 反复训练三音子模型
steps/train_deltas.sh --cmd "strain_cmd"\
2500 20000 data/train data/lang exp/tril_ali exp/tri2 || exit 1;
# 强制对齐
steps/align_si.sh --cmd "Strain_cmd"--nj 10\
data/train data/lang exp/tri2 exp/tri2_ali || exit 1;
# 训练 lda+mllt 三音子模型
steps/train_lda_mllt.sh --cmd "strain cmd"\
2500 20000 data/train data/lang exp/tri2_ali exp/tri3a || exit 1;
# 强制对齐
steps/align_fmllr.sh --cmd "$train_cmd"--nj 10\
  data/train data/lang exp/tri3a exp/tri3a_ali exit 1;
# 训练基于 SAT+fmllr 的三音子模型
steps/train_sat.sh --cmd "strain cmd"\
  2500 20000 data/train data/lang exp/tri3a_ali exp/tri4a || exit 1;
# 强制对齐
steps/align fmllr.sh --cmd "$train_cmd"--nj 10\
  data/train data/lang exp/tri4a exp/tri4a_ali
# 用更多的数据集训练基于 SAT+fmllr 的三音子模型
steps/train_sat.sh --cmd "strain_cmd"\
  3500 100000 data/train data/lang exp/tri4a_ali exp/tri5a || exit 1;
```

2．训练 DNN-HMM

训练完 GMM-HMM 后，在训练 TDNN 模型之前，需要改用高精度的 MFCC 特征。除此以外，在 TDNN 模型的训练中，还可以做数据扩增来进一步提升效果。因此我们首先对训练集做数据扩增。aishell 工程的 run.sh 脚本可以调用 local/mnet3/run_ivector common.sh 来处理所有这些步骤，为了条理清晰，这里专门将相关脚本拿出来独立执行。

变速的数据扩增：

```
[root@localhost s5]#utils/data/perturb_data_dir_speed_3way.sh data/train data/train_sp
```

提取变速扩增数据的低精度声学特征并基于 GMM-HMM 生成对齐文件：

```
[root@localhost s5]#steps/align fmilr.sh --nj 30 --cmd "run.pl" data/train_sp data/lang exp/tri5a exp/tri5a_sp_ali
```

在变速扩增基础上额外加入音量扰动并提取高精度声学特征以用于训练：

```
[root@localhost s5]#utils/copy_data_dir.sh data/train_sp data/train_sp_hires
[root@localhost s5]#utils/data/perturb_data_dir_volume.sh data/train_sp_hires
[root@localhost s5]#steps/make_mfcc_pitch.sh --nj 10 --mfcc-config conf/mfcc_hires.conf --cmd "run.pl"
data/train_sp_hires exp/make hires/ train_sp_hires mfcc
[root@localhost s5]#steps/compute_cmvn_stats.sh data/train_sp_hires exp/make hires/train sp hires mfcc
```

神经网络的训练除需要准备应有的训练集、对齐标注和 Lattice 文件外，其余步骤均分为配置神经网络和训练模型两部分。有关模型的配置结构可查看 steps/libs/nnet3/xconfig/目录下关于神经网络层的 Python 定义，训练参数配置可查看 steps/nnet3/train*.py 和 steps//nnet3/chain/train*.py 系列脚本。

在 aishell 工程中训练 TDNN 模型和 Chain 模型：

```
>>run.sh
local/nnet3/run_tdnn.sh
1ocal/chain/run_tdnn.sh     # 以上步骤均包含在总脚本的调用中
```

需要注意的是，Chain 网络的训练基本与 TDNN 网络的训练一致，但需要额外使用 GMM-HMM 生成 Lattice 文件：

```
>>local/chain/run _tdnn.sh
steps/align_fmllr_lats.sh --nj $nj --cmd "Strain_cmd" data/strain_set\
data/lang exp/tri5a exp/tri5a sp_lats
```

8.3.6 解码测试与指标计算

在 Kaldi 中，每个声学模型训练完成后，可以进行解码测试。解码分为两步：生成 HCLG 和生成 Lattice 文件并解码。HCLG 的生成使用含语言模型的 data/lang_test 目录。

生成 HCLG：

```
>>run.sh
#GMM-HMM 和普通 TDNN 的 HCLG 生成方式，示例为单音子模型
utils/mkgraph.sh data/1ang_test exp/mono exp/mono/graph
>>local/chain/run_tdnn.sh
# 基于 Chain 模型生成 HCLG，要附带额外的参数
utils/mkgraph.sh --self-loop-scale 1.0 data/lang_test $dir $dir/graph
```

开发集和测试集解码：

```
>>run.sh
# 无 fmllr 的 GMM-HMM 解码
steps/decode.sh --cmd "sdecode_cmd" --config conf/decode.config --nj 10\
  exp/mono/graph data/dev exp/mono/decode_dev
```

```
steps/decode.sh --cmd "Sdecode_cmd" --config conf/decode.config --nj 10\
  exp/mono/graph data/test exp/mono/decode_test
# 基于 fml1r 的 GMM-HMM 解码
steps/decode fmllr.sh --cmd "sdecode_cmd"--nj 10 --config conf/decode.config\
  exp/tri4a/graph data/dev exp/tri4a/decode_dev
steps/decode fmllr.sh --cmd "sdecode_cmd"--nj 10 --config conf/decode.config\
  exp/tri4a/graph data/test exp/tri4a/decode_test
  >local/nnet3/run tdnn.sh

# 普通 DNN-HMM 的解码
steps/nnet3/decode.sh --nj Snum_jobs --cmd "$decode_cmd"\
  --online-ivector-dir exp/nnet3/ivectors_${decode_set}\
  $graph_dir data/${decode_set}_hires $decode_dir || exit 1;
>>local/chain/run_tdnn.sh
# 基于 Chain 的 DNN-HMM 的解码，需要额外增加参数
steps/nnet3/decode.sh --acwt 1.0 --post-decode-acwt 10.0\
  --nj 10--cmd "$decode_cmd"\
  $graph_dir data/${test_set}_hires $dir/decode_${test_set} || exit 1;
```

解码完成后，通过匹配测试集的真实标注可计算 WER 和 CER 指标，其中前者通常用于英文，后者用于中文。

指标的计算通常由 decode*.sh 解码系列脚本调用 local/score.sh 完成：

```
>>local/score.sh
#WER 指标计算
local/score.sh $scoring_opts --cmd "$cmd" $data $graphdir $dir
#CER 指标计算
steps/scoring/score_kaldi_cer.sh --stage 2 $scoring_opts --cmd "$cmd" $data $graphdir sdir
```

从 scoring_kaldi 目录下的 best_wer 文件我们可获得最优的 WER 指标，例如 chain 模型的结果：

```
%WER 15.95 [ 10279 / 64428,874 ins,1704 de1,7701 sub] exp/chain/tdnn_la_sp/decode_test/wer_12_0.5
```

从 scoring_kaldi 目录下的 best_cer 文件我们可获得最优的 CER 指标，例如 chain 模型的结果：

```
%WER 7.47 [ 7822 / 104765,329 ins,424 de1,7069 sub] exp/chain/tdnn_1a_sp/decode_test/cer_10 0.5
```

本章小结

本章详细介绍了 Kaldi 系统的构造过程，包括数据准备、特征提取、模型训练和解码过程。Kaldi 训练脚本众多，配置烦琐，入门比较困难，除本章介绍的 aishell 例子外，读者也可采用清华大学开源的 Thchs-30 数据库及配套的训练脚本，逐步掌握 GMM-HMM、DNN-HMM 和 Chain 模型的训练流程。随着对 Kaldi 工程学习的深入，读者可再替换为 DNN 结构，采用 LSTM、GRU、TDNN-F 等配置进一步对比不同网络的识别性能。

课后习题

一、选择题

1．在 Kaldi 中，（　　）是最小语音单元。

A．音素　　B．音节　　C．单词　　D．句子

2．在 Kaldi 中，可以用来增强输入特征的特征处理技术有（　　）。

A．CMVN（均值方差归一化）

B．MFCC（梅尔频率倒谱系数）

C．LDA（线性判别分析）

D．SAT（语音自适应训练）

3．Kaldi 是一款开源的语音识别工具包，支持多种模型和特征，其中包括（　　）。

A．HMM　　B．RNN　　C．CNN　　D．LDA

二、判断题

1．获得 Kaldi 源码的方式有两种，第一种是直接在终端利用 git 命令从 Kaldi 的 GitHub 代码库克隆，第二种是从 Kaldi 开源地址 https:/github.com/kaldi-asr/kaldi 下载。（　　）

2．aishell 语音识别工程中，wav.scp 文件存储内容形式为 [utt-id]+[spk-id]。（　　）

第 9 章　语音交互系统

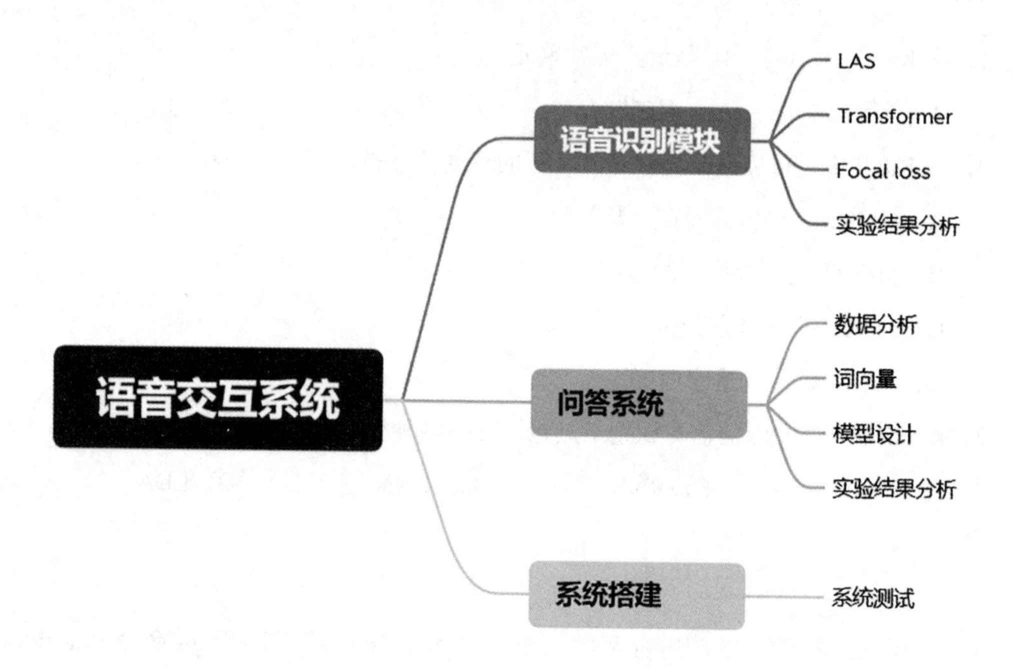

本章导读

本章将智能语音交互系统拆分为三部分：语音识别模块、问答模块、语音合成模块。本章利用序列到序列（Seq2Seq）模型实现语音交互系统的语音识别模块和问答模块，最后完成语音交互系统在移动机器人端的测试。

本章要点

- 理解 Seq2Seq 语音识别模型。
- 理解 Seq2Seq 问答模型。
- 了解语音交互系统。

语音识别模块

9.1　语音识别模块

在 2014 年，机器翻译任务迎来转折点，研究人员开始使用深度学习模型取代统计学方法，使翻译的结果更好、符合人类语言习惯，而 Seq2Seq 模型是神经机器翻译的核心方法。Seq2Seq 模型在机器翻译领域能够取得成功，得益于模型具备强大的序列到序列转换的能力。Seq2Seq 模型的基本结构如图 9.1 所示。

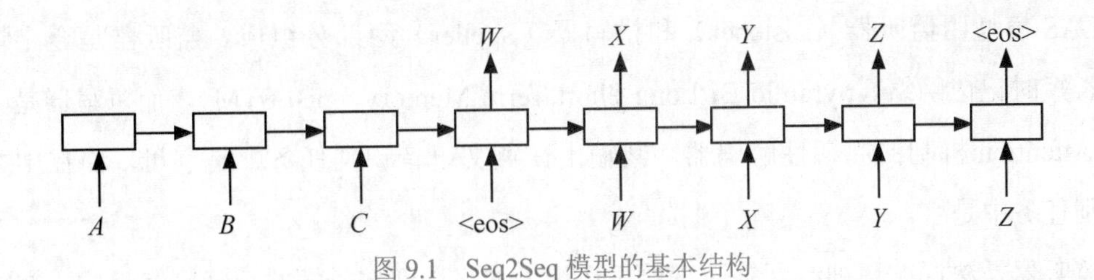

图 9.1 Seq2Seq 模型的基本结构

语音识别任务与机器翻译任务在本质上是一致的，都是实现一个序列到另一个序列转换的过程。只不过，机器翻译任务是从文本到另一个文本的转换，而语音识别任务可以看作是一个将声学特征序列转换为文本序列的任务。传统的基于 HMM 的语音识别框架，无论是 GMM-HMM 还是 DNN-HMM，都需要声学模型、语言模型、发音词典、解码器等多个构件共同建模。如果声学模型是对音素进行建模，那么发音词典的构建需要研究人员具备专业的语言知识。另外，传统的语音识别算法需要进行多次的对齐训练，模型的训练耗费大量时间。Seq2Seq 模型的出现为语音识别任务提供了一种新的解决方案。

9.1.1 LAS

2014 年，Bengio 团队提出 Attention 机制，并在机器学习的各个领域得到应用。2015 年，Chan 等人将 Attention 机制应用于 Seq2Seq 模型，并命名为 LAS（Listen，Attend and Spell）框架。LAS 模型利用编码解码网络（Encoder-Decoder）融合深度神经网络 - 隐马尔可夫模型（DNN-HMM）的多个构件，模型可以整体训练，缩短训练时间。LAS 模型结构如图 9.2 所示。

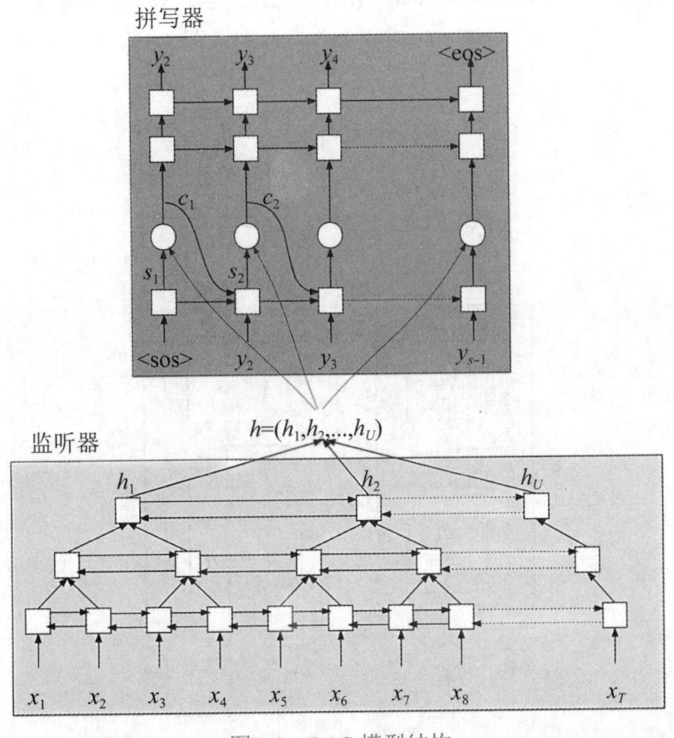

图 9.2 LAS 模型结构

LAS 模型由监听器（Listener）和拼写器（Speller）两部分组成。监听器是金字塔型双向长短时记忆网络（pyramid Bi Long Short Term Memory，pBLSTM），而拼写器是一个基于 Attention 机制的周期性解码器，其输出在英文语音识别任务中是字母，而在中文语音识别任务中是字。

监听器是深层循环神经网络，深层循环神经网络由双向长短时记忆网络组成。在监听器中，单个神经元以前一层两个对应神经元的输出和同一层前一个神经元的输出为输入。第 j 层网络第 i 个神经元计算流程为

$$h_i^j = \text{pBLSTM}(h_{i-1}^j, [h_{2i}^{j-1}, h_{2i+1}^{j-1}]) \tag{9-1}$$

拼写器是添加 Attention 机制的 RNN，其计算流程为

$$c_i = \text{AttentionContext}(s_i, \text{h}) \tag{9-2}$$

$$s_i = \text{RNN}(s_{i-1}, y_{i-1}, c_{i-1}) \tag{9-3}$$

其中 c_i 的具体计算过程为

$$e_{i,u} = <\phi(s_i), \psi(h_u)> \tag{9-4}$$

$$\alpha_{i,u} = \frac{\exp(e_{i,u})}{\sum_u \exp(e_{i,u})} \tag{9-5}$$

$$c_i = \sum_u \alpha_{i,u} h_u \tag{9-6}$$

9.1.2 Transformer

2017 年，谷歌提出 Transformer 模型，利用 Attention 机制取代 CNN、RNN，可实现并行运算，大大提高了训练效率。Transformer 模型结构如图 9.3 所示。

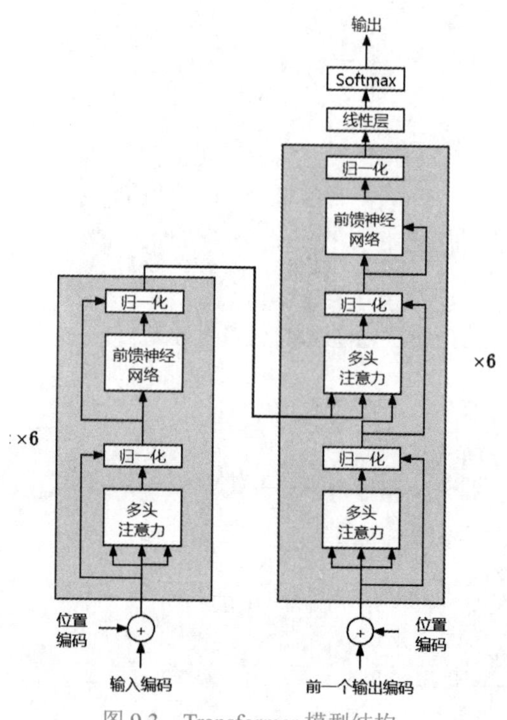

图 9.3 Transformer 模型结构

其中，位置编码有两种方式可以选择，位置编码的数学表达式为

$$\mathrm{PE}(\mathrm{pos},2i)=\sin\left(\frac{\mathrm{pos}}{10000^{\frac{2i}{d_{\mathrm{model}}}}}\right) \tag{9-7}$$

$$\mathrm{PE}(\mathrm{pos},2i+1)=\cos\left(\frac{\mathrm{pos}}{10000^{\frac{2i}{d_{\mathrm{model}}}}}\right) \tag{9-8}$$

式中，d_{model} 是整个模型输入的维度，也是位置编码的维度，i 为输入的长度，pos 为单个输入在整体输入中的位置。Transformer 模型提出一种新的 Attention 机制——SDPA（Scaled Dot-Product Attention），其计算方式为

$$\mathrm{Attention}(\boldsymbol{Q},\boldsymbol{K},\boldsymbol{V})=\mathrm{Softmax}\left(\frac{\boldsymbol{Q}\boldsymbol{K}^{T}}{\sqrt{d_k}}\right)\boldsymbol{V} \tag{9-9}$$

式中，$\boldsymbol{Q}$ 和 $\boldsymbol{K}$ 是 $n\times d_k$ 维矩阵，而 $\boldsymbol{V}$ 是 $n\times d_v$ 维矩阵。在 SDPA 基础上搭建多头注意力网络，其结构如图 9.4 所示。

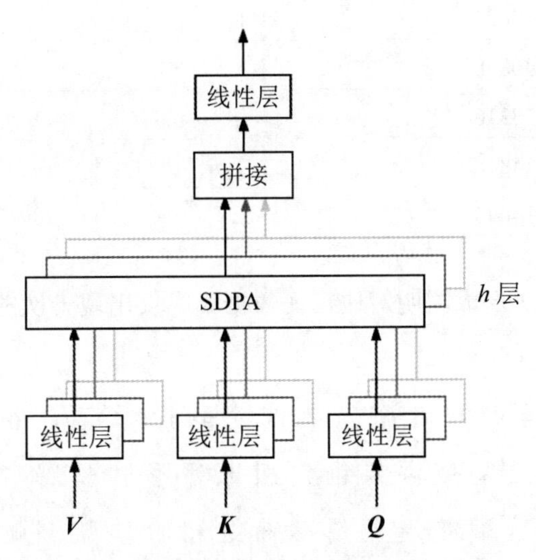

图 9.4　多头注意力机制

多头注意力机制的数学表达式为

$$\begin{aligned}&\mathrm{MultiHead}(\boldsymbol{Q},\boldsymbol{V},\boldsymbol{K})=\mathrm{Concat}(\mathrm{head}_1,\mathrm{head}_2,\cdots,\mathrm{head}_h)W^{O}\\&\mathrm{head}_i=\mathrm{Attention}(\boldsymbol{Q}W_i^{Q},\boldsymbol{K}W_i^{K},\boldsymbol{V}W_i^{V})\end{aligned} \tag{9-10}$$

式中，W_i^Q、W_i^K、W_i^V 为图 9.4 中输入端的线性层，相当于矩阵运算，而 W^O 是输出端的线性层。

9.1.3　数据分析

与传统基于 HMM 的语音识别算法不同，基于 Seq2Seq 模型的语音识别算法是以字为识别单位的。aishell 数据集文本是由 4230 个字组成的大型文本，共包含 2040219 个字。数据集中存在明显的数据不平衡现象，其中有 2802 个字的出现次数低于 100 次，而只有

18 个字的出现次数超过 10000 次，数据集的字云图如图 9.5 所示。

图 9.5　aishell 数据集字云图

如图 9.5 所示，在数据集中出现次数最多的十个字分别是：的、一、在、是、中、十、人、有、了、二，它们的出现次数如表 9.1 所示。

表 9.1　数据集十大高频字

字	出现次数	字	出现次数
的	59022	十	14348
一	30828	人	13901
在	18316	有	13113
是	14818	了	12779
中	14645	二	12758

与高频字出现上万次形成鲜明对比，在数据集中仅出现一次的字有 430 个，这些低频字在下面的文本块中进行罗列。

璋 垛 札 邋 遢 蕲 哇 碴 邛 崃 觐 笙 裳 泞 醍 醐 拴 舜 沅 谕 帚 螳 噼 啪 漱 碉 圭 谀 轶
呲 啶 氟 琏 垅 娩 乾 牾 肮 啕 吏 涓 氦 锥 告 斟 耄 耋 嗲 胛 骇 癣 磡 侑 漾 碚 琉 惬 遁 耸 岱
糗 缙 肴 梵 僮 鸵 悯 孪 莅 戳 簇 逵 倜 傥 蓁 衙 蛀 崧 吟 琰 唬 渥 岷 仡 涎 鸳 鸯 镊 妧 嬷 嫦
嫔 嶝 锢 蜥 蜴 泱 骅 撩 怯 叩 哟 啬 岬 笃 玳 瑁 邝 咣 嘭 馗 婀 黔 锟 啰 翌 铠 貉 獾 楣 佃 琵
茆 凋 敝 嵘 宓 茎 楂 蹭 瘪 侗 铣 薰 砲 羣 淼 襟 妊 娠 罡 瘁 烙 呗 荃 皎 殚 腋 骼 榭 隘 唉 铮
狩 抨 峁 粱 阂 厩 莠 吩 咐 瞌 蛔 恬 膑 踉 跄 颍 朐 疝 毂 秣 炊 泠 撵 狡 猾 拭 漭 绌 埜 狈 锜
菩 弛 寰 黍 蓟 嵛 桦 幄 颊 缤 朦 胧 砝 镀 夙 燊 荚 浈 苡 眺 陬 寐 佘 濑 仄 楔 诓 阜 浚 怵 兖
稠 嵋 艋 篪 琥 玟 褴 褛 喱 魇 淞 徉 臆 犊 哎 青 俺 塬 妯 娌 恣 沏 磴 霎 趸 氪 缇 瞳 恸 暄 憩
祯 惰 沱 诲 擘 亳 孺 忪 瞟 擞 掬 唁 蹚 匡 粕 鲷 泓 叵 嗣 眯 炷 珺 漕 谑 咯 嗬 缰 卲 錾 靶 隍
唠 濡 盎 骊 鞘 宦 诶 椋 鼾 湍 赦 炕 焘 奘 邂 逅 骐 卒 喵 觥 眬 纣 憷 孀 芊 孢 惶 纰 咀 鸾 箫
晦 泯 砚 吭 祢 揩 刨 珏 撸 兀 痉 挛 胤 市 纶 咔 嚓 稼 焖 妤 潞 侍 嫚 竽 恪 霈 赝 莺 眶 槎 馑
涮 枭 徇 洵 垌 昵 褶 喽 脯 孱 遨 谚 烷 搽 枷 桉 咧 窿 拈 斓 跛 蹶 靛 斡 沂 绢 髌 湄 荇 芪 蕹
潦 鲤 涟 辜 惆 怅 烛 犁 咙 蟒 蜗 镐 埠 悌 铡 嫡 茬 羔 冗 捞 蛆 膝 庶 揶 揄 嘈 嘶 蜻 钒 腮 犄
埕 藕 垭 纾 疙 疡 嗪 雹 淅 谶 诏 邳 诋 焜 柑 娆 纭 搔 枱 梏 莒 橇 馍 搓 钣 鹛 麝 驮 潍

9.1.4 LAS 模型对比实验

在训练原始 RNN 时，由于反向传播的链式求导，累乘数据容易导致导数太小或太大，从而引起梯度消失或梯度爆炸问题，并且其对上下文信息的提取能力有限，因此研究人员开始尝试对 RNN 的结构进行改进。RNN 具有多种变体，其中最具代表性、表现最为优异的是长短时记忆网络（LSTM）和门控循环单元（GRU），它们也是应用范围最广的两种结构。

这里对 LSTM 和 GRU 在语音识别领域的应用进行对比研究，本节设计的模型是基于 LAS 模型实现的。在 LAS 模型的基础上进行改进，对 LAS 模型的编码器和解码器进行单独调整，分别尝试用 GRU 替换 LSTM。在模型调整过程中，网络层数以及隐含状态的维度与原始 LAS 模型保持一致，编码器采用三层金字塔结构的循环神经单元，而解码器是两层循环神经单元结构。LAS 模型编码器结构如图 9.6 所示。

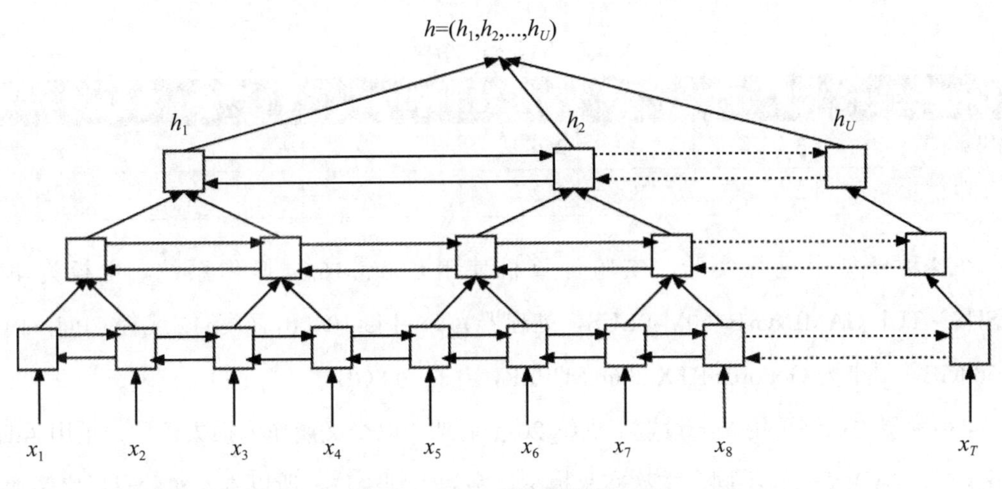

图 9.6　LAS 模型编码器结构

图 9.6 中，每一个方块代表一个循环神经单元，这些循环神经单元统一结构，可以全部替换为 LSTM 或 GRU。LAS 模型的解码器是添加 Attention 机制的双层单向 RNN，并在最后的输出层前添加多层感知机（Multi-layer Perceptron，MLP），多层感知机层最后一层采用的激活函数为 Softmax 函数。LAS 模型解码器结构如图 9.7 所示。

在本次实验部分，LAS 模型编码器、解码器的结构参数及配置如表 9.2 所示。

在本部分实验中，本章共搭建 4 个模型：BLSTM-GRU 模型，监听器与拼写器采用不同的 RNN，监听器采用 BLSTM，拼写器采用 GRU；BLSTM-LSTM 模型，监听器与拼写器采用相同的 RNN，监听器与拼写器均采用 LSTM 实现，不同之处在于监听器采用双向循环结构，而拼写器采用单向循环结构；BGRU-LSTM 模型，监听器与拼写器采用不同的 RNN，监听器由双向 GRU 构成，拼写器是单向 LSTM；BGRU-GRU 模型，监听器与拼写器均由 GRU 构成，监听器是双向循环单元，而拼写器是单向循环单元。

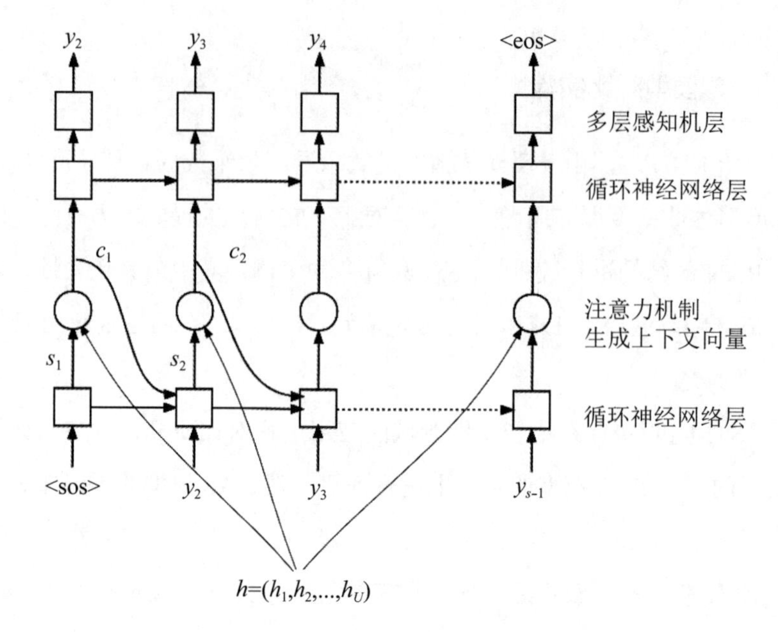

图 9.7 LAS 模型解码器结构

表 9.2 LAS 模型结构参数

模型结构	网络层数	隐藏状态维度	是否采用双向结构
编码器	3	256	是
解码器	2	512	否

在 4 种模型上进行实验，实验计算机使用 Ubuntu16.04 操作系统，主板为华硕（ASUS）TUF GAMING B460M-PLUS，处理器为 Intel i5-10400，6 核 12 线程 CPU，内存为 500GB，显卡为 GeForce RTX 2060 SUPER，显存为 8GB。

4 种模型的训练采用统一设置：训练 20 个周期，以交叉熵作为损失函数，采用 Adam 优化器。与第 3 章实验不同，本次实验模型以字为识别单位，所以本次实验只以字错误率为评价指标。模型训练结果如表 9.3 所示。

表 9.3 LAS 模型字错误率对比

模型	验证集字错误率 /%	测试集字错误率 /%
BLSTM-LSTM	12.54	13.59
BLSTM-GRU	12.36	13.47
BGRU-LSTM	12.45	13.41
BGRU-GRU	12.17	13.05

如表 9.3 所示，与 BLSTM-LSTM 模型相比，另外 3 个模型的字错误率有所下降，BLSTM-GRU 模型在验证集下降 0.18%，在测试集下降 0.12%；BGRU-LSTM 模型在验证集下降 0.09%，在测试集下降 0.18%；BGRU-GRU 模型在验证集下降 0.37%，在测试集下降 0.54%。无论是在编码器还是在解码器中使用 GRU，模型的训练结果在验证集和测试集均有一定水平的提升，但是提升效果并不是很明显。

综上所述，本次实验结果表明，在 Seq2Seq 模型中使用 GRU 对语音识别模型的性能有一定的提升，但是与 LSTM 相比，GRU 的提升幅度很小。在接下来的实验中，本章采用的 LAS 模型的编码器、解码器将均由 GRU 实现。

本节针对数据学习难易程度进行研究，在中文语音识别任务中存在明显的数据不平衡现象。针对数据不平衡现象，从数据处理角度出发，可以采用 4 种处理方式：过采样、欠采样、改变权重、K-fold 交叉验证。在语音识别数据样本中，一个语料可能同时包含低频词汇与高频词汇，因此过拟合与欠拟合并不适用于语音识别领域。使用 K-fold 交叉验证的前提是训练集与测试集保持一样的数据分布，但是这一点很难在文本语料中实现，因此也不适用于语音识别。关于改变数据权重，通常将权重设置为与样本量成反比，在文本语料中数据不平衡现象太严重，高频词汇与低频词汇的出现频率之比高达几万，如果只是简单地将权重设置为与样本量成反比，那么容易导致模型不收敛或训练的模型性能不好。在实验中，出现一个有趣的现象：样本的识别正确率并不一定是与样本数量成正比的，例如，在训练样本中出现 91 次的“丢”字，在测试时获得 85.52% 的识别正确率；而出现 14348 次的“十”字，在测试时只有 84.23% 的识别正确率。针对以上现象，本章将图像领域的难易学习样本和 Focal loss 损失函数迁移到语音识别领域。

9.1.5 Focal loss

Focal loss 损失函数是交叉熵损失函数的动态缩放版，预测标签与真实标签的距离越远，交叉熵损失函数的权重越大；预测标签与真实标签的距离越近，交叉熵损失函数的权重越小，直至权重为 0。

二分类交叉熵损失函数的计算公式为

$$\mathrm{CE}(p,y)=\begin{cases}-\log(p), y=1\\-\log(1-p), y=0\end{cases}\tag{9-11}$$

式中，p 为预测值，y 为真实标签。为进一步简化交叉熵损失函数的计算公式，新定义一个符号 p_t，其计算公式为

$$p_t=\begin{cases}p, y=1\\1-p, y=0\end{cases}\tag{9-12}$$

因此公式（9-11）可以进一步简化为

$$\mathrm{CE}(p,y)=\mathrm{CE}(p_t)=-\log(p_t)\tag{9-13}$$

交叉熵损失函数有一个明显的特点，对所有样本一致对待，当样本中存在大量同一样本时，会使训练的模型去拟合多数据样本，导致模型对低密度样本的拟合效果变差。例如，在数据集中“的”字出现 59022 次，而出现次数低于 100 次的共有 2802 字，共出现 59067 次，训练的模型要想拟合“的”字，对这些低频字的拟合效果就要变差。另外，由 9.1.4 节的实验结果可知，模型对字的识别准确率并不是与字密度成正比的。因此在交叉熵损失函数

中添加调制因子，调制因子的存在与数据的分布无关，而是由数据的难易学习程度决定。Focal loss 的计算公式为

$$\mathrm{FL}(p_t) = -(1-p_t)^{\gamma}\log(p_t) \tag{9-14}$$

式中，$(1-p_t)^{\gamma}$为调制因子，γ为可调节超参，取值范围大于等于零。当然γ的取值不能太大，一般来说，γ有 5 个取值：0、0.5、1、2、5。当$\gamma=0$时，Focal loss 退化为交叉熵损失函数。另外，在 Focal loss 中添加权重进一步平衡数据分布，平衡权重α_t的计算公式为

$$\alpha_t = \begin{cases} \alpha, y=1 \\ 1-\alpha, y=0 \end{cases} \tag{9-15}$$

式中，α为权重。添加平衡权重α_t后，Focal loss 的计算公式变为

$$\mathrm{FL}(p_t) = -\alpha_t(1-p_t)^{\gamma}\log(p_t) \tag{9-16}$$

在样本被正确分类时，p_t的值接近于 1，调制因子$(1-p_t)^{\gamma}$的值接近于 0，降低易学习样本对损失函数的权重。而样本被错误分类时，p_t的值接近于 0，调制因子$(1-p_t)^{\gamma}$的值接近于 1，提升难学习样本对损失函数的权重。γ超参的调节可以调整模型对难易学习样本的学习比例。在本节实验中，Focal loss 的参数取值如下：

$$\begin{cases} \gamma = 2 \\ \alpha = 0.25 \end{cases} \tag{9-17}$$

本节采用两个 Seq2Seq 模型：LAS 模型、Transformer 模型。

LAS 模型是训练效果最好的 BGRU-GRU 模型。Transformer 模型是在本书中提及的结构，编码器与解码器都是基于 Attention 机制实现的。为了提高编码器对上下文信息的提取能力，编码器的输入不仅是音频的声学特征，而且还有位置编码信息。本实验采用的位置编码方式为

$$\mathrm{PE}(\mathrm{pos}, 2i) = \sin\left(\frac{\mathrm{pos}}{10000^{\frac{2i}{d_{\mathrm{model}}}}}\right) \tag{9-18}$$

式中，pos 为音频帧在输入中的位置，i为输入长度，d_{model}是整个模型输入的维度，也是位置编码的维度。位置编码信息与音频特征维度一致，将位置编码信息与音频特征相加作为整个模型的输入。本实验采用的编码器由 4 层多头注意力和前馈神经网络组合而成，多头注意力的计算方式如公式（9-9）所示，前馈神经网络是两层的全连接神经网络，以 ReLU 函数作为激活函数。Transformer 模型编码器的结构如图 9.8 所示。

解码器是由 4 组多头自注意力层、多头交叉注意力层和前馈神经网络层以及一个以 Softmax 函数作为激活函数的线性输出层组成。解码器的输入有两个：编码器的输出位置编码信息与前面一个输出的组合。位置编码方式与编码器的位置编码方式一致。Transformer 模型解码器的结构如图 9.9 所示。

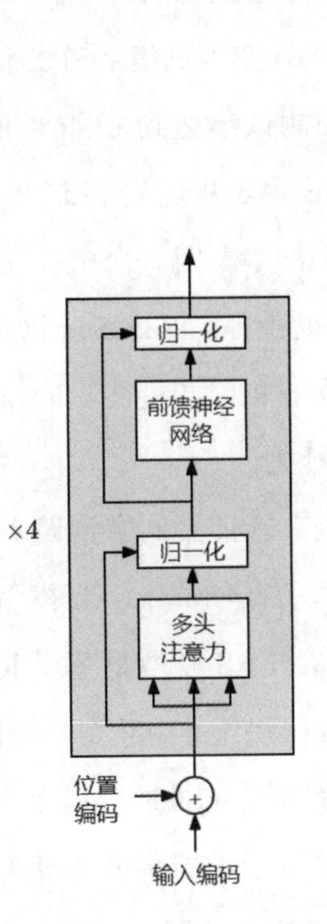

图 9.8 Transformer 模型编码器的结构

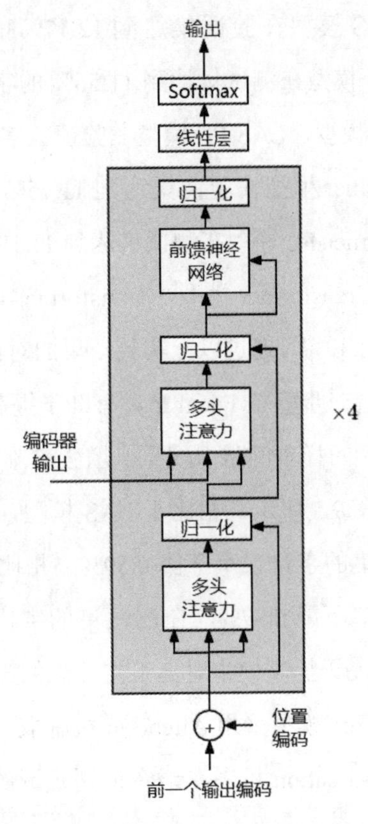

图 9.9 Transformer 模型解码器的结构

在本次实验部分，Transformer 模型编码器、解码器的结构参数及配置如表 9.4 所示。

表 9.4 Transformer 模型结构参数

模型结构	网络层数	d_k	d_v	d_{model}
编码器、解码器	4	64	64	512

本实验的基线模型是本节提及的 LAS 模型和 Transformer 模型，以交叉熵作为损失函数；另外两个模型是在 LAS 模型和 Transformer 模型中使用 Focal loss，命名为 LAS-FL 模型与 Transformer-FL 模型。

本次实验共 4 个模型：LAS 模型、LAS-FL 模型、Transformer 模型和 Transformer-FL 模型。4 种模型的训练采用统一设置：训练 20 个周期，以交叉熵作为损失函数，采用 Adam 优化器。本次实验的模型是 Seq2Seq 模型，因此本次实验以字错误率为评价指标。本次实验的结果如表 9.5 所示。

表 9.5 Seq2Seq 模型实验结果

模型	验证集字错误率 /%	测试集字错误率 /%
LAS	12.17	13.05
LAS-FL	11.56	12.49
Transformer	11.75	12.46
Transformer-FL	11.19	12.07

LAS 模型在验证集达到 12.17% 的字错误率，在测试集达到 13.05% 的字错误率；LAS-FL 模型在测试集达到 11.56% 的字错误率，在测试集达到 12.49% 的字错误率。相比于 LAS 模型，LAS-FL 模型在验证集字错误率下降 0.61%，在测试集字错误率下降 0.56%。Transformer 模型在验证集达到 11.75% 的字错误率，在测试集达到 12.46% 的字错误率；Transformer-FL 模型在测试集达到 11.19% 的字错误率，在测试集达到 12.07% 的字错误率。相比于 Transformer 模型，Transformer-FL 模型在验证集错误率下降 0.56%，在测试集错误率下降 0.39%。通过以上实验结果的对比，Focal loss 有助于提高 Seq2Seq 语音识别模型的性能，进一步验证 Focal loss 有助于提高模型对不平衡数据的学习能力。Focal loss 提高模型对难学习样本的学习权重，增强对难学习样本的学习能力。

如表 9.5 所示，相比于 LAS 模型，Transformer 模型在验证集的字错误率下降 0.42%，在测试集的字错误率下降 0.59%；相比于 LAS-FL 模型，Transformer-FL 模型在验证集的字错误率下降 0.37%，在测试集的字错误率下降 0.42%。LAS 模型是基于 RNN 搭建的，GRU 有助于提高模型对上下文信息的学习能力，在语音识别任务中获得不错的性能表现。Transformer 模型采用 Attention 机制取代 RNN，模型获得更好的性能。以上实验结果的对比说明 Attention 机制在语音识别领域的优越性，当然这其中的一部分贡献来自位置编码信息。

基于序列到序列模型的问答系统

9.2 基于序列到序列模型的问答系统

9.2.1 数据分析

问答系统在训练阶段采用的数据集是豆瓣会话语料库，这个豆瓣会话语料库包含了训练集、开发集和测试集，用于训练和评估聊天机器人的检索能力。豆瓣会话语料库的统计数据如表 9.6 所示。

表 9.6 豆瓣会话语料库的统计数据

项目	训练集	开发集	测试集
会话响应对	1M	50K	10K
平均响应对	1	1	1.18
占用空间	674.9M	34M	7.3M
会话最小轮数	3	3	3
会话最大轮数	98	91	45
会话平均轮数	6.69	6.75	5.59
会话平均词数	18.56	18.50	20.74

测试数据包含 1000 个对话上下文，对于每个上下文创建 10 个响应作为候选。

9.2.2 词向量

词向量就是利用向量表示词。最早的词向量采用独热编码方式。独热编码方式是一种稀疏编码方式，即在一个词向量中只有一个位置为“1”，而其他位置全为“0”。假设词汇表中有 N 个词，采用独热编码每个词都要采用一个 N 维的向量表示，则独热编码的空间复杂度为 $O(n^2)$，容易导致内存爆炸。另外，独热编码方式不能发现词之间的深层语义信息，在独热编码中“地瓜”和“红薯”的向量表示是独立的，寻求不到任何联系。直到分布式表示方法的提出，克服了稀疏编码的缺点，CBOW 和 Skip-gram 模型是分布式表示法的典型代表。在基于 Seq2Seq 模型的问答系统中，利用词向量完成单词向向量的转换，更全面、更深层次表示单词的语义语法信息，并在模型编码、解码过程中使用 LSTM、Attention 机制以更全面地处理上下文信息，以此提高问答系统的性能。

1. CBOW 训练模型

CBOW（Continuous Bag-of-Words）模型类似于前馈神经网络语言模型，所有单词投影到相同的位置。此外，CBOW 模型不仅使用历史词汇，而且使用未来词汇，其训练指标是中间词的预测准确率。本章 CBOW 模型的训练共考虑 4 个单词(历史两个、未来两个)，该模型的结构如图 9.10 所示。

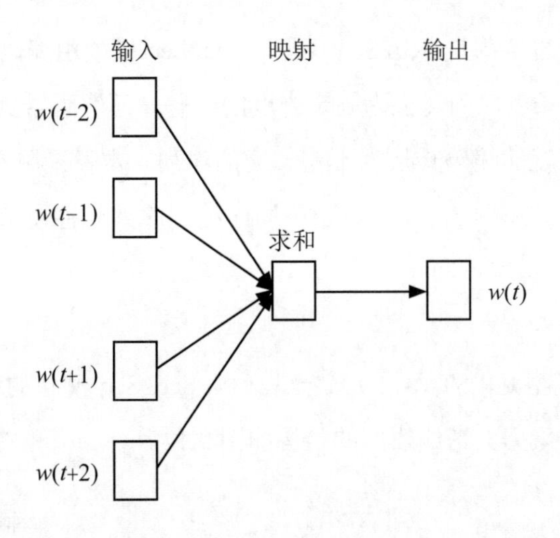

图 9.10　CBOW 模型结构

CBOW 模型目标函数如下：

$$J_\theta = \frac{1}{T}\sum_{t=1}^{T}\log(p(w_{t-2}, w_{t-1}, w_{t+1}, w_{t+2})) \tag{9-19}$$

式中，w_{t-2}、w_{t-1}、w_{t+1}、w_{t+2} 是当前词的上下文词，T 代表样本总量。

2. Skip-gram 训练模型

Skip-gram 训练模型架构类似于 CBOW，但它不是基于上下文预测当前的单词，而是试图根据当前词对上下文词进行预测。图 9.11 所示是一个预测 4 个词的 Skip-gram 模型。

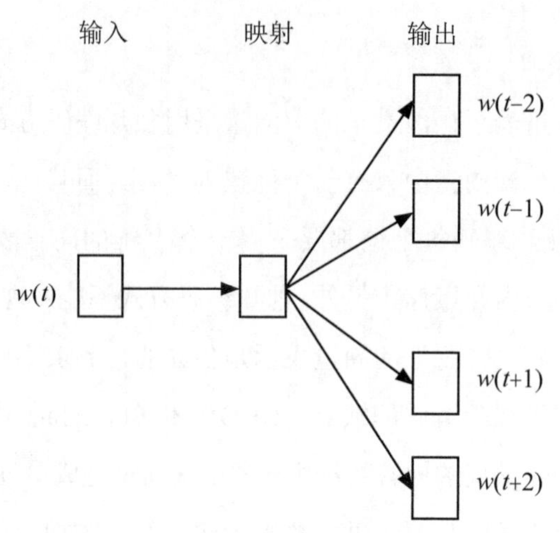

图 9.11 Skip-gram 模型

Skip-gram 训练模型的目标函数如下：

$$J_\theta = \frac{1}{T}\sum_{t=1}^{T} P(w_{t-2} \mid w_t) + P(w_{t-1} \mid w_t) + P(w_{t+1} \mid w_t) + P(w_{t+2} \mid w_t) \tag{9-20}$$

式中，w_t 代表当前词，w_{t-2}、w_{t-1}、w_{t+1}、w_{t+2} 是当前词的上下文词，T 代表样本总量。

9.2.3 模型设计

本章实验采用的模型全部是 Seq2Seq 模型，Seq2Seq 模型由编码器和解码器两部分构成，编码器负责将不定长度序列转换为固定维度的编码，而解码器负责对编码器的编码信息进行解码，将固定维度的编码转换为不定长度的序列。本章采用不同的 RNN 结构构建 Seq2Seq 模型的编码器、解码器，以此组建不同序列到序列问答模型，并根据实验结果分析各模型的效果。

1. LSTM-LSTM 模型

本章实验的基线模型是 LSTM-LSTM 模型，即 Seq2Seq 模型的编码器与解码器都是由 LSTM 组建的。本节采用的基线模型的结构如图 9.12 所示。

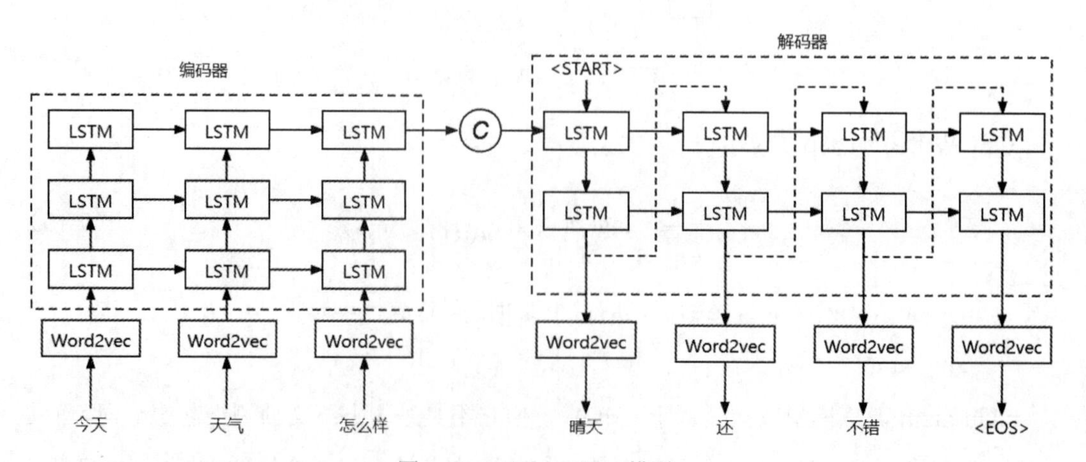

图 9.12 LSTM-LSTM 模型

结合图 9.12 中的实例，描述 LSTM-LSTM 模型问答系统的数据处理流程：将文本“今天天气怎么样”进行分词，分词结果为“今天 天气 怎么样”；利用 Word2vec 模型实现词与向量的转换，将转换后的词向量序列作为编码器的输入；由三层 LSTM 组成的编码器将词向量序列转换为一个固定维度的向量 ***C***；将向量 ***C*** 作为初始状态，以特殊开始字符 <START> 作为解码器的初始输入，解码器是两层的 LSTM，并将每次输出作为下一个的输入，直到输出特殊字符 <EOS> 结束解码；将解码器的输出序列经 Word2vec 模型转换为文本序列“晴天 还 不错”。

2. GRU-LSTM 模型

GRU 与 LSTM 都是 RNN 的代表性变种结构，并且相比于 LSTM，GRU 结构更简单、训练参数少、模型收敛速度快、需要的训练数据量较少，因此在 Seq2Seq 模型的问答系统中得到了广泛应用。本书构建 GRU-LSTM 序列到序列问答模型，即序列到序列模型的编码器由 GRU 组成，解码器由 LSTM 构建。GRU-LSTM 序列到序列问答模型结构如图 9.13 所示。

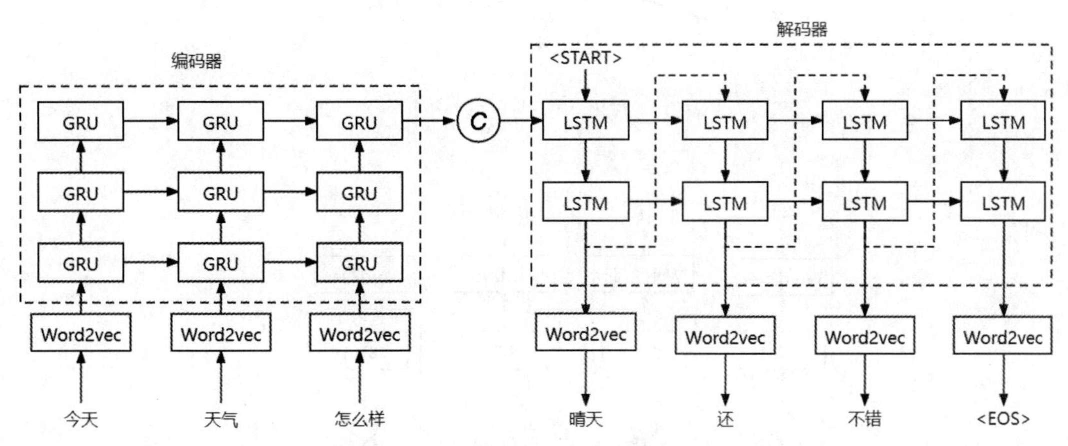

图 9.13 GRU-LSTM 序列到序列问答模型结构

结合图 9.13 中的实例，描述 GRU-LSTM 模型问答系统的数据处理流程：将文本“今天天气怎么样”进行分词，分词结果为“今天 天气 怎么样”；利用 Word2vec 模型实现词与向量的转换，将转换后的词向量序列作为编码器的输入；由三层门 GRU 组成的编码器将词向量序列转换为一个固定维度的向量 ***C***；将向量 ***C*** 作为初始状态，以特殊开始字符 <START> 作为解码器的输入，解码器是两层的 LSTM，并将每次输出作为下一个的输入，直到输出特殊字符 <EOS> 结束解码；将解码器的输出序列经 Word2vec 模型转换为文本序列“晴天 还 不错”。

3. AM-LSTM-LSTM 模型

在前面提到的两个问答模型中，编码器以最后一个循环神经单元的输出作为输出。尽管编码器的输出是“看过”所有输入以后的输出结果，但是并不能表示输入的所有语义信息，因此本节在序列到序列问答模型的基础上添加注意力机制（Attention Mechanism，AM）。

本章使用的 Attention 机制可以对编码器最后一层循环神经元的所有输出进行权重的重新分配，解码器的每一次输出都是在全局文本信息的基础上进行预测。本节采用 Attention 机制的结构如图 9.14 所示，$h_1,h_2,\cdots,h_U$ 代表 Seq2Seq 模型编码器最后一层所有循环神经元的输出，$s_1,s_2,\cdots,s_L$ 代表解码器中第一层所有循环神经元的输出，$c_1,c_2,\cdots,c_L$ 代表经过 Attention 机制处理的输出，图中实线代表进行一次 Attention 机制计算的数据流向。通过图 9.15 可以看出解码器的每一个循环神经元都是在“看过”编码器全部编码信息的基础上进行预测。结合图 9.15，下面介绍本节使用 Attention 机制的单次计算方法。

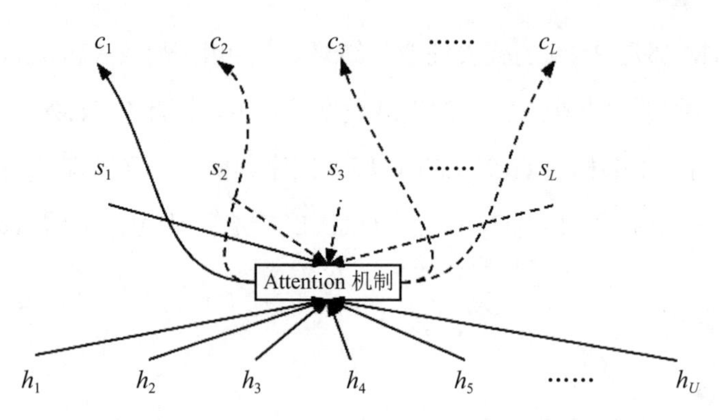

图 9.14 Attention 模型结构

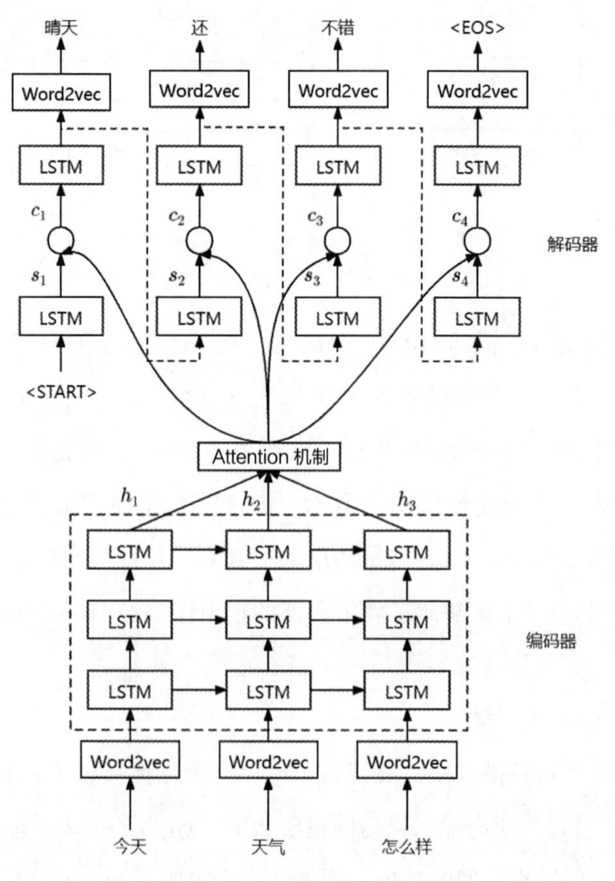

图 9.15 AM-LSTM-LSTM 模型

首先利用矩阵变换将 s_1 和 $h_1,h_2,\cdots,h_U$ 转换为相同维度的向量，计算公式可以表示为

$$s_1' = \boldsymbol{W}_s s_1 \tag{9-21}$$

$$[h_1',h_2',\cdots,h_U'] = \boldsymbol{W}_h[h_1,h_2,\cdots,h_U] \tag{9-22}$$

式中，$\boldsymbol{W}_s$ 和 $\boldsymbol{W}_h$ 是进行矩阵变换所需要的矩阵。

然后，计算权重向量 $\boldsymbol{a}_1$，其计算过程如下：

$$\boldsymbol{a}_1 = \boldsymbol{s}_1'^{\mathrm{T}}\left[h_1',h_2',\cdots,h_U'\right] \tag{9-23}$$

接着，对权重向量 $\boldsymbol{a}_1$ 进行归一化，归一化后的向量为 $\boldsymbol{a}_1'$，具体归一化方式为

$$\boldsymbol{a}_1' = [a_{11}',a_{12}',\cdots,a_{1U}'] = \frac{1}{\sum_{i=1}^{U}\exp(a_{1i})}[\exp(a_{11}),\exp(a_{12}),\cdots,\exp(a_{1U})] \tag{9-24}$$

最后，利用归一化权重向量 $\boldsymbol{a}_1'$ 对编码器输出序列 $h_1,h_2,\cdots,h_U$ 进行加权求和，其计算过程为

$$\boldsymbol{c}_1 = \boldsymbol{a}_1'[h_1,h_2,\cdots,h_U] \tag{9-25}$$

本节采用 Attention 机制的问答模型结构如图 9.15 所示。

结合图 9.15 中的实例，描述 AM-LSTM-LSTM 模型问答系统的数据处理流程：将文本“今天天气怎么样”进行分词，分词结果为“今天 天气 怎么样”；利用 Word2vec 模型实现词与向量的转换，将转换后的词向量序列作为编码器的输入；由三层 LSTM 组成的编码器将词向量序列转换为另一个向量序列 h_1,h_2,h_3；以特殊开始字符 <START> 作为解码器的输入，解码器是两层的 LSTM，将第一层 RNN 输出序列 s_1,s_2,s_3,s_4 与编码器输出序列 h_1,h_2,h_3 相结合，利用 Attention 机制计算序列 c_1,c_2,c_3,c_4，再利用一层 RNN 预测输出；将每次输出作为下一个的输入，直到输出特殊字符 <EOS> 结束解码；将解码器的输出序列经 Word2vec 模型转换为文本序列“晴天 还 不错”。

4. AM-GRU-LSTM 模型

为了实验数据的完整性，为了与之前实验形成对比，本节设计 AM-GRU-LSTM 模型，即编码器由 GRU 组成，解码器由 LSTM 组成，编码器与解码器由 Attention 机制进行连接。AM-GRU-LSTM 模型结构如图 9.16 所示。

结合图 9.16 中的实例，描述 AM-GRU-LSTM 模型问答系统的数据处理流程：将文本“今天天气怎么样”进行分词，分词结果为“今天 天气 怎么样”；利用 Word2vec 模型实现词与向量的转换，将转换后的词向量序列作为编码器的输入；由三层 GRU 组成的编码器将词向量序列转换为另一个向量序列 h_1,h_2,h_3；以特殊开始字符 <START> 作为解码器的输入，解码器是两层的 LSTM，将第一层 RNN 的输出序列 s_1,s_2,s_3,s_4 与编码器输出序列 h_1,h_2,h_3 相结合，利用 Attention 机制计算序列 c_1,c_2,c_3,c_4，再利用一层 RNN 预测输出；将每次输出作为下一个的输入，直到输出特殊字符 <EOS> 结束解码；将解码器的输出序列经 Word2vec 模型转换为文本序列“晴天 还 不错”。

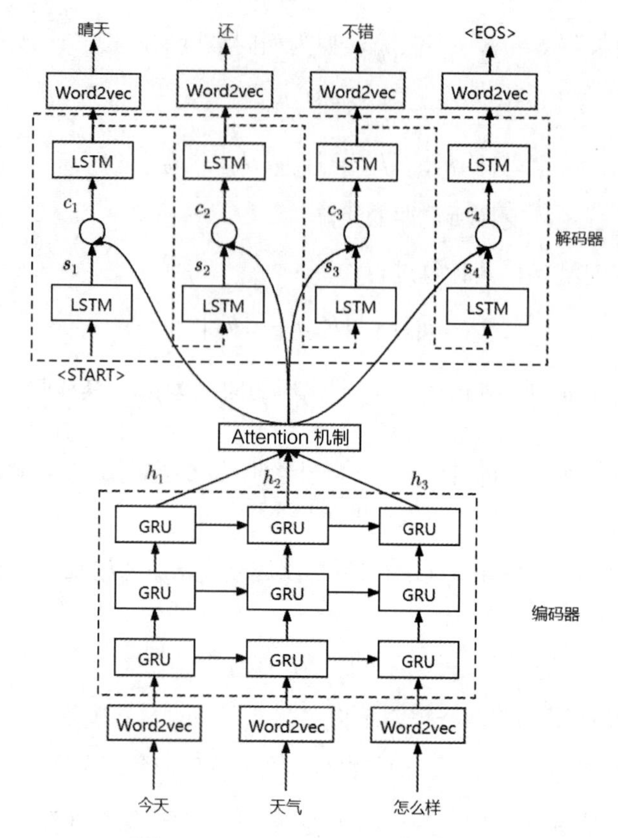

图 9.16 AM-GRU-LSTM 模型结构

9.2.4 实验结果与分析

问答系统的评价指标为困惑度，本节将不再赘述。困惑度的值越大代表问答模型生成的回答效果越差；反之，困惑度的值越小代表模型生成的回答越好，接近于正常人类的回答。

本章实验共采用 4 种序列到序列问答模型：LSTM-LSTM 模型、GRU-LSTM 模型、AM-LSTM-LSTM 模型、AM-GRU-LSTM 模型。本实验的基线模型是 LSTM-LSTM 模型，为了验证对比 LSTM 与 GRU 在问答模型中的有效性，实验添加 GRU-LSTM 模型。另外本实验引入 Attention 机制，为了与 LSTM-LSTM 模型、GRU-LSTM 模型形成对比，实验添加了 AM-LSTM-LSTM 模型、AM-GRU-LSTM 模型。本实验中使用的 4 种模型采用相同的参数配置，模型具体参数配置如表 9.7 所示。

表 9.7 Seq2Seq 模型参数

参数	参数值
词向量维度	100
编码器层数	3
编码器隐含状态维度	256
解码器层数	2
解码器隐含状态维度	512
单次训练数据样本量	64

模型的输入是经过 Word2vec 转化的 100 维词向量，编码器的网络层数为 3 层，隐含状态维度为 256 维，解码器的网络层数为 2 层，隐含状态维度为 512 维。在训练阶段，采用 Adam 优化器，初始学习率为 0.01，衰减率为 0.5，单次训练数据样本量为 64，共训练 10 个轮次。问答模型的实验结果如表 9.8 所示。

表 9.8 序列到序列问答模型实验结果

模型	困惑度
LSTM-LSTM 模型	50.26
GRU-LSTM 模型	45.92
AM-LSTM-LSTM 模型	32.06
AM-GRU-LSTM 模型	25.32

LSTM-LSTM 模型作为基线模型，在测试集获得 50.26 的困惑度；GRU-LSTM 问答模型获得 45.92 的困惑度，相比于基线模型有 8.64% 的相对性能提升；添加 Attention 机制的 LSTM-LSTM 模型获得 32.06 的困惑度，相比于基线模型有 36.21% 的相对性能提升；添加 Attention 机制的 GRU-LSTM 模型获得 25.32 的困惑度，相比于基线模型有 49.62% 的相对性能提升。GRU-LSTM 模型相对于 LSTM-LSTM 问答模型有 8.42% 的相对性能提升，添加 Attention 机制的 AM-GRU-LSTM 模型相对于 AM-LSTM-LSTM 问答模型有 21.02% 的相对性能提升，以上证明 GRU 模型在问答模型中的有效性。添加 Attention 机制的 AM-LSTM-LSTM 模型相对于 LSTM-LSTM 模型有 36.21% 的相对性能提升，添加 Attention 机制的 AM-GRU-LSTM 模型相对于 GRU-LSTM 模型有 44.86% 的相对性能提升，以上结果证明了 Attention 机制在问答模型中的有效性。

9.3 语音交互系统的构建

9.3.1 系统搭建

语音交互系统由语音识别模块、问答系统（人机对话）、语音合成模块 3 个部分构成。语音识别模块负责提取语音的文本信息，实现语音到文本的转换功能；问答系统的输入、输出都是文本信息，需要 NLP 领域的知识完成；语音合成模块与语音识别模块功能相反，实现文本到语音的转换。智能语音交互系统的工作流程如图 9.17 所示。

语音交互系统的语音识别模块是由 9.1 节实验效果最好的 Transformer-FL 模型搭建的。问答模型采用 9.2 节获得最好表现的添加 Attention 机制的序列到序列 AM-GRU-LSTM 模型。语音合成模块由百度 API 实现。

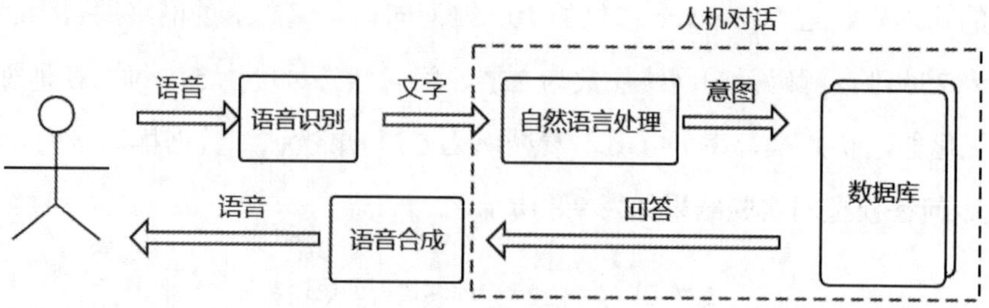

人机对话
语音
语音识别
文字
自然语言处理
意图
数据库
语音
语音合成
回答

图 9.17　语音交互系统的工作流程

智能语音交互系统的程序流程图如图 9.18 所示。本系统共分为四大流程，与语音交互系统的三大模块相对应。本系统设计三大流程：asr.py、text2text.py、tts.py，除此之外本章添加 save_audio.py 流程。

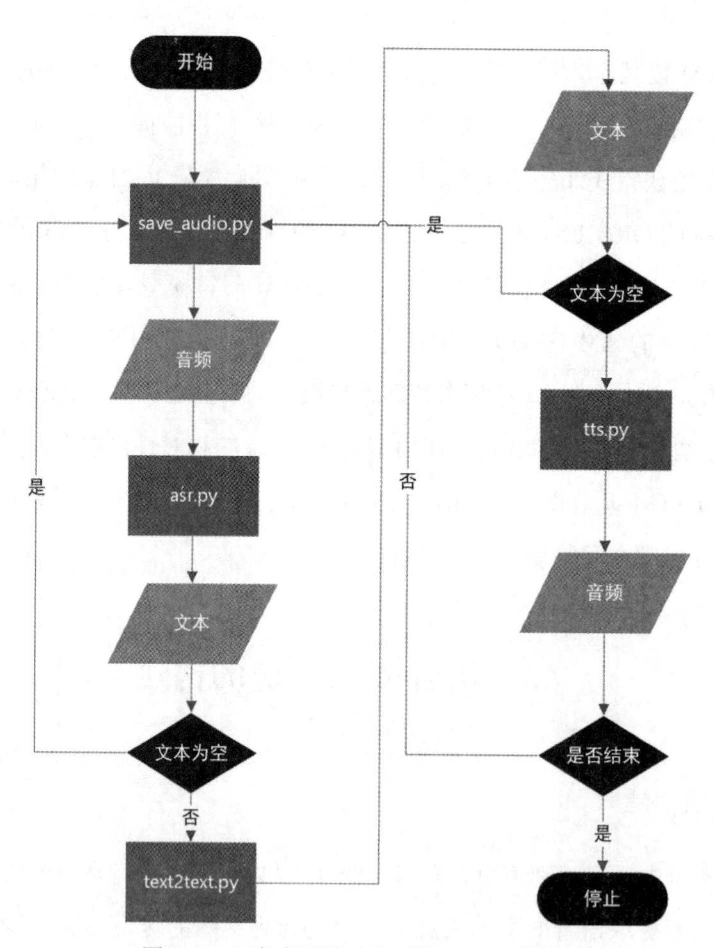

图 9.18　智能语音交互系统程序流程图

（1）利用 save_audio.py 文件实现音频录制，录制音频的属性：频率 16kHz、单通道、WAV 格式。另外，在录制音频过程中提供一个录制音频时长的可调节参数，该参数的默认时长为 3 秒。

（2）利用 asr.py 文件对录制音频进行语音识别，产生语音的文本信息。本部分使用的模型是在 9.1 节训练效果最好的 Transformer-FL 模型，即使用 Focal loss 训练的 Transformer 模型。

（3）判断文本信息是否为空，如果文本为空，重新进行音频录制；否则，程序进入问答模块。文本信息可能为空的原因：录制的音频的说话人不可能一直说话，存在空白音频。

（4）利用 asr.py 文件对语音识别模块产生的文本提供回答，返回的格式仍然是文本信息。此部分使用的问答模型是 AM-GRU-LSTM 模型，该模型是添加 Attention 机制的 Seq2Seq 模型，模型的编码器、解码器分别由 GRU 和 LSTM 实现。

（5）判断问答模型产生的文本是否为空，如果文本为空，程序跳转到步骤（1），重新进行音频的录制；否则，进入步骤（6），进行语音合成。

（6）利用 tts.py 文件对问答模型产生的文本进行音频合成，并进行音频的播放。

（7）判断程序是否结束，如果不结束，程序跳转到步骤（1），重新进行音频的录制，进入下一个循环；否则，程序结束，退出程序。

9.3.2 系统测试

移动机器人硬件平台如图 9.19 所示，包括头戴式耳机、主机、主机电源、底座。耳机为迈从头戴式有线耳机，频响范围为 20Hz ～ 20kHz，额定功率为 20mW。主机为 EN72070V，携带 Intel i7-9750H 处理器和型号为 RTX 2070S 的 GPU，运行内存为 32GB。主机电源为创威超能 220V 移动电源，电源容量为 120000mAh，输出功率 200 ～ 500W，输出电压为 220V。底座为 Dashgo D1，是深圳 EAI 科技专门针对 ROS 开发的移动平台。

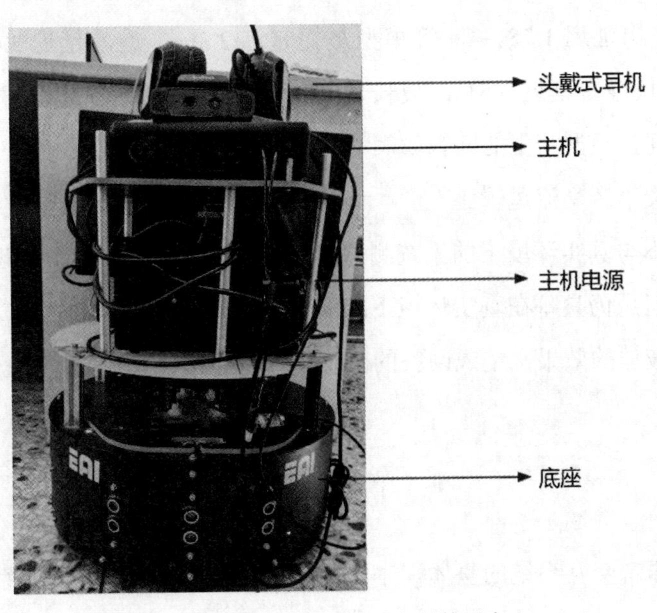

图 9.19 移动机器人硬件平台

智能语音交互系统的开发是在 Ubuntu 16.04 系统上由 Pycharm 编译器 Python 编程语言设计实现。本章的系统测试部分由两部分组成，第一部分是在安静环境下的系统测试，第二部分是在具有噪声的室内环境下完成系统测试。

1. 安静环境测试

安静环境下完成系统测试的语音数据来源于 aishell 数据集。本节对数据测试集中的 7176 语音数据进行测试，最终语音识别模块的字错误率为 12.07%，问答模块产生回答的困惑度达到 25.32，语音合成模块调用百度 API 实现，合成的语音较为真实、流畅。

2. 室内环境测试

室内环境是具有较弱噪声的真实环境。智能语音交互系统在真实环境中的实验测试结果如表 9.9 所示。

表 9.9 智能语音交互系统实验结果

问题	延迟 /s			回答
	语音识别模块	问答模型	语音合成模块	
你好	1.81	2.61	0.52	你好，我就开心了
你是机器人吗	1.72	3.46	0.65	哈哈，你菲菲姐我怎么可能是机器人
你们机器人有感情吗	1.92	2.36	0.51	当然了，菲菲的感情很丰富的
帮我放一首音乐	1.55	2.45	0.59	干嘛要帮你，你是我啥人呀
帮我查一下今天的天气情况	1.85	2.45	0.55	你去百度一下
帮我订一张回家的火车票	1.66	2.47	0.56	去哪里

表 9.9 展示了智能语音交互系统的 6 次问答结果，其中语音识别模块最短延迟 1.55s，最长延迟 1.92s，平均延迟 1.75s；问答模型最短延迟 2.36s，最长延迟 3.46s，平均延迟 2.63s；语音合成模块最短延迟 0.51s，最长延迟 0.65s，平均延迟 0.56s。语音识别模块的识别准确率较高，问答模型产生的回答如表 9.9 最后一列所示，产生的回答存在一些错误，但是大多数符合人类语音交流逻辑。

对比安静环境下与真实环境下的系统测试结果，在真实环境下，语音识别模块的识别准确率虽然降低，但是仍具备在真实环境下的实用性。问答模型无论是在安静环境还是在室内环境都表现出较佳的效果，生成回答的困惑度基本保持不变。

本章小结

本章设计智能语音交互系统的整体程序流程，并在装载 Ubuntu 16.04 系统的台式机中实现，最后将系统迁移到移动机器人端，在安静环境下和室内环境下完成整体系统的测试。在真实环境的十次测试结果中，语音识别模块识别准确率高，平均延迟为 2.82s，响应速度较快；问答模型产生的回答符合人类语言逻辑，平均延迟为 2.63s；语音合成模块的平均延迟为 1.01s。

课后习题

一、选择题

1. Transformer 是一种用于自然语言处理的深度学习模型，其特点有（　　）。

A. 使用 Attention 机制来解决长依赖问题

B. 使用基于 CNN 的编码器和解码器

C. 可以并行计算，加速训练和推断过程

D. 适用于各种自然语言处理任务，如机器翻译、文本分类和语音识别等

2. 基于 Seq2Seq 模型的问答系统通常由（　　）组件组成。

A. 编码器和解码器（用于将问题转换为固定长度的向量表示及将向量表示转换为回答）

B. 数据集（用于训练和评估模型）

C. Attention 机制（用于捕捉输入序列中重要的信息）

D. 词向量嵌入（用于将单词映射到向量空间）

二、判断题

1. 在以字为识别单位的 Seq2Seq 语音识别模型中，存在天然的数据不均衡现象。（　　）

2. Focal loss 损失函数可以提高模型对易学习样本的学习能力，并降低对难学习样本的学习能力。（　　）

3. 问答系统的评价指标为困惑度，困惑度的值越大代表问答模型生成的回答效果越差；反之，困惑度的值越小代表模型生成的回答越好，接近于正常人类的回答。（　　）

参考文献

[1] ZHANG Y, QIN J, PARK D S, et al. Pushing the limits of semi-supervised learning for automatic speech recognition[J]. arXiv preprint arXiv:2010.10504, 2020.

[2] PRYLIPKO D, ILIN A, KORNEYCHUK D. Large Scale Multi-lingual Speech Recognition with the Transformer Model[C]. Proceedings of the IEEE International Conference on Acoustics, Speech and Signal Processing. IEEE, 2019.

[3] BENGIO Y. Learning deep architectures for AI[J]. Foundations and trends® in Machine Learning, 2009, 2(1): 1-127.

[4] DAHL G E, YU D, DENG L, et al. Context-dependent pre-trained deep neural networks for large-vocabulary speech recognition[J]. IEEE Transactions on audio, speech, and language processing, 2011, 20(1): 30-42.

[5] POVEY D, GHOSHAL A, BOULIANNE G, et al. The Kaldi speech recognition toolkit[C]//IEEE 2011 workshop on automatic speech recognition and understanding. IEEE Signal Processing Society, 2011 (CONF).

[6] PARK D S, CHAN W, ZHANG Y, et al. Specaugment: A simple data augmentation method for automatic speech recognition[J]. arXiv preprint arXiv:1904.08779, 2019.

[7] GRAVES A, MOHAMED A, HINTON G. Speech recognition with deep recurrent neural networks[C]//2013 IEEE international conference on acoustics, speech and signal processing. IEEE, 2013: 6645-6649.

[8] SAK H, SENIOR A W, BEAUFAYS F. Long short-term memory recurrent neural network architectures for large scale acoustic modeling[J]. 2014: 338-342.

[9] WAIBEL A, HANAZAWA T, HINTON G, et al. Phoneme recognition using time-delay neural networks[M]//Backpropagation. Psychology Press, 2013: 35-61.

[10] GRAVES A, FERNÁNDEZ S, GOMEZ F, et al. Connectionist temporal classification: labelling unsegmented sequence data with recurrent neural networks[C]//Proceedings of the 23rd international conference on Machine learning. 2006: 369-376.

[11] HE Y, SAINATH T N, PRABHAVALKAR R, et al. Streaming end-to-end speech recognition for mobile devices[C]//ICASSP 2019-2019 IEEE International Conference on Acoustics, Speech and Signal Processing (ICASSP). IEEE, 2019: 6381-6385.

[12] LI J, ZHAO R, HU H, et al. Improving RNN transducer modeling for end-to-end speech recognition[C]//2019 IEEE Automatic Speech Recognition and Understanding Workshop (ASRU). IEEE, 2019: 114-121.

[13] CHOROWSKI J K, BAHDANAU D, SERDYUK D, et al. Attention-based models for speech recognition[J]. Advances in neural information processing systems, 2015, 28.

[14] BAHDANAU D, CHOROWSKI J, SERDYUK D, et al. End-to-end attention-based large vocabulary speech recognition[C]//2016 IEEE international conference on acoustics, speech and signal processing (ICASSP). IEEE, 2016: 4945-4949.

[15] CHIU C C, SAINATH T N, WU Y, et al. State-of-the-art speech recognition with sequence-to-sequence models[C]//2018 IEEE international conference on acoustics, speech and signal processing (ICASSP). IEEE, 2018: 4774-4778.

[16] WATANABE S, HORI T, KIM S, et al. Hybrid CTC/attention architecture for end-to-end speech recognition[J]. IEEE Journal of Selected Topics in Signal Processing, 2017, 11(8): 1240-1253.

[17] WANG D, WANG X, LV S. An overview of end-to-end automatic speech recognition[J]. Symmetry, 2019, 11(8): 1018.

[18] DONG L, XU S, XU B. Speech-transformer: a no-recurrence sequence-to-sequence model for speech recognition[C]//2018 IEEE international conference on acoustics, speech and signal processing (ICASSP). IEEE, 2018: 5884-5888.

[19] ZHOU S, DONG L, XU S, et al. Syllable-based sequence-to-sequence speech recognition with the transformer in mandarin chinese[J]. arXiv preprint arXiv:1804.10752, 2018.

[20] CHANG X, ZHANG W, QIAN Y, et al. End-to-end multi-speaker speech recognition with transformer[C]//ICASSP 2020-2020 IEEE International Conference on Acoustics, Speech and Signal Processing (ICASSP). IEEE, 2020: 6134-6138.

[21] DE MORI R. Spoken language understanding: A survey[C]//2007 IEEE Workshop on Automatic Speech Recognition & Understanding (ASRU). IEEE, 2007: 365-376.

[22] WATANABE S, HORI T, KARITA S, et al. Espnet: End-to-end speech processing toolkit[J]. arXiv preprint arXiv:1804.00015, 2018.

附录 课后习题答案

第 1 章

一、选择题

1．A　2．ABC　3．ABC　4．ABCD　5．B

二、判断题

1．×　2．√　3．×　4．√　5．√

第 2 章

一、选择题

1．ABD　2．ABC　3．ABCD　4．C

二、判断题

1．×　2．√　3．√

第 3 章

一、选择题

1．A　2．ABC

二、判断题

1．√　2．×　3．√

第4章

一、选择题

1. A　2. B　3. ABCD

二、判断题

1. √　2. ×　3. √

第5章

一、选择题

1. A　2. D

二、判断题

1. √　2. ×

第6章

一、选择题

1. ABC　2. ABC　3. ABCD

二、判断题

1. √　2. ×　3. √

第7章

一、选择题

1. ABCD　2. ABC

二、判断题

1. ×　2. √

第8章

一、选择题

1．A　2．ABCD　3．ABCD

二、判断题

1．√　2．×

第9章

一、选择题

1．ACD　2．ABCD

二、判断题

1．√　2．×　3．√